Walter Schneider

Einführung in die Koordinationschemie

Mit 38 Abbildungen

Springer-Verlag

Berlin · Heidelberg · New York 1968

Professor Dr. WALTER SCHNEIDER, Laboratorium für anorganische Chemie der Eidgenössischen Technischen Hochschule, CH — 8006 Zürich, Universitätsstraße 6

ISBN-13:978-3-642-92970-0   e-ISBN-13:978-3-642-92969-4
DOI: 10.1007/978-3-642-92969-4

Vorwort

Die eingehende Behandlung der Metallverbindungen schließt im Hochschulunterricht allgemein an Grundvorlesungen in anorganischer, organischer und physikalischer Chemie an. Es liegt nicht in ihrem Rahmen, einen gültigen Eindruck von der Vielfalt der Chemie der Metalle zu vermitteln. Die enorme Entwicklung dieser Chemie in den letzten zwanzig Jahren, welche oft als Renaissance der anorganischen Chemie bezeichnet wird, macht es zunehmend schwierig, einen Überblick zu wahren. Im fortgerückteren Unterricht nimmt die Pflege der Quantenchemie und der verschiedenen spektroskopischen Disziplinen einen steigenden Umfang an. So wird es auch für den Studierenden zur wachsenden Herausforderung, sich eine ausgewogene Basis an chemischem Wissen zu erarbeiten und dann auch zu behalten. Dieses Buch ist seinen Voraussetzungen nach an die Schwelle zwischen Grundausbildung und spezialisierterem Unterricht zu setzen. Es war die Absicht des Autors, ein beschränktes, aber signifikantes Tatsachenmaterial einzufangen, einen adäquaten Überblick über die Koordinationschemie zu vermitteln, und grundlegende Gesichtspunkte und Fragestellungen hervortreten zu lassen. Es ging keineswegs darum, ein Sediment von kategorisch-abschließenden Folgerungen zu präsentieren.

Im Vorwort zu seiner ausgezeichneten Monographie ,,Inorganic Complexes" unterstreicht C. K. Jørgensen mit Recht, daß der heutige Chemiker ,,ohne einiges Verständnis von Spektroskopie und Quantenchemie in Gefahr ist, am wirklich interessanten Teil neuerer Entwicklungen vorbeizugehen". Andererseits ist es auch wahr, daß die echte Würdigung der Aufgaben und Leistungen quantenchemischer Modelle fest an die Kenntnis chemischer Tatsachen gebunden ist. Dem Leser dürften bei der Lektüre dieses Buches keine Zweifel an der Bedeutung quantenchemischer Modelle aufkommen. Gemäß den angetönten Voraussetzungen soll er aber nicht für allfällig mangelnde Grundlagen gebüßt oder mit wenig nützlichen Schlagworten abgefertigt werden.

Zu den Privilegien einer Einführung, welche als Brücke dienen soll, gehören vielerlei Einschränkungen, von denen nur zwei weitere hervorgehoben seien. Es ist heute allgemein bekannt, daß koordinationschemische Phänomene wichtige technische Anwendungen erfahren, und nicht minder aktuell sind katalytische Wirkungen von Metallkomplexen in der Biosphäre. Verbindungen, welchen aus solchen Gründen brennendes Interesse entgegengebracht wird, sind hier nicht einbezogen worden. Das Verständnis solcher Systeme und ihrer Wirkungen setzt das Verständnis einfacherer Systeme voraus. Die Vorarbeit liegt im Bereich der hier besprochenen Phänomene.

Das Manuskript ist weitgehend im Rahmen eines Gastaufenthaltes am Illinois Institute of Technology abgefaßt worden. Den Herren Professoren A. E. Martell, R. Filler und K. Nakamoto bin ich für ihre Gastfreundschaft und Unterstützung in Dank verbunden. Besonderen Dank schulde ich auch den Herren Professoren G. Schwarzenbach, H. Hartmann und Dr. C. K. Jørgensen für alle Bereicherung, welche ich durch ihre Arbeiten erhielt. Herrn H. Hardmeier danke ich für die Hilfe bei der Anfertigung der Figuren.

Zürich,
im März 1968   W. Schneider

Inhalt

Kapitel 1

Einleitung: Koordination — ein Gesichtspunkt

Die Koordinationschemie im heutigen Sinne ist historisch gesehen einer valenzchemischen Revolution entsprungen. Im Jahre 1893 veröffentlichte ALFRED WERNER eine Arbeit unter dem Titel „Beitrag zur Konstitution anorganischer Verbindungen". Er ordnete darin ein damals wohlbekanntes Tatsachenmaterial nach neuen Gesichtspunkten und setzte damit zum Beweis an, daß „die aus den Konstitutionsverhältnissen der Kohlenstoffverbindungen entwickelten Valenzvorstellungen kein genügendes Bild vom Molekülbau der anorganischen Verbindungen abzuleiten gestatten". In diesem Zitat wird auf die unitarische Valenzlehre des 19. Jahrhunderts angespielt, wie sie von FRANKLAND, COUPER und KÉKULÉ geprägt worden ist. Ihr zentrales Prinzip war die Valenz als charakteristische atomare Eigenschaft im Sinne einer fixierten Anzahl von Haftstellen. Bei der Verknüpfung von Atomen zu Verbindungen sollten nach der unitarischen Valenzlehre die Valenzen abgesättigt werden, also gleichsam Haftstellen miteinander kombinieren. Tatsächlich erlaubte die Zuordnung der Wertigkeit 4 zu Kohlenstoff, 1 zu Wasserstoff, 2 zu Sauerstoff, 1 zu Chlor die Ordnung eines großen Tatsachenmaterials sowie die Vorhersage vieler Verbindungen innerhalb der erwähnten Elemente. Mit den Vorstellungen VAN'T HOFFs wurden schließlich Strukturformeln in den dreidimensionalen Raum gerückt.

Hatte vorerst die Wertigkeit als fixierte Zahl zur Debatte gestanden, so wurde im weiteren auch die Frage der räumlichen Fixierung von Bindungsrichtungen aktuell. An diesem Punkt griff auch WERNER 1891 mit seiner Habilitationsschrift „Beiträge zur Theorie der Affinität und Valenz" in die Diskussion ein. In dieser geht er unter anderem der unorthodoxen Anschauung nach, die chemische Affinität sei eine „vom Zentrum des Atoms gleichmäßig nach allen Teilen einer Kugeloberfläche wirkende, anziehende Kraft".

Die unitarische Valenzlehre hatte auch Metallen in binären Verbindungen wie $NaCl$, $CaCl_2$, $CrCl_3$, $PtCl_4$ Wertigkeiten zugeordnet, welche sich natürlich sofort aus der Wertigkeit eins von Chlor ergaben. Wurde nun die Existenz dieser Chloride als Absättigung von Valenzen seitens der Partner verstanden, so mußte es schwer zu deuten sein, daß etwa $CrCl_3$ und $PtCl_4$ in besonders ausgeprägter Weise mit anderen abgesättigten Systemen wie NH_3 oder KCl neue, definierte Verbindungen liefern können:

$$CrCl_3 + 6\,NH_3 \rightarrow CrCl_3 \cdot 6\,NH_3$$
$$PtCl_4 + 2\,KCl \rightarrow PtCl_4 \cdot 2\,KCl \tag{1.1}$$
$$PtCl_4 + n\,NH_3 \rightarrow PtCl_4 \cdot n\,NH_3, \quad n = 2, 3, 4, 5, 6\,.$$

Eine ausgedehnte Reihe meisterhafter präparativer Arbeiten über solche komplexe Verbindungen hatte vor allem S. M. Jørgensen längst durchgeführt, als Werner es 1893 wagte, sozusagen ohne Legitimation durch fleißiges Experimentieren die geistige Verarbeitung des „fremden" Tatsachenmaterials zu bewältigen. Dieses umfaßt in der ersten zitierten Abhandlung unter anderem folgende Gruppen von Verbindungen:

$$
\begin{array}{ll}
[M(NH_3)_n Cl_{6-n}]Cl_{n-3}; & M = \text{Co, Rh, Ir} \\
& n = 3, 4, 5, 6 \\
A_3[M(CN)_6]; & M = \text{Cr, Mn, Fe, Co, Rh, Ir} \\
A_3[MCl_6]; & M = \text{Cr, Fe, Rh, Ir} \\
A_3[M(NO_2)_6]; & M = \text{Co, Rh} \\
A^+: & \text{einfach positiver ionogener Rest} \\
[Co(H_2O)_6]Cl_2: & \text{als Beispiel für Dutzende von sog. Hydraten} \\
& \text{von Metallsalzen mit stöchiometrischem} \\
& \text{Wassergehalt.} \\
Pt(NH_3)_n Cl_2; & n = 2, 3, 4
\end{array}
$$

(1.2 a) (1.2 b)

Wir verzichten auf die Erläuterung älterer Formulierungen, mit denen sich Werner auseinanderzusetzen hatte. Die ihm zugänglichen experimentellen Tatsachen umfaßten nebst der Darstellungsmethode

   (i) die Zusammensetzung der Verbindungen,
   (ii) Beobachtungen über Farbe und Kristallform,
   (iii) Befunde betreffend die Fällbarkeit von Bestandteilen wie Chlor als AgCl, sowie über Elektrolytcharakter und Lösungsverhalten.

Die revolutionierende Erleuchtung, welche in den Formulierungen (2) bereits berücksichtigt ist, ist in direkter Beziehung zum Zitat auf S. 1 zu sehen: die adäquate Sicht setzt im dreidimensionalen Raum an, die Zahl und Art der nächsten Nachbarn von M und ihre Anordnung muß die zentrale Stellung in der Argumentation erhalten. Mit dem Griff in den Raum und dem Konzept der *Koordinationszahl* (= Anzahl der einem zentralen Atom in chemischer Bindung zugeordneten Nachbarn) überspringt Werner die verheerende Hürde der unitarischen Valenzlehre. Für die ersten fünf Verbindungsgruppen ordnen sich die Tatsachen lückenlos ein, wenn folgende Postulate berücksichtigt werden:

$$
\begin{array}{ll}
\text{Koordinationszentrum:} & M \\
\text{Koordinationszahl:} & 6 \\
\text{Anordnung der} & \\
\text{Nachbarn (= Liganden):} & \text{oktaedrisch}
\end{array}
$$

Das Gebilde aus Zentrum M und sogenannter erster Koordinationssphäre (Komplex) umfaßt aber in den Beispielen (2 a) nur jenen Teil der Formeleinheit, welcher in eckige Klammern gesetzt worden ist. Die Stöchiometrie wird erst vollständig wiedergegeben, wenn eine zweite, formale Ordnungsgröße nebst der Koordinationszahl eingeführt wird, welche zum Beispiel der Tatsache Rechnung trägt, daß in den koordinativen Änderungen (3)

$$CrCl_3 + 6\,NH_3 \rightarrow Cr(NH_3)_6Cl_3$$
$$PtCl_4 + 6\,NH_3 \rightarrow Pt(NH_3)_6Cl_4 \tag{1.3}$$

das Verhältnis von Metall zu Chlor erhalten bleibt. Nach der Arrheniusschen Theorie der elektrolytischen Dissoziation (Ende 19. Jahrhundert) war die Stöchiometrie salzartiger Verbindungen wie KCl, KCN, KNO_2 konsequenterweise mit den Ladungen von in Lösung existierenden Ionen K^+, Cl^-, CN^-, NO_2^- anzugeben. Die formale Zuordnung derselben Ladungen für die Liganden in den Komplexen (2) führt konsequent auch zu einer dem Metall zuzuordnenden Ladungszahl. Diese Ladungszahl bleibt in den Reaktionen (3) erhalten und wird damit zu einer nützlichen Ordnungsgröße, welche wir heute *stöchiometrische Wertigkeit* oder *Oxydationszahl* nennen. WERNER hatte ihr den Namen primäre Valenz gegeben, eine kleine Reminiszenz an vorangegangene historische Entwicklungen.

Charakteristische Tatsachen, welche WERNERs Konzepte induzierten, bestätigten und zur Prüfung auf Allgemeingültigkeit herausforderten, seien im folgenden skizziert:

$$[Co(NH_3)_6]Cl_3 \qquad [Co(NH_3)_5Cl]Cl_2 \qquad [Co(NH_3)_4Cl_2]Cl\,.$$
$$(1.\,I) \qquad\qquad (1.\,II) \qquad\qquad (1.\,III)$$

Silberion fällt in wäßrigen Lösungen der drei Kobalt(III)-verbindungen (I, II, III) in rascher Reaktion drei, zwei und ein AgCl pro Formeleinheit. Mit anderen Worten, nur drei, zwei und ein Chlor haben die Fähigkeit behalten, in Lösung die Reaktion des bekannten Chloridions zu zeigen; diese Funktion von Chlor außerhalb der ersten Sphäre drückte WERNER mit dem Adjektiv ionogen aus. In (II) ist ein Chloratom koordiniert und somit nicht ionogen, während in (III) zwei koordinierte Chlor vorliegen, von denen eines nach kurzer Zeit bei Raumtemperatur die erste Koordinationssphäre verläßt und ionogen wird, eine Beobachtung, welche weder JØRGENSEN noch WERNER entgangen war. In verschiedener Funktion liegt Chlor auch in den Iridium(III)verbindungen (IV, V, VI) vor, denn

$$[Ir(NH_3)_5Cl]Cl_2 \qquad [Ir(NH_3)_4Cl_2]Cl \qquad [Ir(NH_3)_3Cl_3]$$
$$(1.\,IV) \qquad\qquad (1.\,V) \qquad\qquad (1.\,VI)$$

konzentrierte Schwefelsäure setzt aus denselben zwei, ein und kein Mol HCl frei. Die Einheit Koordinationszentrum und Ligandhülle wird ganz speziell auch in sogenannten *Salzreihen* hervorgehoben, welche sich herstellen lassen, wenn ionogene Partner gegeneinander ausgetauscht werden; so läßt sich etwa die Salzreihe (4) gewinnen.

$$[Co(NH_3)_6]X_3; \quad X^- = F^-,\ Cl^-,\ Br^-,\ J^-,\ NO_3^-,\ ClO_4^-,$$
$$\tfrac{1}{2}C_2O_4^{2-},\ \tfrac{1}{2}SO_4^{2-}. \tag{1.4}$$

Die erwähnten Phänomene unterstützen wohl die Zuordnung der Koordinationszahl sechs, doch bleibt noch die Frage der Anordnung offen. Eine oktaedrische Koordinationssphäre läßt für (III) zwei Isomere erwarten, nämlich den Komplex (VIIa) mit cis-ständigen Chlorliganden — kurz cis-Komplex — und den trans-Komplex (VIIb) mit gegenüberstehenden Chlorliganden (Nomenklatur siehe Zitat im Anhang).

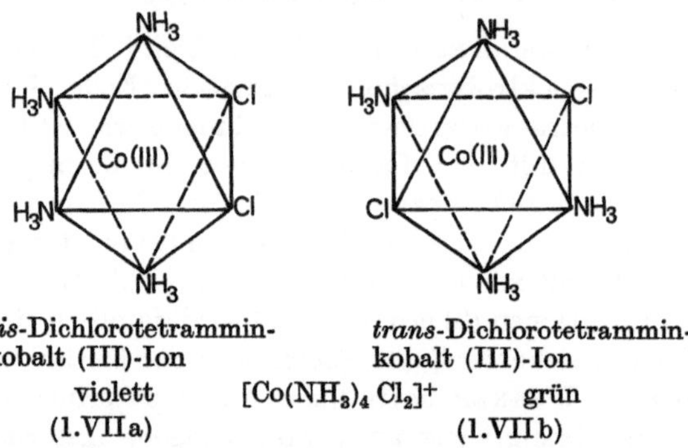

cis-Dichlorotetrammin-
kobalt (III)-Ion
violett $[Co(NH_3)_4\,Cl_2]^+$ grün
(1.VIIa)   (1.VIIb)

trans-Dichlorotetrammin-
kobalt (III)-Ion

Tatsächlich waren 1893 bereits zwei Verbindungen $Co(NH_3)_4Cl_3$ mit verschiedener Farbe bekannt. Ähnliche Deduktionen für die Verbindungen der Zusammensetzung $Pt(NH_3)_2Cl_2$ veranlaßten WERNER, für Pt(II) in (2b) die Koordinationszahl vier und quadratisch-planare Anordnung der Liganden zu postulieren.

Die unmittelbar nach dem geistigen Durchbruch aufgenommenen experimentellen Arbeiten WERNERs waren ganz der Untermauerung der

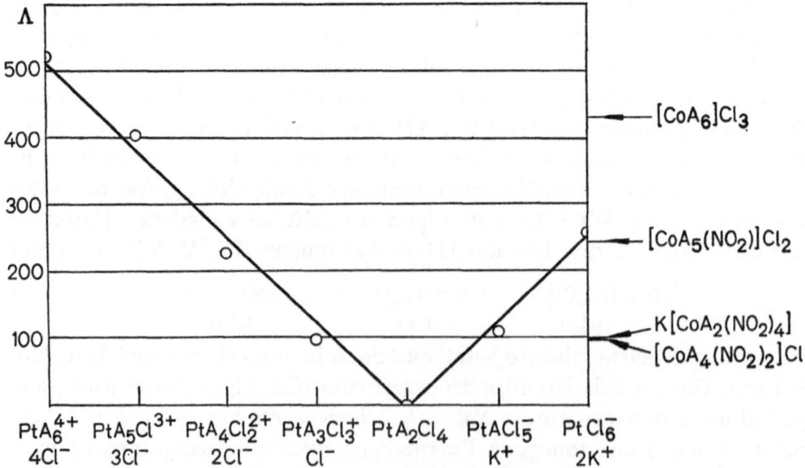

Abb. 1.1. Molare Leitfähigkeit Λ von Komplexverbindungen von Pt(IV) und Co(III) in wäßriger Lösung. $A = NH_3$; Λ in $\Omega^{-1}\,cm^2\,Mol^{-1}$. Zum Vergleich (25 °C): NaCl: 126,5; MgCl$_2$: 259; LaCl$_3$: 438

neuen Prinzipien gewidmet. Als Beispiel mögen die Leitfähigkeitsmessungen an Lösungen der Pt(IV)-Verbindungen in der Reihe von $[Pt(NH_3)_6]Cl_4$ bis $K_2[PtCl_6]$ dienen, deren Ergebnisse in Abb. 1.1 dargestellt sind. Der Verlauf der molaren Leitfähigkeit entspricht beim Vergleich mit einfachen Elektrolyten den Aussagen der angegebenen Formeln.

Alle Glieder von Salzreihen mit farblosen ionogenen Partnern ergeben in verdünnter wäßriger Lösung dieselbe Farbe, und WERNER benannte solche Verbindungen nach der Farbe des Komplexions, wie Tabelle 1 illustriert.

Tab. 1.1. *Benennung von Kobalt(III)verbindungen nach der Farbe des Komplexkations*

Komplexion	Farbe	Bezeichnung Vorsilbe für Komplexkation	Verbindung ionogener Partner Chlor
$Co(NH_3)_6^{3+}$	gelb	Luteo-	Luteokobaltchlorid
$Co(NH_3)_5H_2O^{3+}$	hellrot	Roseo-	Roseokobaltchlorid
$Co(NH_3)_5Cl^{2+}$	purpurrot	Purpureo-	Purpureokobaltchlorid
$Co(NH_3)_4Cl_2^+$	grün	Praseo-	Praseokobaltchlorid
$Co(NH_3)_4Cl_2^+$	violett	Violeo-	Violeokobaltchlorid

Das Kriterium der Farbe war ein ganz gewichtiges Instrument bei der Diskussion von Konstitutions- und Strukturproblemen. Es war schließlich auch ein optisches Phänomen, welches die kritischen Zeitgenossen von WERNERs Theorie überzeugte, nämlich die optische Aktivität von Komplexen des Kobalts, deren Liganden und ionogene Partner in sich selbst keine Voraussetzungen zur optischen Aktivität enthalten. Äthylendiamin $H_2NCH_2CH_2NH_2$ (Kurzzeichen *en*) besitzt kein sogenanntes asymmetrisches Kohlenstoffatom. Die oktaedrische Anordnung der Amingruppen im Tris(äthylendiamin)cobalt(III)-Ion $Co(en)_3^{3+}$ und die Immobilität der Liganden am Koordinationszentrum führen jedoch — wie von WERNER erwartet — zu zwei spiegelbildlichen Formen (VIII a) und (VIII b), welche bei der Darstellung in gleichen Anteilen anfallen. Es gelang WERNER, Antipoden anzureichern und optische Aktivität nachzuweisen.

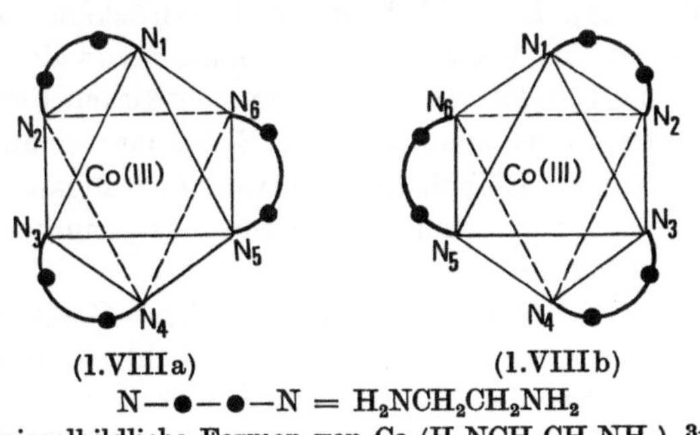

(1.VIII a)　　　　　(1.VIII b)

$N—●—●—N = H_2NCH_2CH_2NH_2$

Spiegelbildliche Formen von $Co(H_2NCH_2CH_2NH_2)_3{}^{3+}$

Es war aber nicht dieses Beispiel von optischer Aktivität von Metallverbindungen, welches allgemein überzeugte, weil der (damals) erfahrungsgemäße Urheber von optischer Aktivität, der vierwertige Kohlenstoff, in der Verbindung drin steckt. Erst die Auflösung eines kohlenstofffreien polynuklearen Kobalt(III)komplexes $Co[(OH)_2Co(NH_3)_4]_3^{6+}$ in Antipoden verursachte den Umschlag von Skepsis in Anerkennung von breitestem Ausmaß. WERNER ist mit dem Vorstoß in den Raum der röntgenographischen Strukturaufklärung vorausgeeilt, die heute jene zentrale Stellung einnimmt, welche stereochemischen Deduktionen der skizzierten Art einst zukam. Man muß aber unbedingt einsehen, daß die Belege für räumlich-strukturelle Zusammenhänge für WERNER die entscheidenden Argumente für die Hinwendung zu neuen Valenzvorstellungen darstellten. Die Koordinationszahl drückt von physikalischen Interpretationen unbehelligte Tatsachen aus, und zusammen mit der stöchiometrischen Wertigkeit wird eine Ordnung der Metallverbindungen möglich, welche ihrem Wesen entsprechen. Was die physikalische Problematik des Valenzproblems anbetrifft, so waren zu WERNERs Zeit die Voraussetzungen noch nicht gereift, welche wir heute akzeptieren.

Man kann sich nun fragen, ob es richtig ist, eine Klasse „Koordinationsverbindungen" einzuführen, die als Klassencharakteristik eben jene Merkmale aufweisen, welche für die wenigen, bisher angeführten Metallverbindungen zutreffen. Man pflegt bei solchem Vorgehen denn auch „einfache Verbindungen" wie $CrCl_3$, $PtCl_2$ usf. von „Werner-Komplexverbindungen" zu scheiden. Die röntgenographische Strukturaufklärung hat aber gerade für binäre Verbindungen wie Metallhalogenide und Metalloxide gezeigt, daß die zugehörige chemische Formel richtiggehend ausdruckslos sein kann, wenn die räumliche Struktur nicht bekannt ist. Man hat sich vielmehr zu fragen, ob in einem speziellen Falle der Gesichtspunkt der Koordination für die Eigenschaften einer Verbindung relevant ist. Es ist wahr, daß die chemischen Eigenschaften von $NaCl$, KNO_3, Na_2S mit der Angabe von Ionen im wesentlichen erfaßt sind. Demgegenüber wäre es ein verhängnisvoller Mißgriff, etwa $MoCl_2$ und $ReCl_3$ als „einfache Halogenide" von Mo(II) und Re(III) aufzufassen, welche mit der Zuordnung Mo(II) und Cl(-I) im wesentlichen beschrieben wären (siehe Kap. 11). Tatsächlich ist für die erdrückende Mehrheit aller Metallverbindungen die Beschreibung ausgehend von Zentren über die Nachbarn — die Liganden — zum Zusammenwirken dieser Strukturelemente der konzeptionell adäquate Weg. Es ist dann zu untersuchen, ob

(i) eine strukturelle Einheit aus Zentrum und Liganden z. B. auch eine chemische Einheit in Lösungs- oder Gasphase sein kann, oder ob in einem andern Extremfall

(ii) eine solche Einheit ein durchaus künstliches Gebilde ohne Individualität ist, weil die Wechselwirkung mit Nachbargruppen derselben oder ähnlicher Art seine Individualität im Kollektiv eines polynuklearen (polyzentrischen) Verbandes auslöschen.

Die Verbindungen unter (1, 2, 3, 4) enthalten alle Komplexe, welche unter die Kategorie (i) fallen, während etwa Cd(II) in CdSe (= $CdSe_{4/4}$) sich nicht unmittelbar mit Cd(II) im hypothetischen $CdSe_4^{6-}$ vergleichen lassen würde. Anderseits wird sich begründen lassen, daß die Wechselwirkung zwischen Cr(III) und sechs oktaedrisch angeordneten Cl(-I) innerhalb Komplexen $CrCl_6^{3-}$ in eutektischem (Li, K)Cl analog derjenigen in $CrCl_3$ (= $CrCl_{6/2}$) ist. Die Wechselwirkung zwischen Zentrum und Ligandhülle gehört natürlich zu den wesentlichsten Problemen, welche sich besonders bei Verbindungen der Kategorie (i) stellen. Solche Verbindungen werden auch vorwiegend Gegenstand der Betrachtung in diesem Buche sein. Mit den Kategorien (i) und (ii) führen wir keine Klassifizierung ein, denn das Tatsachenmaterial wird zeigen, daß sie nur geeignet sind, die Spannweite in der Natur der Verbindungen von Metallen mit nichtmetallischen Partnern anzutönen.

Literatur

Originalarbeiten Alfred Werners:

1891 Beiträge zur Theorie der Affinität und Valenz. Habilitationsschrift, Eidgenössisches Polytechnikum (heute: Eidgenössische Technische Hochschule), Zürich.

1893 Beitrag zur Konstitution anorganischer Verbindungen. Z. anorg. Chem. **3**, 267—330.

1911 Zur Kenntnis des asymmetrischen Kobaltatoms I, II, III, IV. Ber. **44**, 1887, 2445, 3272, 3279.

Biographie:

KAUFFMAN, G.B.: Alfred Werner — Founder of coordination chemistry. Berlin-Heidelberg-New York: Springer 1966.

Valenzchemische Entwicklungen in historischer Sicht:

SCHWARZENBACH, G.: Die Entwicklung der Valenzlehre und Alfred Werner. Experientia **22**, 633 (1966).

— Alfred Werner and his accomplishments. Helv. chim. Acta, Fasc. Extraord. Alfred Werner, 1967.

PALMER, W.G.: A history of the concept of valency. Cambridge: University Press 1965.

Einführende Darstellungen der Koordinationschemie:

GRADDON, D.P.: An introduction to coordination chemistry. London: Pergamon Press 1961.

BASOLO, F., and R. JOHNSON: Coordination chemistry. New York: Benjamin 1964.

Umfassende moderne Lehrbücher der anorganischen Chemie:

COTTON, F.A., and G. WILKINSON: Advanced inorganic chemistry. New York: Interscience 1966.

PHILLIPS, C.S.G. and R.J.P. WILLIAMS: Inorganic chemistry. Oxford: University Press 1965.

Moderne Monographie; Konfrontation der chemischen Tatsachen mit spektroskopischen Befunden:

JØRGENSEN, C.K.: Inorganic complexes. London and New York: Academic Press 1963.

Nomenklatur:
Richtsätze für die Nomenklatur der anorganischen Chemie, Verlag Chemie Weinheim, Sonderdruck aus Chem. Ber. 1959.
Ausgearbeitet von der Kommission für anorganische Nomenklatur der IUPAC (Internationale Union für Reine und Angewandte Chemie).

Kapitel 2

Metallatome und Metallionen

Freie Metallatome und Metallionen sind durchaus nicht unmittelbarer Gegenstand gewöhnlichen chemischen Experimentierens. Sie treten etwa als kurzlebige Partikeln im Funkenbogen eines Spektrographen auf und liefern im emittierten Licht unentbehrliche Auskunft über die energetischen Verhältnisse in der Elektronenhülle. Sie haben auch einen festen Platz in thermodynamischen Kreisprozessen, die meßbare Größen einerseits und modellmäßig zu berechnende anderseits einschließen. So interessieren zum Beispiel die den Prozessen (2.1) zukommenden Enthalpieänderungen ΔH, welche keineswegs in direkter kalorimetrischer Bestimmung ermittelt werden können. Hexafluoroaluminat(III)-Ion ist eine strukturelle Einheit im Kryolith $Na_3[AlF_6]$ und ein Komplexion in wäßriger Lösung bei Gegenwart einer geeigneten Konzentration von Fluorid. Wir zögern nicht, F(-I) als Liganden und Al(III) als Zentralion zu bezeichnen; ebenso finden wir Cr(III) im Tris(dipyridyl)chrom(III), einem Komplex, in dem sechs an Cr(III) koordinierte Stickstoffe je paarweise verknüpft sind und einem bizyklischen aromatischen System angehören.

$$Al^{3+}(g) \ + \ 6\ F^-(g) \ \longrightarrow \ AlF_6^{3-}(g)$$

$$Cr^{3+}(g) \ + \ 3\ dip(g) \ \longrightarrow \ Cr(dip)_3^{3+}(g)$$

dip: α, α' Dipyridyl

$$(2.1)$$

Die sinnvolle Zuordnung von Oxydationszahlen ist mitunter gar kein triviales Problem. Wir schreiben für Zentralatome (allgemeiner Ausdruck ohne Rücksicht auf zugeordnete Oxydationszahl) und einatomige Liganden die Oxydationszahl (= stöchiometrische Wertigkeit oder kurz Wertigkeit) als römische Ziffer neben das Element, und für mehratomige Liganden geben wir eine zugeordnete Ionenladung in üblicher Schreibweise. Fluoridion F^- und Dipyridyl sind wohlbekannte Partikeln in Lösungs- bzw. Gasphase, und in den Beispielen (2.1) macht die Ermittlung der Wertigkeiten keine Schwierigkeiten. Wir können heute sogar recht eingehend die Beziehung zwischen einem Cr(III) im angegebenen Komplex und im gasförmigen Cr^{3+}, d. h. im isolierten Ion, schildern (s. Kapitel 9 und 12). Weniger einfach wäre es jedoch, ohne gründliche

Untersuchung die Zuordnung in einem Reduktionsprodukt von $Cr(dip)_3^{3+}$
vorzunehmen, welches durch Aufnahme von drei Elektronen (Reduktionsmittel Lithium) entstehen kann. Wir müßten uns in diesem

$$Cr(O): \quad Cr^0 \; + 3\,dip \; = Cr(dip)_3$$
$$Cr(III): \quad Cr^{3+} + 3\,dip^- = Cr(dip)_3\,. \tag{2.2}$$

Fall fragen, ob am üblichen und verbreiteten Cr(III) festzuhalten sei,
somit der Ligand im wesentlichen reduziert worden sei, oder ob der
Ligand noch eher der neutralen Molekel verwandt sei und somit ein
Komplex mit dem für die Chemie wäßriger Lösungen gar nicht typischen
Cr(O) vorliege (2.2). Es ist wohl jene Zuordnung sinnvoller, welche das
zusammengesetzte Gebilde am ehesten mit den zugeordneten Partnern
in Beziehung bringen läßt.

Diese Frage können wir auf keinen Fall angehen, wenn wir nicht aus-
reichende Vorstellungen über die separierten Partner haben, und darüber
hinaus sollten wir auch Vorstellungen über das Zusammenwirken im
Komplex haben.

In diesem Abschnitt gilt unsere Aufmerksamkeit den Atomen und
Ionen jener rund 70 natürlichen Elemente, welche im Bereich normaler
Drucke metallische Eigenschaften aufweisen. Aus dem Blickwinkel von
binären Verbindungen, welche sich spontan aus Metall und Nichtmetall
bilden können, müßten in erster Linie positive Metallionen interessieren.
Den natürlichen Ausgangspunkt zu einer Gruppierung derselben liefert
das Periodensystem der Elemente. Die quantenmechanisch begründete
Theorie atomarer Systeme bietet eine Interpretation für die phänomeno-
logisch früher erkannte Periodizität, welche die monoton ansteigende
Kernladungszahl Z begleitet. Es ist schon sehr nützlich, von einer Einteilung auszugehen, welche nur die Anzahl der Elektronen in der Hülle,
somit die Stellung im Periodensystem, als maßgebliche Größe einschließt:

(i) Metallkationen mit der Elektronenzahl eines Edelgases; Kurzbezeichnung **A-Kationen**

Li^+	Be^{2+}				
Na^+	Mg^{2+}	Al^{3+}			
K^+	Ca^{2+}	Sc^{3+}	Ti^{4+}	V^{5+}	
Rb^+	Sr^{2+}	Y^{3+}	Zr^{4+}	Nb^{5+}	
Cs^+	Ba^{2+}	La^{3+}	Hf^{4+}	Ta^{5+}	
			Th^{4+}		

(ii) Metallkationen mit der Elektronenzahl $0 < q < 10$ über das
nächstuntere Edelgas bzw. über Hf^{4+} hinaus: Übergangsmetallkationen
der ersten und zweiten bzw. dritten großen Periode; Kurzzeichen $Ü_1$,
$Ü_2$, $Ü_3$.

Ti^{3+}	V	Cr	Mn	Fe	Co	Ni^+	Cu^{2+}
Zr^{3+}	Nb	Mo	Tc	Ru	Rh	Pd^+	Ag^{2+}
Hf^{3+}	Ta	W	Re	Os	Ir	Pt^+	Au^{2+}
$q = 1$						$q = 9$	

Wir tragen nur die Ladungen der ersten ($q = 1$) und letzten ($q = 9$) Vertreter ein, welche unserer Vereinbarung entsprechen, weil im allgemeinen eine ganze Reihe von Ionen verschiedener Ladung für jedes Element chemisch bedeutsam werden.

In der Tabelle zur Kategorie (i) haben wir angedeutet, welche Elemente auch in Kategorie (ii) erscheinen, ebenso deuten wir in Liste (ii) an, welche Elemente auch in der nächsten Kategorie (iii) erscheinen werden.

Wir geben für $Ü_1$-Ionen eine Tabelle von Werten von q für die zugehörige Ladung z des entsprechenden Ions:

	$q=1$	2	3	4	5	6	7	8	9
$z=+4$	V^{4+}	Cr^{4+}	Mn^{4+}	Fe^{4+}					
$z=+3$	Ti^{3+}	V^{3+}	Cr^{3+}	Mn^{3+}	Fe^{3+}	Co^{3+}	Ni^{3+}	Cu^{3+}	
$z=+2$		Ti^{2+}	V^{2+}	Cr^{2+}	Mn^{2+}	Fe^{2+}	Co^{2+}	Ni^{2+}	Cu^{2+}
$z=+1$					Cr^{+}	Mn^{+}	Fe^{+}	Co^{+}	Ni^{+}
$z=0$						Cr	Mn	Fe	Co

Die eingerahmten Ionen können in wäßriger Lösung als Aquoionen auftreten (s. Kapitel 4). In den Reihen der Tabelle steigt q bei gleichbleibender Ladung, und in den Kolonnen sinkt die Ladung bei gleichbleibendem q von oben nach unten. Vom Standpunkt der Ionenladung aus wäre also z. B. Co^{3+} mit Cr^{3+} zu vergleichen, vom Standpunkt der Elektronenzahl aus hingegen mit Cr^0.

(iii) Kationen mit der Elektronenzahl von Ni^0, Pd^0 und Pt^0, also entsprechend $q = 10$, sowie solche entsprechend $q = 10 + 2$. Kurzbezeichnung: **B-Kationen**

Cu^{+}	Zn^{2+}	Ga^{3+}	Ga^{+}		
Ag^{+}	Cd^{2+}	In^{3+}	In^{+}	Sn^{2+}	
Au^{+}	Hg^{2+}	Tl^{3+}	Tl^{+}	Pb^{2+}	Bi^{3+}
	$q = 10$		$q = 10 + 2$		

(iv) Kationen der seltenen Erden. Wir werden nur sporadisch seltene Erdkationen im Verhalten gegenüber den anderen Gruppen erwähnen. Sie lassen sich entsprechend der Zahlenregel $0 < q < 14$ aufreihen, wo q nun bezüglich Xenon gemessen wird.

$$Ce^{3+}\ Pr^{3+}\ Nd^{3+}\ (Pm)^{3+}\ Sm^{3+}\ Eu^{3+}\ Gd^{3+}\ Tb^{3+}\ Dy^{3+}\ Ho^{3+}\ Er^{3+}\ Tm^{3+}\ Yb^{3+}\ Lu^{3+}$$

$$Eu^{2+},\ Tb^{4+} \qquad\qquad Yb^{2+}$$

$$q = 1 \qquad\qquad 7 \qquad\qquad 14$$

Kurzzeichen: **SE**

Traditionellerweise vernachlässigen wir also die uns zwangsläufig weniger vertrauten Aktiniden, obwohl in ihnen das komplexeste Zusammenspiel aller Faktoren begründet ist, welche in der Chemie der anderen Metalle hervortreten. Somit würde die Chemie der Aktiniden der natürliche Ausgangspunkt einer systematischen Darstellung sein, welche die einfachere Chemie anderer Elemente gleichsam durch Vereinfachung von komplexesten Systemen her behandeln möchte.

Von den oben ausgewählten Kationen sind die meisten chemisch wichtig, insofern ihre Ladungen den Oxydationszahlen entsprechen, welche in der oberen Grenze aus Fluoriden oder Oxiden nach der Festsetzung F(-I) und O(-II) erhalten werden. Ihre Gruppierung könnte also durchaus innerhalb phänomenologischer Kriterien begründet werden, welche es z. B. irrelevant erscheinen lassen, Ionen wie Na^{2+}, Mg^{3+}, Ga^{4+} u. a. aufzunehmen. Natürlich würden dann gewisse Ordnungszahlen (2, 10, 18, 36, 54, 86; 28, 46, 78) und Abstände (10, 10 + 2, 14) eine grundsätzlich mysteriöse Bedeutung erhalten, und zwar im Sinne einer mangelnden Beziehung zu von der chemischen Erfahrung unabhängigen Kategorien. Die einheitliche Interpretation einer Gruppierung wie der gegebenen liefert die in der Quantenmechanik begründete Theorie der Atomhülle, welche sich dominant auf spektroskopische Daten stützt und diese zu rationalisieren vermag. Darnach ist es eine erstaunlich vernünftige Approximation, ein atomares System als System von Atomrumpf und weiteren, explizite zu beschreibenden Elektronen zu betrachten. Der Atomrumpf ist dabei das Ion mit der mysteriösen Elektronenzahl.

Im folgenden resümieren wir einige Charakteristika von Elektronenhüllen, die in plastisch-anschaulicher Hinsicht nützlich sind und sich im Rahmen der Theorie von Einzentren-Mehrelektronensystemen (Kern Z und N Elektronen) entwickeln und eingehender kommentieren lassen würden, womit auch auf das Verhältnis von Theorie zu experimentellen Tatsachen angespielt sei.

Für alle isolierten Einzentren-Mehrelektronensysteme (also bei der Abwesenheit äußerer Felder) gilt das statistisch-verbindliche Bild einer sphärischen Elektronenhülle. Für ein spezielles System wäre die Hülle in plastischer Hinsicht beschrieben mit der Angabe der Elektronendichte in Funktion des Abstandes r vom Kern, und die Dichtefunktion wäre eine kontinuierliche Ortsfunktion, welche für $r \to \infty$ gegen Null geht. Dieses statistische Bild darf aber nicht darüber hinwegtäuschen, daß auch im sogenannten stationären System (keine Zeitabhängigkeit der observablen Größen) grundsätzlich ein dynamisches System vorliegt. Die Gesamtenergie eines solchen Systems (Bezugspunkt: Kern und N Elektronen separiert) ist die algebraische Summe von potentieller und kinetischer Energie. Die wichtigsten Beiträge zur potentiellen stammen von der Kern-Hülle Anziehung und von der interelektronischen Repulsion in der Hülle, und die kinetische resultiert aus der Elektronenbewegung in der Hülle. Diese Bewegung erscheint uns insofern ungewöhnlich und nicht vertraut, als sie den Kriterien der Planetenmechanik entweicht. Die Quantitäten Elektronenladung $(-e_0)$ und -masse (m_e) können ein ballistisches Elektron heraufbeschwören, doch versinkt ein solches gleichsam zufolge der Eigenart der Dynamik, wie sie die Theorie beschreiben kann.

Sinnvolle Begriffe wie Elektronendichte (anzugeben durch eine Dichtefunktion), womit gleichzeitig Ladungs- und Massendichte als zu ihr proportionale Größen zusammengefaßt werden können, treten an die Stelle
von planetenmechanischen Begriffen und Größen. Der Begriff Elektronendichte suggeriert den durchaus adäquaten Ausdruck Elektronenwolke, welcher der Anschaulichkeit entgegenkommt. Chemische Reaktionen sind Ereignisse im dreidimensionalen Raum, und die meßbaren
Atom-Atomabstände erwecken den Eindruck von größeren und kleineren
Atomen, also mehr oder weniger ausgedehnten Elektronenhüllen bzw.
-wolken.

Im strengsten Sinne der Theorie ist das Elektron ein formales Konzept der Theorie und nicht ein Körperchen mit Individualität. Die
Theorie im strengsten Sinne kann aber das Problem der Mehrelektronen-
hülle eines Einzentren-Mehrelektronensystems nur formulieren, nicht
aber lösen. Deshalb spielen auf dem Gebiet der Anwendung der Theorie
von Elektronenhüllen im Zusammenhang mit chemisch relevanten
Systemen, also in der Quantenchemie, durchwegs Approximationen die
bedeutende Rolle, wenn es an die Konfrontation mit Tatsachen geht.
Ein gemeinsames Merkmal der wichtigsten Näherungen ist die im folgenden „nullte Näherung" genannte Situation, von der eine Beschreibung
ausgeht und die in weiteren Näherungsschritten verbessert wird. Diese
nullte Näherung schließt an ein im strengsten Sinne lösbares Problem an,
nämlich das Problem der Elektronenhülle eines Einzentren-Einelektro-
nensystems, wie z. B. H, He$^+$, Ni^{27+}, No^{101+}.

Das Einzentren-Einelektronensystem, oder anders ausgedrückt das
wasserstoffähnliche System, weist folgende charakteristische Eigenschaften auf:

Es existiert ein diskreter Satz von Energiewerten T bis zur Ionisie-
rungsgrenze $T = 0$, und es gilt die Beziehung

$$T = E_{\text{pot}} + E_{\text{kin}} = -E_{\text{kin}}.$$

Jeder dieser Energiewerte entspricht einem oder mehreren Zuständen
des Elektrons im Feld des Kerns.

Ein Zustand ist gekennzeichnet durch die Beträge von observablen
Größen. Nebst der Energie ist der Drehimplusbetrag im isolierten System
eine observable Größe.

Innerhalb der Einelektronenwolke gibt es keine Repulsionsenergie.

Eine sinnreiche Abstandsgröße ist der mittlere Radius der Elektronenwolke, oft auch als Mittelwert des Elektronenabstandes vom Kern bezeichnet. Er ist experimentell nicht ohne weiteres zugänglich, kann jedoch durch Mittelwertsbildung aus der Elektronendichtefunktion berechnet werden. Er steigt mit zunehmender Gesamtenergie an und sinkt
bei Entartung eines Energiewertes mit zunehmendem Drehimpuls bei
gleichbleibender Energie.

Zur Beschreibung von Mehrelektronenhüllen werden in der nullten Näherung gleichsam Einelektronenwolken superponiert, deren Typus dem entsprechenden Einelektronenproblem entnommen wird. Die nullte Näherung berücksichtigt die Elektronenwechselwirkung nicht, und deshalb ist sie mit der Angabe der Art der verwendeten Einelektronenwolken und der Anzahl jeder Art gekennzeichnet. Ein solches ganz und gar künstliches Gebilde gibt also jedem Elektron seine räumliche Dichteverteilung, und die N Elektronenwolken nehmen keine Notiz voneinander. Es ist also nur brauchbar, wenn es vernünftige Folgerungen zuläßt oder gewisse Tatsachen abbilden kann, und vor allem, wenn ihm Verbesserungen aufgepfropft werden können. Das Modell der nullten Näherung kann schon die Symmetrieeigenschaften der Elektronenhülle wiedergeben, während die Energie bzw. der Rhytmus in der Folge der diskreten Energiewerte erst unter Berücksichtigung der interelektronischen Repulsion diskutiert werden kann. Dies bedeutet — stets innerhalb desselben Modelles — die Wechselwirkung von $N(N-1)/2$ Paaren von Elektronenwolken einbeziehen, sowie auch der Ununterscheidbarkeit von Elektronen Rechnung tragen (Pauli-Prinzip). Die Situation, von der man ausgeht, ist in einem solchen Verfahren durch den Typus der Elektronenwolken und die Anzahl von jedem Typus umschrieben. Man benützt hierzu eine Kurzschrift, die sogenannte Elektronenkonfiguration. Diese legt die Elektronenstruktur einer Hülle fest. In jedem Lehrbuch der Chemie sind heutzutage Tabellen der Elektronenstruktur von Atomen angegeben, welche gewisse Regelmäßigkeiten und experimentelle Tatsachen der Atomspektroskopie ausdrücken. Eine bemerkenswerte Eigenschaft von z.B. $Ü_1$-Kationen ist es nun, daß ihre Atomspektren in ganz wesentlichen Gesichtszügen von Gebilden zu stammen scheinen, welche aus einem Pseudokern (Rumpf mit der Elektronenzahl des Argons) und einer Hülle mit q Elektronen bestehen. Die Situation, von der aus alle Bindungsfragen allgemein diskutiert werden, ist denn auch dadurch gekennzeichnet, daß grundsätzlich ein System von q (im Sinne der Tabellen auf S. 9—10) Elektronen von seiten eines Metallkations miteinbezogen wird (Valenzelektronen). Der Leser wird sich Rechenschaft geben, daß alle Diskussionen über Bindungsfragen, welche er in Chemiebüchern verfolgt hat, sich mit der sogenannten Valenzhülle befassen. Beispiele für solches Vorgehen und seine Nützlichkeit sind in Kapitel 12 umrissen. Wir interessieren uns hier jedoch für anschaulich-plastische Aussagen, welche die Gestalt der Elektronenhüllen bzw. Valenzhüllen betreffen, und die nur in Korrespondenz zu Modellen gesehen werden dürfen, welche wir als nullte Näherungen bezeichnet haben. Im folgenden werden wir mit der Kurzbezeichnung MON gelegentlich an diesen Hinweis erinnern. Wir werden auch nicht mehr speziell erwähnen, daß wir uns grundsätzlich zu Situationen äußern, welche innerhalb der Elektronenkonfiguration des Grundzustandes vorliegen.

A-Kationen

Diese besitzen in weitreichendstem Sinne sphärische Symmetrie. Sowohl magnetisches wie elektrisches Dipolmoment der Hülle sind Null. Das Bild einer geladenen Kugel, die keine Orientierungsabhängigkeit im elektrischen Feld oder im Magnetfeld erleidet, ist sinnvoll. Der Hülle kommt stets eine und nur eine Energie zu (einfach entarteter Zustand). Mit dem Ausdruck Kugel wird der Eindruck einer Begrenzung geweckt, mit anderen Worten die Frage nach dem Radius der Kugel, und somit der Größe des Ions. Die Größe Ionenradius bedarf einer Definition, weil nur Atom-Atomabstände experimentell gemessen werden können. Die Größe von atomaren Systemen kann also nur über ihre Platzbeanspruchung in Verbindungen in Erfahrung gebracht werden. Da jedoch zum Beispiel die $M-F$-Abstände in binären Fluoriden mit zunehmender Ladung der A-Kationen in einer Horizontalreihe der Tabelle (i) abnehmen, ist der Eindruck begründet, etwa Ti^{4+} sei wesentlich kleiner als Na^+. In einer Vertikalreihe nimmt die Größe der Ionen gleicher Ladung im allgemeinen zu höherem Z hin zu (wichtigste Ausnahme: Zr^{4+}, Hf^{4+}). Eine für die Chemie wichtige Frage würde die Multipolmomente betreffen, welche durch elektrische Felder induziert werden können, also die Verformung der Kugel zu einem nichtsphärischen Gebilde. Man würde darnach Kugeln mit niedriger Polarisierbarkeit als härter empfinden gegenüber weicheren mit höherer Polarisierbarkeit. Eine Verformung der Elektronenhülle wäre dann zu erwarten, wenn das angelegte Feld in die Größenordnung des Feldes rücken würde, welchem die Peripherie der Elektronenhülle von seiten des Atomzentrums ausgesetzt ist. In Kristallen, als deren Bestandteile wir Ionen erkennen, treten hohe Felder auf. Als charakteristisches Beispiel für deren Größenordnung sei das Feld einer positiven Ladung e_0 im Abstand 1 Å angegeben: $1,5 \cdot 10^9$ V/cm. Für einen speziellen Ionenkristall stellt sich dann allerdings die Frage, ob der anionische Partner weicher sei als das A-Kation, weil in diesem Falle nicht die Verformung des Kations, sondern seine polarisierende, verformende Wirkung maßgebend wäre. Diese müßte mit abnehmendem Ionenradius und zunehmender Ladung ansteigen.

Die Tabelle 2.1 umfaßt eine Auswahl von Ionenradien, welche allgemein zur Diskussion herangezogen werden. Diese entspringen einem breiten Tatsachenmaterial der Kristallchemie und rationalisieren Abstände in der Form von Radien. Die Auftrennung von Abständen zur Zuordnung von Radien kann nur auf der Basis bestimmter Annahmen über das Radienverhältnis erfolgen. Die zitierte Literatur informiert über solche Annahmen, welche die drei Gruppen von Radien der Tabelle 2.1 festlegen. In diese sind auch Ionen der Kategorien Ü, B und SE aufgenommen worden.

Tabelle 2.1. *Ionenradien* (Angstrøm)
G: nach GOLDSCHMIDT; P: nach PAULING. Empirische Kristallradien: Aus Atomabständen durch Subtraktion eines zugeordneten Anionenradius

		G	P		G	P		G	P		G	P
A	Li^+	0,78	0,60	Be^{2+}	0,30	0,31						
	Na^+	0,98	0,95	Mg^{2+}	0,78	0,65	Al^{3+}	0,57	0,50			
	K^+	1,33	1,33	Ca^{2+}	1,06	0,99	Sc^{3+}	0,83	0,81	Ti^{4+}	0,64	0,68
	Rb^+	1,49	1,48	Sr^{2+}	1,27	1,13	Y^{3+}	1,06	0,93	Zr^{4+}	0,87	0,80
	Cs^+	1,65	1,69	Ba^{2+}	1,43	1,35	La^{3+}	1,22	1,15	Hf^{4+}	—	0,81

$Ü_1$ M^{2+}: zwischen 0,72 und 0,90 $\Big\}$ Empirische Kristallradien
  M^{3+}: zwischen 0,55 und 0,65

		G	P		G	P		G	P
B	Cu^+	0,95	0,95	Zn^{2+}	0,83	0,74	Ga^{3+}	0,62	0,62
	Ag^+	1,13	1,26	Cd^{2+}	1,03	0,97	In^{3+}	0,92	0,81
	Au^+	—	1,37	Ag^{2+}	1,12	1,10	Tl^{3+}	1,05	0,95
	Tl^+	1,51	1,44	Pb^{2+}	1,17	1,21			

SE (G)	Ce^{3+}	Gd^{3+}	Lu^{3+}
	1,03	0,94	0,85
		Eu^{2+}	Yb^{2+}
		1,09	0,93

B-Kationen

Auch B-Kationen weisen einen einfach entarteten Grundzustand auf, und angeregte Zustände gehen durchaus aus Konfigurationsänderungen hervor. Das Bild einer Kugel ist im selben Sinne zutreffend wie für A-Kationen. Die Chemie wird aber zeigen, daß wir eine ganze Reihe solcher Kugeln als wesentlich weicher empfinden müssen. Wir können die Konsequenzen dieser Eigenart innerhalb eines strukturlosen Bildes nicht sauber ziehen. Die Elektronenhülle schirmt das Kernfeld ab, und bei leichter Deformierbarkeit müßte dies auch heißen, das Kernfeld sei leichter freizulegen, als dies etwa für harte A-Kationen der Fall wäre. Die schwerlöslichen farblosen Carbonate, Oxalate und Sulfate des Pb(II) erinnern an die entsprechenden farblosen Verbindungen von Ca(II), Sr(II), Ba(II), die wir als Ionenkristalle beschreiben. Aber das erdalkaliähnlichste der B-Kationen ergibt gelbes Jodid und schwerlösliches schwarzes Sulfid. Wenn farblose Komponenten eine gefärbte Verbindung ergeben, dann muß die Wechselwirkung wesentliche Gesichtszüge aufweisen, welche für die entsprechenden Erdalkaliverbindungen nicht zutreffen.

In quantenchemische Modelle müßten für B-Kationen je nach Grad der Approximation 0 oder 2, bzw. 10 oder 10 + 2 Elektronen seitens des B-Kations eingesetzt werden.

Ü-Kationen

Die $\ddot{\text{U}}_1$-Kationen bilden die Brücke zwischen sphärisch symmetrischen
A-Kationen und B-Kationen. Im Rahmen der Elektronenkonfiguration
spricht man von den partiell gefüllten Schalen der Ü-Kationen. Wir
werden im Kapitel 9 experimentelle Tatsachen untersuchen, welche uns
die Gewißheit aufzwingen, daß die Valenzhülle von Ü-Kationen Charakteristika besitzt, welche weder A- noch B-Kationen zeigen. Die Theorie
erlaubt das Bild eines strukturlosen Pseudokernes, also eines kugeligen
Rumpfes, welchem eine weichere, leicht deformierbare Valenzhülle auf-
gesetzt ist. Im Unterschied zu A- und B-Kationen sind nun die Grundzustände ausnahmslos entartet.

Im MON von Ü-Ionen wird eine Familie von Ein-Elektronenwolken
herangezogen, deren typische Merkmale in bezug auf die Gestalt wir im
folgenden beschreiben. Die Atomspektroskopie belegt über die observablen Drehimpulswerte von Ü-Kationen, daß die geschilderten Merkmale
etwas grundsätzlich Richtiges enthalten. Wir setzen also voraus, dieser
Nachweis sei erbracht. Glücklicherweise können wir uns zur Schilderung
der räumlichen Gestalt einer Familie von ganz durchsichtigen Funktionen
bedienen. Mit „räumlicher Gestalt der Elektronenwolke" meinen wir
Symmetrieeigenschaften und Angaben über die Richtungen maximaler
und minimaler Dichte der Elektronenwolke bzw. Werte der entsprechenden Dichtefunktion. Letztere sind Ortsfunktionen, welche in einem
geeigneten Koordinatensystem mit Kern im Nullpunkt anzugeben wären.

Die Funktionenfamilien (2.3) beschreiben Flächen, weil für jede vom
Nullpunkt ausgehende Richtung ein und nur ein Funktionswert existiert.
Sie waren längst bekannt, bevor die quantenmechanische Theorie von
Elektronenhüllen formuliert werden konnte. Es ist äußerst interessant,
daß diese Funktionen, welche Eigenschaften des dreidimensionalen Rau-
mes ausdrücken, an dieser Stelle von Bedeutung sind.

$$d_0 = \tfrac{1}{2}(3\cos^2\theta - 1) \qquad\qquad d_{z^2} = \tfrac{1}{2}\left(\frac{3z^2 - r^2}{r^2}\right)$$

$$d_{+1} = -\sqrt{\frac{3}{2}}\,\sin\theta\cos\theta\cdot e^{i\varphi} \;\left.\right\} \quad \left\{\; d_{xz} = \sqrt{3\cdot\frac{xz}{r^2}}\right.$$

$$d_{-1} = \sqrt{\frac{3}{2}}\,\sin\theta\cos\theta\cdot e^{-i\varphi} \qquad\qquad d_{yz} = \sqrt{3\cdot\frac{yz}{r^2}}$$

$$d_{+2} = \sqrt{\frac{3}{8}}\,\sin^2\theta\cdot e^{2i\varphi} \;\left.\right\} \quad \left\{\; d_{xy} = \sqrt{3\,\frac{xy}{r^2}}\right.$$

$$d_{-2} = \sqrt{\frac{3}{8}}\,\sin^2\theta\cdot e^{-2i\varphi} \qquad\qquad d_{x^2-y^2} = \sqrt{\frac{3}{2}}\,\frac{x^2 - y^2}{r^2}$$

$$\text{(2.3a)} \qquad\qquad\qquad\qquad \text{(2.3b)}$$

Der Funktionensatz (2.3b) läßt sich aus (2.3a) gewinnen, wenn r, θ, φ nach (2.4) in kartesischen Koordinaten ausgedrückt werden und die angegebenen Linearkombinationen gebildet werden.

$$d_{xz} = \frac{1}{\sqrt{2}}(d_{-1} - d_{+1}) \qquad ; \qquad d_{x^2-y^2} = \frac{1}{\sqrt{2}}(d_{-2} + d_{+2})$$

$$d_{yz} = \frac{1}{\sqrt{2}}i(d_{-1} + d_{+1}) \qquad ; \qquad d_{xy} = \frac{1}{\sqrt{2}}i(d_{-2} - d_{+2})$$

$$\begin{aligned}
x &= r \sin\theta \cdot \cos\varphi \\
y &= r \sin\theta \cdot \sin\varphi \\
z &= r \cos\theta \,.
\end{aligned} \qquad (2.4)$$

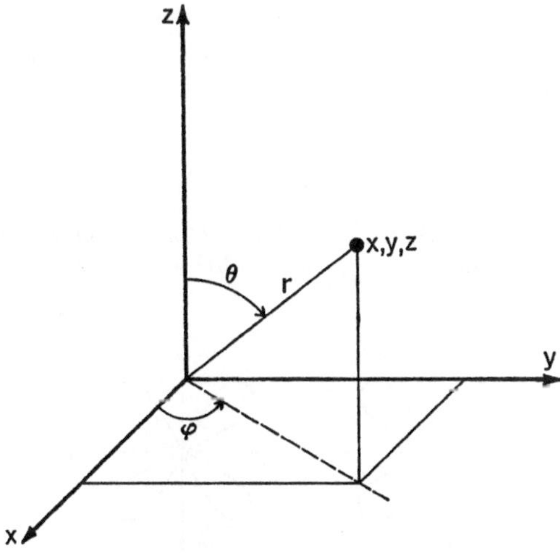

(Wir beschreiben die verschiedenen Eigenschaften dieser Funktionen nicht näher; sie können in systematischer Weise gewonnen werden, und ein grundlegendes Charakteristikum ist es, wenn eine beliebige Linearkombination von Funktionen 2.3a oder 2.3b durch Transformationen entsprechend beliebiger Drehungen des Koordinatensystems in eine Linearkombination derselben Familie übergeführt wird. Die fünf Funktionen jeder Familie sind linear unabhängig). Wir wählen zur graphischen Veranschaulichung beider Funktionengruppen reelle quadratische Formen, für Familie (2.3a) also das Produkt $d^* d$ (d^* komplex konjugierte von d). Der Leser kann diese quadratischen Formen leicht selber graphisch darstellen und die Abb. 2.1 kontrollieren. Für die Familie (2.3a) geben wir graphische Darstellungen in zwei Dimensionen, und zwar den Funktionenwert auf einer Ebene durch z, weil der Winkel θ die einzige maßgebliche Variable ist. Die dreidimensionale Darstellung würde sich also einfach aus der Rotation der Abb. 2.1 um die Achse z ergeben.

Für die Familie (2.3b) geben wir die Projektion des Achsenkreuzes und darin nur den Funktionenwert in einer Ebene; der Leser möge sich

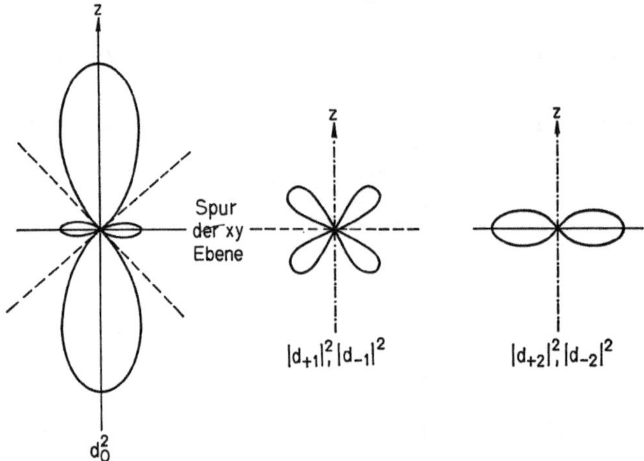

Abb. 2.1a. Beträge der quadrierten Funktionen 2.3a in einer Ebene durch z. Knotenflächen ———; Knotenlinien —·—·—; ausgezeichnete Richtung z

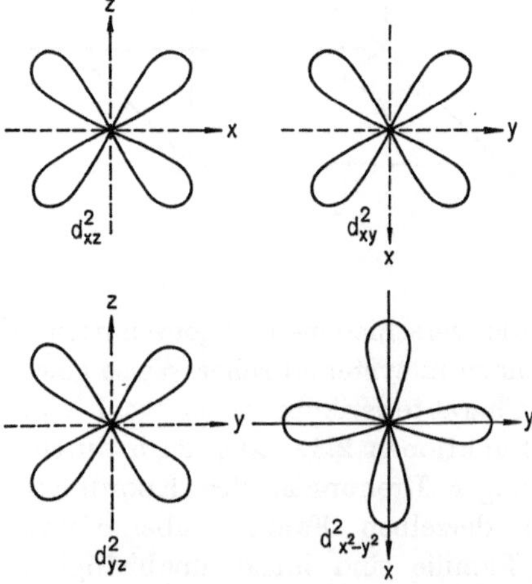

Abb. 2.1b. Beträge der quadrierten Funktionen 2.3b ($d_{z^2}^2 = d_0^2$ in Abb. 2.1a). Funktionenwerte in den Ebenen xy, xz, yz. Ausgezeichnete Richtungen: Kordinatenachsen

selber überzeugen, daß dreidimensionale Gebilde aus den Schnitten der Abb. 2.1b nicht durch Rotation von diametralen Kleeblattpaaren um jene Achse entstehen, welche deren Maxima verbindet. Allerdings würden solche Rotationskörper qualitativ einen annehmbaren Eindruck vom Verlauf der Funktion erwecken. Wir heben in den Abbildungen auch

die Knotenflächen hervor, welche durch die Richtungen bestimmt
werden, in denen der Funktionenwert Null ist. Es kommen Kegelflächen
(Öffnungswinkel 0, π und $2\,\pi$) vor, sowie Ebenen, welche eine oder zwei
Koordinatenachsen enthalten. Welcher Art ist nun der Zusammenhang
zwischen diesen sauberen Funktionen und Eigenschaften von repräsentativen Einelektronenwolken, welche im MON für Ü-Kationen wichtig
sind ?

Die Abb. 2.1a und 2.1b vermitteln den richtigen Eindruck von der
Gestalt (siehe oben) einer Familie von Einelektronenwolken, welche für
bestimmte Situationen zutreffend sind. (Das Familienmerkmal wird mit
d angegeben, und es betrifft die Observable Bahndrehimpulsbetrag.) Wir
müssen also Situationen spezifizieren, für welche unsere Bilder anschau-
lichen Wert haben können:

Abb. 2.1a: Das System befindet sich in einer Umgebung, welche durch
eine ausgezeichnete Richtung gekennzeichnet ist. Physikalisch realisti-
sches Beispiel: homogenes Magnetfeld $H \| z$. Die Symmetrieeigenschaften
der möglichen Einelektronenwolken vom Typus d werden mit diesen
Abbildungen ausgedrückt. Die Elektronenwolke ist also entweder stab-
förmig, oder doppelkegelförmig, oder scheibenförmig.

Abb. 2.1b: Das System befindet sich in einer Umgebung von ortho-
rhombischer Symmetrie. Physikalisch sinnvolles Beispiel: auf den Achsen
x, y befindet sich je ein Paar von Punktladungen δ_x, δ_y nach unten-
stehender Skizze.

Die Beträge δ_x, δ_y können beliebig klein sein.

Die Gestalt der dieser Umgebung
angepaßten   Einelektronenwolken
wird mit Abb. 2.1b ausgedrückt.

Die beiden geschilderten Situationen führen also zur Aufhebung
des statistisch-relevanten Bildes der
sphärischen Einelektronenwolke im
isolierten System, mit anderen Worten, die Abweichung von der sphärischen Symmetrie, welche im isolierten System durch das Zentralfeld des

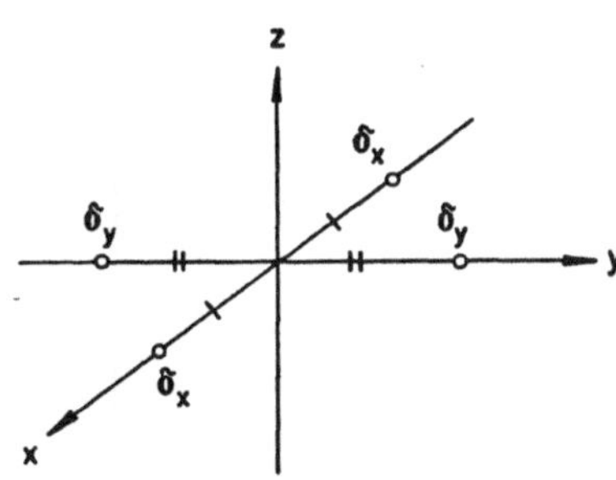

Rumpfes gegeben ist, führt unmittelbar zur Anpassung der Elektronenwolke an die Umgebung. Mit „unmittelbar" wollen wir unterstreichen,
daß die Anpassung symmetrie- und nicht energiebedingt ist. Wir interessieren uns hier nicht für die Aufhebung der Entartung, welche mit der
Anpassung an die nichtsphärische Symmetrie verbunden ist (s. Kapitel
12).

In den Abb. 2.2a und 2.2b sind die Richtungen maximaler Elektronendichte für die Wolken der indizierten Typen noch einmal zusammengefaßt. Wir erinnern daran, daß Abb. 2.2a einen ebenen Schnitt durch
Kegelflächen mit Öffnungswinkeln 0, π, und $2\,\pi$ darstellt. Die beiden

Abb. 2.2b enthalten diese Richtungen für eine Zweier- und eine Dreier-
gruppe von d-Wolken, welche unter sich äquivalente Funktionen (2.3b)
zugeordnet haben. Das Superpositionsprinzip könnte nun mit Konfigura-
tionsbezeichnungen angegeben werden, wenn Mehrelektronensysteme

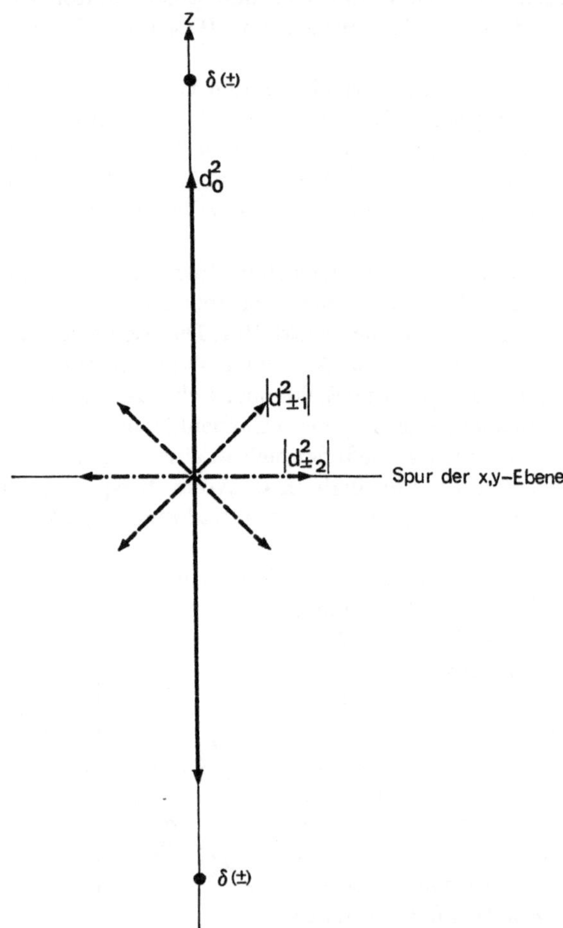

Abb. 2.2a. Richtungen der Maximalwerte der in der Abb. 2.1a abgebildeten Funktionen

(MON) aufgebaut werden sollen. Das Pauli-Prinzip würde eine maximale
Besetzung von zwei Elektronen pro d-Wolke erlauben. Innerhalb einer
Konfiguration $d^q (2 \leq q \leq 8)$ können dann im MON eine ganze Reihe
verschiedener Besetzungskombinationen auftreten, und mit solchen werden Absorptionsbanden im Sichtbaren tatsächlich in Verbindung gebracht, welche den Unterschieden in der Energie verschiedener Konfigurationen innerhalb der d-Familie entsprechen.

Wir greifen nur wenige bestimmte Konfigurationen zur näheren Betrachtung heraus. Die Kombination von je einer Wolke vom Typ d_{xy},

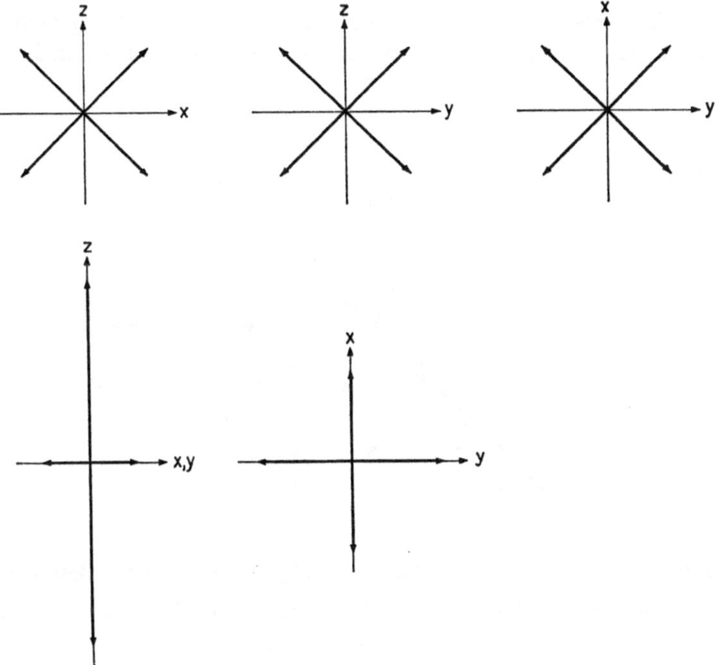

Abb. 2.2b. Richtungen der Maximalwerte der in der Abb. 2.1b abgebildeten Funktionen

d_{yz}, d_{xz} ergibt ein superponiertes Gebilde, welches durch die Summe der Funktionen

$$d_{xy}^2 + d_{yz}^2 + d_{xz}^2 = \frac{3}{r^4}\,(x^2 y^2 + y^2 z^2 + x^2 z^2)$$

gekennzeichnet ist. Seine Symmetrie entspricht derjenigen eines Würfels, und die Maxima befinden sich in Richtung der Würfelecken (siehe Abb. 2.3), wogegen die Nullrichtungen mit den Koordinatenachsen zusammenfallen. Ein solches System entspricht einer oktaedrisch eingedrückten Kugel, und als Sinnbild wäre ein Würfel ein zutreffenderes Bild für die Gestalt der Elektronenhülle als eine Kugel. Die Gestalt der Elektronenhüllen von $d^3\,(d_{xy}^1, d_{xz}^1, d_{yz}^1)$ und $d^6\,(d_{xy}^2, d_{xz}^2, d_{yz}^2)$* in kubischem Feld (ähnlich wie Situation b, jedoch drei äquidistante Paare $\delta_x = \delta_y = \delta_z$) wird durch Abb. 2.3 sinnrichtig ausgedrückt.

---

* Man beachte, daß hier in üblicher Weise Besetzungszahlen angegeben sind. Exponenten 2 zur Bezeichnung quadrierter Funktionen sind davon auseinanderzuhalten.

Ganz entsprechend ergibt die Summe

$$d_{z^2}^2 + d_{x^2-y^2}^2 = \frac{1}{r^4}\left[(x^4 + y^4 + z^4) - (x^2 y^2 + y^2 z^2 + x^2 z^2)\right]$$

eine Fläche, welche einer kubisch eingedrückten Kugel entspricht. Die Maxima liegen nun in sechs oktaedrischen Richtungen auf den Koordi-

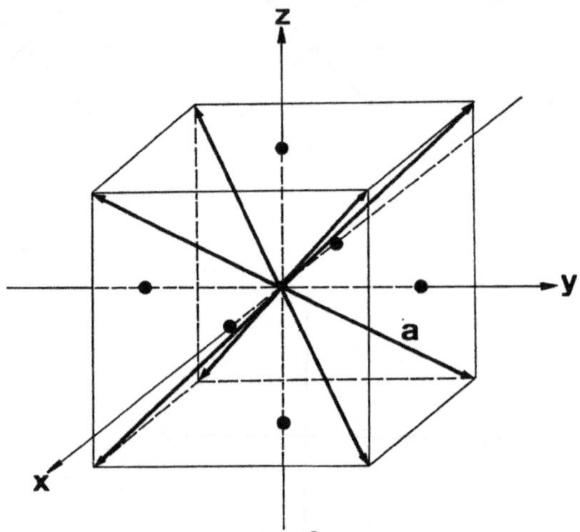

Abb. 2.3a. Die 8 Maxima der Funktion $\dfrac{3}{r^4}\,(x^2 y^2 + y^2 z^2 + x^2 z^2)$. Betrag $a = 1$; der Funktionenwert in Richtung der 12 Kantenmitten des Hilfswürfels beträgt 3/4

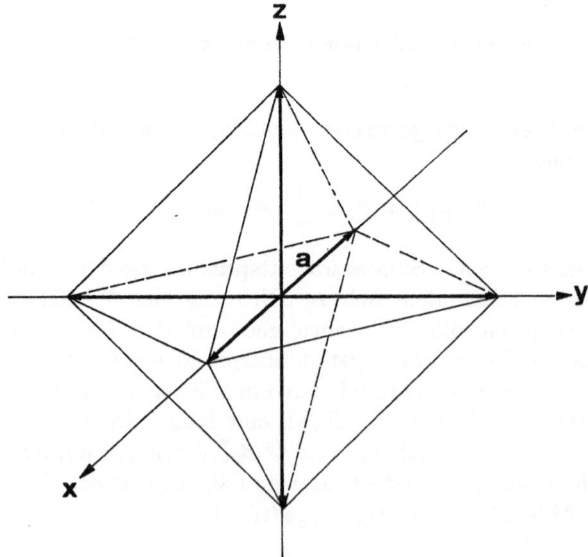

Abb. 2.3b. Die 6 Maxima der Funktion $\dfrac{1}{r^4}\left[(x^4 + y^4 + z^4) - (x^2 y^2 + y^2 z^2 + x^2 z^2)\right]$, Betrag $a = 1$

natenachsen, und die acht Nullrichtungen fallen mit denen der Pfeile in Abb. 2.3a zusammen (Abb. 2.3b). Man überzeuge sich, daß die Summe aller fünf quadrierten d-Funktionen die Einheitskugel liefert. Das ist nun auch das richtige Sinnbild für die Symmetrieeigenschaften einer d^{10}-Wolke (siehe Abschnitt B-Kationen).

Eine Situation entsprechend Abb. 2.2a, also axiale Symmetrie der Umgebung, könnte hypothetisch, aber physikalisch sinnvoll, durch zwei diametrale äquidistante Ladungen δ gleichen Vorzeichens auf der z-Achse repräsentiert werden. Für negative Ladungen würde man die energetisch günstigste Situation eines d^2-Systems im MON intuitiv als jene der Konfiguration $(d_{+2})^1 (d_{-2})^1$ empfinden, also die scheibenartige Elektronenhülle. Für positive würde man hingegen den Stab vorziehen, womit also die Hülle in der Äquatorialebene entblößt erscheinen würde. Eine durchaus phantasievolle Situation drückt Abb. 2.4 aus. Eine negative Ladung sei in eingezeichneter Art durch zwei positive ergänzt. Dieses Punktsystem sei in einem Abstand zu denken, der groß sei gegenüber dem mittleren Radius der Elektronenwolke. Das Zentralfeld des Rumpfes wäre für eine d_{xz}-Wolke in Pfeilrichtung gegen die positiven Ladungen besser abgeschirmt als in Richtung gegen die negative Ladung. Die hervorstechenden Richtungen der Wechselwirkung im anziehenden Sinne sind durch Pfeile $\xrightarrow{\pi}$ und $\xrightarrow{\sigma}$ eingetragen.

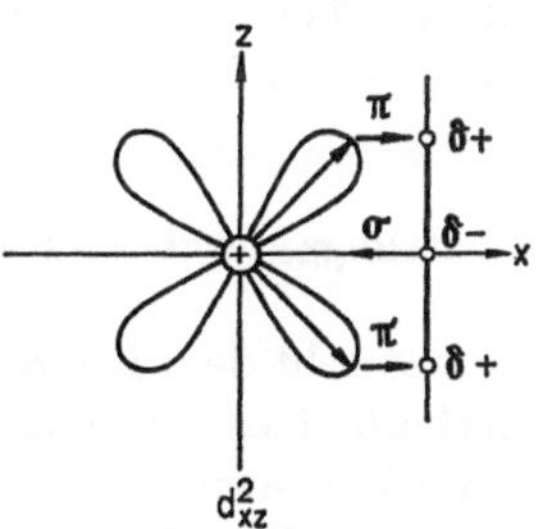

Abb. 2.4. Wechselwirkung eines speziellen Punktladungssystems mit d_{xz}-Elektronenwolke; π: Deformationsrichtung der Elektronenwolke; σ: Richtung maximaler Anziehung der negativen Ladung δ_- durch Kernfeld

SE-Ionen

Die experimentellen Tatsachen werden zeigen, daß SE-Kationen unter Gesichtspunkten zu betrachten sind, welche einerseits für A-Kationen, andererseits für Ü-Kationen erwähnt worden sind. Es ist richtig, vorerst an die A-Komponente zu denken, soweit es etwa stereochemische, thermochemische Daten und die Bevorzugung von Liganden (s. Kapitel 5 und 6) betrifft. Wenn jedoch optische Daten untersucht werden, so findet man Komplikationen der Art, wie sie Ü-Kationen von A-Kationen unterscheiden. Wenn wir diesen Sachverhalt nun auch in gewohnter plastischer Weise ausdrücken möchten, so könnte der Unterschied A- gegen Ü-Kationen wie folgt beschrieben werden: ist in den Ü-Kationen gleichsam dem Rumpf eine partiell gefüllte Hülle aufgepfropft, so ist in den SE-Kationen von einer im Rumpf versenkten partiellen Hülle zu sprechen. Die den d-Funktionen auf S. 16 entsprechende zuständige Familie umfaßt sieben und wird im Typ mit dem Kurzzeichen f bezeichnet.

Den SE-Kugeln wäre ähnliche Härte zuzuschreiben wie den A-Kationen, und sie müssen härter sein als ein durchschnittliches B-Kation.

Mit den Schilderungen der letzten Abschnitte haben wir uns in gewissem Sinne auf den Boden der Reportage begeben, und eine Kontrolle ist im Rahmen dieses Textes ganz ausgeschlossen. Ganz abgesehen von der Anlehnung an Modelle aus dem Bereich der Theorie können wir aber keinesfalls plastische Eindrücke im Umgang mit den Tatsachen verhindern, sobald wir das Bild der Elektronenhülle mit ihrer enormen Ausdehnung gegenüber dem Kern vergegenwärtigen. Die eingeflochtenen Bilder können durchaus als suggestive Vorschläge empfunden werden, und die Chemie wird zeigen, welche Tatsachen sich diesen fügen, bzw. welche Beobachtungen auf diese Ebene projiziert werden können.

Ionisierungsenergie und Atomisierungsenthalpie

Es entspricht dem Koordinationsprinzip, wenn die Bindungsverhältnisse innerhalb eines Systems von Zentralatom und Liganden von den separierten Partnern her beschrieben werden. Die Wahl der Partner ergibt sich aus der Zuordnung der Wertigkeit, also zum Beispiel:

$$PtCl_6{}^{2-} \quad \overset{\text{Wertigkeit}}{Pt(IV);\ 6\,Cl(-I)} \quad \overset{\text{separierte Partner}}{Pt^{4+},\ 6\,Cl^-.} \tag{2.5}$$

Ein denkbar einfaches Bindungsmodell würde die Partner in (2.5) als streng intakte Einzentrensysteme behandeln und wäre für den angeführten Komplex ganz unzutreffend (siehe Kapitel 12). In einem verbesserten Modell muß Kovalenz berücksichtigt werden. Wir sprechen von Kovalenz, wenn beim Übergang von den separierten Partnern zum gebundenen System Delokalisierung von Elektronen eintritt, d. h. die Elektronensysteme von $6\,Cl^-$ in (2.5) unter die Wirkung des Kernfeldes von Platin geraten und entsprechend das Elektronensystem des Platins vom Kernfeld der Ligandatome beeinflußt wird. Im Einelektronenschema eines angepaßten Modells treten damit grundsätzlich Mehrzentren-Einelektronenfunktionen auf. Es wird sich also Pt(IV) umso mehr von einem Pt^{4+} unterscheiden, je weitgehender die Delokalisierung erfolgt, bzw. je größer der durch die Delokalisierung verursachte Energieabfall gegenüber einem hypothetischen $[(Pt^{4+})(Cl^-)_6]^{2-}$ ist. Man hat also allgemein (2.6) in Komplexen zu beachten.

$$M(z) \text{ zu unterscheiden von } M^{z+}! \tag{2.6}$$

Wir sprechen von ionischen Bindungen oder von elektrovalentem Verhalten, wenn $M(z) \approx M^{z+}$ in guter Näherung erfüllt erscheint.

Wegen (2.6) müssen alle Daten interessieren, welche mit der Tendenz eines Ions M^{z+} zusammenhängen, Elektronen einzubauen, sowie mit dem Energieaufwand zum Entzug von Elektronen. Die Ionisierungsenergie I_z mißt die Elektronenaffinität des freien Ions M^{z+}, und I_{z+1} mißt den

Aufwand beim Entzug eines Elektrons. In unserer Schreibweise halten wir uns an die Konvention (2.7).

$$M^-(g) \xrightarrow[I_0]{-e^-} M(g) \xrightarrow[I_1]{-e^-} M^+(g) \xrightarrow[I_2]{-e^-} M^{2+}(g)\,. \tag{2.7}$$

Jeder Schritt in (2.7) ist mit einer Konfigurationsänderung verbunden, und weil einer Konfiguration mehrere Energieniveaus angehören können, versteht man unter I_z ohne weitere Angabe die Energiedifferenz der Grundzustände von $M^{z-1}(g)$ und $M^z(g)$. Die Ionisierungsenergien lassen sich aus den Atomspektren entnehmen, und dies ist keine triviale Aufgabe.

Die Elektronegativität (EN) soll die Resultante der beiden erwähnten Tendenzen ausdrücken, wie sie Atome im gebundenen System zur Geltung bringen. Nun hat bekanntlich MULLIKEN eine EN-Skala postuliert, welche die EN für neutrale Atome in der Summe zur Rechten von (2.8) mißt.

$$\text{neutrale Atome: E.N.} = \tfrac{1}{2}(I_0 + I_1)\,. \tag{2.8a}$$

Man könnte für M^{z+} verallgemeinern:

$$M^{z+}: \text{E.N.} = \tfrac{1}{2}(I_z + I_{z+1})\,. \tag{2.8b}$$

Über Komplikationen, welche sich bei der Anwendung von 2.8 ergeben, orientiert die angeführte Literatur.

Die Elektronenhülle im Bereich eines Koordinationszentrums $M(z)$ kann je nach seiner Eigenart und der Art der Liganden mehr oder weniger Beziehung zu einem Ion M^{z-1}, M^z, M^{z+1} etc. aufweisen. Man hat keinen Grund zur Annahme, die Delokalisierung erreiche einen Grad im Sinne von Einbau oder Entfernung von ganzen Quantitäten e_0.

Im Hinblick auf die Mullikensche Skala fällt besonders ins Gewicht, daß die Elektronenaffinität I_0 für die Mehrheit aller Metalle nicht direkt experimentell meßbar ist. Aus Extrapolation von Serien meßbarer I_z-Werte sind Werte für I_0 abgeschätzt worden. Ganz allgemein ist, wie erwartet, I_0 ganz wesentlich kleiner als I_1, und auch negative Werte scheinen in vielen Fällen zutreffend zu sein. Damit wäre der Verlust eines Elektrons von M^- ein exothermer Prozeß. Wenn der Einbau eines Elektrons in M^0 zu M^- energetisch ausgeschlossen ist, so muß die interelektronische Repulsion die Kern-Elektron Anziehung überkompensiert haben. Metallatome M^0 müssen also weiche Hüllen aufweisen und leicht Delokalisierung eingehen, was sie auch untereinander tun, wenn sie zum metallischen Verband kondensieren.

Die Atomisierungsenthalpie ist die Enthalpieänderung des Prozesses (2.9)

$$M(s) \rightarrow M(g) \tag{2.9}$$

und ein Maß für die Bindungsenergie der Metallatome im Metall. In Abb. 2.5 sind solche thermochemisch wichtigen Werte eingetragen. Es kann gar keine Frage sein, daß schon kleinere bis mittlere Klumpen M_2, M_3, ... usf. zunehmend stabiler gegenüber dem einatomigen Gas sein müssen, doch können solche natürlich nicht bei Raumtemperatur untersucht werden. Für die Chemie wäre es äußerst interessant, nebst der Serie (2.7) auch die Serien (2.10) genauer zu kennen.

$$M_n(g) \xrightarrow[I_1{}']{-e^-} M_n^+(g) \xrightarrow[I_2{}']{-e^-} M_n^{2+}(g) \quad \text{usf.} \tag{2.10}$$

$$n \geqq 2.$$

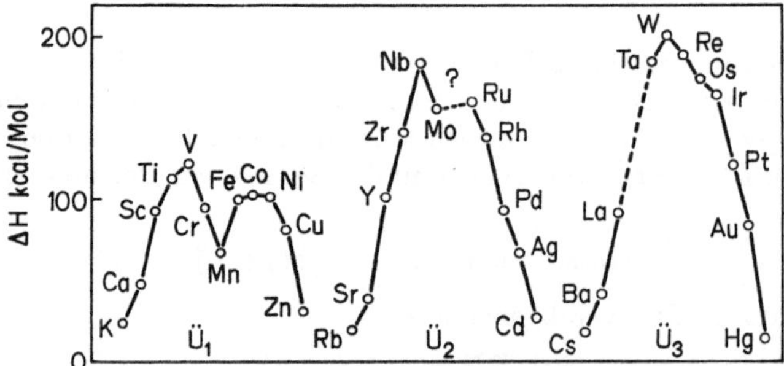

Abb. 2.5. Bildungsenthalpie der gasförmigen Atome metallischer Elemente der drei großen Horizontalreihen, gültig für 25 °C und Atmosphärendruck

Besonders Elemente mit relativ hohen Atomisierungsenthalpien geben zu Komplexen Anlaß, in denen kleinere und mittlere Klumpen als quasi mehrdimensionale Koordinationszentren fungieren, wobei alle Atome im Klumpen gleichwertig sein können (s. Kapitel 11).

Koordinationsgeometrie

Die energetischen Verhältnisse und die Anordnung der Liganden könnten in besonders einfacher Weise für Komplexe hergeleitet werden, deren Zentralionen und Liganden als ideal harte Kugeln behandelt werden dürften. (Beispiele von Verbindungen, welche diesem Idealfall nahekommen könnten, wären Fluoride und Fluorokomplexe von besonders harten A-Kationen.) Solche einfachen Modelle können zu Vergleichszwecken nützliche Dienste leisten. Weicht in einem speziellen System die Koordinationsgeometrie etwa besonders drastisch von den Vorhersagen des einfachen Modelles ab, so liegt darin ein eindeutiger Hinweis auf die Nichtzuständigkeit des Modelles. Die Umkehrung gilt jedoch nicht, das heißt, wenn ein Bindungsmodell eine bestimmte Koordinationsgeometrie vorhersagt, so darf die Übereinstimmung mit dem experimentellen Befund nicht als Beweis für die Richtigkeit des Modelles genommen werden. Wenn Verbindungen wie KF, KBr, CaSe, MnSe, ZrN, UC Steinsalz-

Struktur aufweisen, so wäre der Schluß verhängnisvoll, es handle sich durchwegs um Ionenverbände.

Wir interessieren uns für Aussagen des einfachsten Modelles ideal harter Kugeln und führen bei dieser Gelegenheit besonders häufige und charakteristische Anordnungen von Zentral- und Ligandatomen ein. Hierzu betrachten wir Gebilde aus positivem Zentralion der Ladung $z+$ und n einfach negativen, einatomigen Liganden. Für eine oktaedrische Anordnung von sechs Liganden läßt sich der Energieinhalt (Referenzzustand separierte Partner) leicht als die Summe (2.11a) herleiten.

$$E = -\frac{6\,z \cdot e_0{}^2}{(r_M + r_L)} + \frac{3\,e_0{}^2}{2\,(r_M + r_L)} + \frac{12}{\sqrt{2}}\frac{e_0{}^2}{(r_M + r_L)} \qquad (2.11\,\text{a})$$

$$E = -\frac{n\,(z - s_n) \cdot e_0{}^2}{r_M + r_L} \qquad (2.11\,\text{b})$$

Es sei vorausgesetzt, daß die Liganden das Zentralion berühren, ohne einander zu behindern. (Im oktaedrischen Gebilde also $r_M \geqq 0{,}414\,r_L$.) Für jedes einzentrige Gebilde dieser Art kann die Energie auf die Form (2.11b) gebracht werden, wobei

n Anzahl der Liganden L^-, Radius r_L,
z Ladung von Zentralion M^{z+}, Radius r_M

bedeutet und s_n ein Koeffizient ist, welcher von der Anordnung abhängt und die Ligandrepulsionsterme betrifft. In Tabelle 2.2 sind Werte von s_n für eine Reihe von Anordnungen zusammengefaßt.

Bei konstanter Summe der Ionenradien r_M und r_L mißt der Faktor $n\,(z - s_n)$ in (2.11b) die Energie des Gebildes. Die Werte dieses Faktors in Tabelle 2.3 zeigen, wie mit ansteigender Ladung höhere Koordinationszahlen günstiger werden und die Bildungsenergie über ein Maximum geht. Dieser Verlauf drückt natürlich die zwei gegenläufigen Beiträge aus, nämlich die zu z proportionale Zentralion-Ligand Anziehung und die mit n ansteigende Ligand-Ligand Repulsion. Die Anordnungen am Kopf der Tabelle 2.3 sind in vielen Komplexen realisiert. Wir werden uns oft in erster Linie für die Anordnung der Atomgruppe interessieren, welche nur aus Zentralatom und Ligandatomen (in mehratomigen Liganden das ans Zentralatom gebundene Atom) besteht. Liegen mehratomige Liganden vor, so kann diese Gruppe eine besonders regelmäßige Anordnung aufweisen, während der gesamte Komplex viel niedrigere Symmetrie besitzen kann. Wir nennen im folgenden diese herausgeschnittene Gruppe *zentrale Koordinationseinheit* und verwenden als Abkürzung ZKE. Wir sprechen auch von tetraedrischer, oktaedrischer usf. ZKE im engeren

Tabelle 2.2. *Magnussche Zahlen* s_n

n	Anordnung	s_n
2	diagonal	0,25
3	gleichseitiges Dreieck	0,58
4	Tetraeder	0,92
4	Quadrat	0,96
5	trigonale Dipyramide	1,29
6	Oktaeder	1,66
8	Würfel	2,47

oder weiteren Sinne. Im früher erwähnten Co(III)-Komplex cis-Co(en)$_2$Cl$_2^+$ liegt eine ZKE CoN$_4$Cl$_2$ vor. Diese kann nicht die Symmetrie 0_h besitzen, sondern höchstens C_{2V}, und trotzdem ist es angebracht, von oktaedrischer

Tab. 2.3. *Der Faktor* $n(z-s_n)$ *in Gleichung* 2.11 b

n / z	1	2	3	4	5	6	8
1	1.00	1.50	1.26	0.32	(kleiner als Null)		
2	2.00	3.50	4.26	4.32	4.03	2.04	(<0)
3	3.00	5.50	7.26	8.32	9.03	8.04	4.24
4	4.00	7.50	10.26	12.32	14.03	14.04	12.24

ZKE — nun eben im weiteren Sinne — zu sprechen. Die Symmetrie-eigenschaften einer ZKE nennen wir Mikrosymmetrie im Gegensatz zur Makrosymmetrie des gesamten Komplexes. Die Mikrosymmetrie ist eine äußerst wichtige Eigenschaft, welche sich z. B. im Absorptionsspektrum von Ü-Komplexen ausdrücken kann (siehe Kap. 9 und 12); aus diesem

Grund werden wir gelegentlich den Ausdruck ZKE verlassen und durch einen geeigneteren ersetzen. Unser Verständnis von Phänomenen, welche am direktesten mit der Elektronenstruktur zusammenhängen, verdanken wir ganz vorwiegend jenen Konsequenzen, welche sich aus der Symmetrie bzw. Mikrosymmetrie molekularer Gebilde ergeben.

Literatur

(siehe auch Zitate in Kapital 12)

Theorie der Atomhülle und der chemischen Bindung, einführende Darstellungen:

HANNA, M.W.: Quantum mechanics in chemistry. New York: Benjamin 1965.

HARTMANN, H.: Die chemische Bindung. Drei Vorlesungen für Chemiker. Berlin-Göttingen-Heidelberg-New York: Springer 1964.

HOCHSTRASSER, R. M.: Behaviour of electrons in atoms. New York: Benjamin 1964.

GRAY, H.B.: Electrons and chemical bonding. New York: Benjamin 1964.

Umfangreiche Literaturübersicht:

BERRY, R.S.: Atomic orbitals. J. Chem. Ed. **43**, 283 (1966).

Anspruchsvoller Kommentar zur modernen Situation:

PRIMAS, H.: Was sind Elektronen? Helv. Chim. Acta **47**, 1841 (1964).

Ionenradien:

DUNITZ, J.D., and L.E. ORGEL: Stereochemistry of ionic solids. Adv. inorg. Radiochem. 2, 1 (1960).

PAULING, L.: The nature of the chemical bond. 3rd Ed. Ithaca, N.Y.: Cornell University Press 1960.

STERN, K.H., and E.S. AMIS: Ion size. Chem. Rev. 59, 1 (1959).

WELLS, A.F.: Inorganic structural chemistry. 3rd Ed. Oxford: University Press 1962.

Zum Problem der Zuordnung des Oxydationszustandes:

JØRGENSEN, C.K.: Oxidation numbers and oxidation states. Berlin-Heidelberg-New York: Springer 1968.

Verlauf von Eigenschaften über das Periodensystem hinweg:

(Elektronenkonfiguration, Atom- und Ionenradien, Ionisierungsenergie, Elektronegativität u.a.)

RICH, R.: Periodic correlations. New York: Benjamin 1965.

Elektronegativität:

FERREIRA, R.: Electronegativity and chemical bonding. Adv. Chem. Phys. **13**, 55 (1966).

JØRGENSEN, C.K.: Orbitals in atoms and molecules. London and New York: Academic Press 1962, Chap. 7.

KLOPMAN, G.: Electronegativity. J. Chem. Phys. **43**, 124 (1965).

PRITCHARD, H.O., and H.A. SKINNER: The concept of electronegativity. Chem. Rev. **55**, 745 (1955).

Kapitel 3

Ligandatome und Liganden

Das Konzept eines zentralen Metallatomes mit koordinierten Liganden ist besonders naheliegend für mononukleare Komplexe wie z. B. $FeCl_4^-$. Dieses ist nicht nur eine strukturelle Einheit in Komplexsalzen wie $M(FeCl_4)$ (M^+ Alkalimetallion oder quarternäres Ammoniumion NR_4^+), sondern unter geeigneten Bedingungen auch ein Teilchen in wäßriger Lösung. Mit mononuklear (oder einkernig) heben wir hervor, es sei ein Fe(III) und seine Ligandhülle als geschlossenes Gebilde im Komplexsatz oder in der Lösung zu betrachten. Die „einfachen Halogenide" der Metalle sind demgegenüber viel komplizietere molekulare Systeme, weil sie bei Raumtemperatur mehrheitlich kristallien Festkörper sind. Im festen $FeCl_3$ stecken prinzipiell unendlich viele Fe(III)-Zentren, und diese teilen miteinander die Liganden ihrer lokalen Ligandhüllen, welche nach der Kristallstruktur eine oktaedrische Anordnung aufweisen, entsprechend der Niggli-Formel $\{FeCl_{6/2}\} \infty G$. Die Liganden $Cl(-I)$ nehmen somit eine Brückenstellung zwischen mehreren Koordinationszentren ein. Innerhalb des Koordinationsprinzips stellt sich somit Frage (ii), S. 6, Kapitel 1, welche für alle polynuklearen (mehrkernigen) Komplexe zu stellen ist, in denen nicht ohne weiteres einer lokalen ZKE Individualität zugeschrieben werden darf. Viele Metallhalogenide lassen sich in mononukleare Komplexe umwandeln, und solche Komplexe enthalten angenehm einfache Atomionen als Liganden. Nur ein Teil der Elemente in Tabelle 3.1 liefern einatomige Liganden $L(-I)$, $L(-II)$, nämlich H, O und S nebst den Halogenen. Die Atomionen C^{4-}, N^{3-}, P^{3-}, As^{3-}, Sb^{3-} müssen hypothetische Ionen genannt werden. Obwohl wir diesen in binären Verbindungen unter Umständen Wertigkeiten zuordnen, welche den angegebenen Ionenladungen entsprechen, ist zu berücksichtigen, daß die Ionisierungsenergie dieser Ionen erheblich negativ wäre. Die Summe $(I_{-1} + I_0)$ von Sauerstoff ist negativ, d. h. der Prozeß (3.1) ist exotherm.

$$O^{2-}(g) \to O(g) + 2e^- \quad \Delta E = -6,8\,eV. \tag{3.1}$$

In diesem Sinne sind nur die Halogenidionen und Hydridion eigentliche Ionen.

Tabelle 3.1

H		E.N. zunehmend			
		$\longrightarrow$			
	C	N	O	F	
		P	S	Cl $\uparrow$	E.N. zunehmend
		As	Se	Br	
		Sb	Te	J	

Die Ligandatome C und N, P, As, Sb, Se, Te können also nur zu mononuklearen Komplexen führen, wenn sie in mehratomige Liganden eingebaut sind.

Ein und dasselbe Ligandatom kann in einer Reihe von Liganden in
prinzipiell verschiedener Umgebung vorliegen. Einige Beispiele seien angegeben:

Ligandatom	Ligand				
C	CH_3^-,	CN^-,	CO		
N	NH_3,	C_5H_5N			
O	HOH,	OH^-,	NO_3^-,	CO_3^{2-},	RCO_2^-
F	F^-				
	R: organischer Rest.				

Wir nehmen mit dieser Tabelle natürlich einige chemische Erfahrung
vorweg. Es stellt sich somit beispielsweise die Frage, welcher Faktor nun
die Eigenart eines Liganden vorwiegend präge, das Ligandatom selbst
oder seine Umgebung. Nach der Paulingschen oder anderen EN-Skalen
ist die relative Elektronegativität wie in Tabelle 3.1 eingetragen. Wie
registriert nun ein bestimmtes Koordinationszentrum, ob O($-$II) in
chemisch so verschiedenen Umgebungen wie H_2O, NO_3^- oder PO_4^{3-}
stecke? Wir haben auseinanderzuhalten, ob solche Fragen etwa thermochemischen Daten wie freie Enthalpie der Komplexbildung oder anderseits den elektronischen Wechselwirkungen im Komplex gelten, wie sie in
spektroskopischen Daten zum Ausdruck kommen. Gerade im Hinblick
auf den letzteren Fragenkreis ist wiederholt versucht worden, die EN-
Skala der chemischen Variationsbreite anzupassen, das heißt, z. B. Werte
für die EN von N in NH_3, Pyridin usf. zu gewinnen, entsprechend auch
für Metallatome verschiedener stöchiometrischer Wertigkeit. Das einfache Konzept der EN droht jedoch zu versickern und unhandlich zu
werden, wenn es zu differenziert numerisch ausgedrückt werden soll. Eine
differenzierte Angabe ist nur sinnvoll, wenn eine definierte Meßvorschrift
vorliegt. Wir werden uns nur mit Werten der EN nach PAULING oder
MULLIKEN begnügen. (Für Literaturangaben s. Kapitel 2.)

Vom vergleichenden Standpunkt aus sind Liganden nach folgenden
Kriterien zu charakterisieren:

(i) nach der relativen EN der Ligandatome. Dies scheidet ausgeprägt
elektronegative wie F, O, N von höheren Halogenen, Chalkogenen und
P, As sowie C und H;

(ii) in einer Reihe von Liganden mit demselben Ligandatom nach
seiner Umgebung. Die Oktettregel weitet die Valenzelektronenbilanz aus
und rationalisiert valenzchemische Tatsachen. Sie definiert etwa die
folgende Beschreibung:

O^{2-} 4 einsame Elektronenpaare:
OH^- 3 einsame Elektronenpaare:
OH_2 2 einsame Elektronenpaare.

Die Hybridisierungsregeln können Situationen in Modellen nullter Näherung schildern und führen dann im weiteren zu stereochemischen Postu-

laten. Nicht minder oder eher müssen jedoch Eigenschaften wie die Basizität der Partikeln in der Reihe von O(—II)-Liganden

$$ROR < ROH < RO^-$$
$$HOH < OH^-$$
$$NO_3^- < RCO_2^- < CO_3^{2-}$$

interessieren, oder auch der abnehmende reduzierende Charakter in der Serie der C-Liganden CH_3^-, CO, CN^-.

(iii) Die Zugehörigkeit zur selben Vertikalreihe im Periodensystem der Elemente bietet Gelegenheit zu aufschlußreichen Vergleichen, wenn Reihen der folgenden Art betrachtet werden:

$$F^- \qquad Cl^- \qquad Br^- \qquad J^-,$$
$$R_2O \qquad R_2S \qquad R_2Se \qquad R_2Te,$$
$$NR_3 \qquad PR_3 \qquad AsR_3 \qquad SbR_3.$$

Wenn man versucht, die wichtigsten Tatsachen für einen herausgegriffenen Liganden zusammenzufassen, welche sein chemisches Verhalten einfangen, so fällt es schwer, Reaktionen unter Einschluß von Metall auszuschließen. Man kann sich physikalischen Daten wie

> räumliche Struktur,
> Ionen- oder Atomradius des Ligandatoms,
> Dipolmoment,
> Polarisierbarkeit,
> Ionisierungsenergie der Molekel

zuwenden. Dabei darf man nicht vergessen, daß gerade Dipolmoment und Polarisierbarkeit der freien Molekel keine verbindliche Aussage über ihren Zustand in einem Komplex machen können, weil die Felder, welche zu ihrer Ermittlung benutzt werden, keine derart drastischen oder gleichwertigen Einflüsse ausüben können wie die Bindungspartner. Die Kenntnis der räumlichen Struktur ist bei der Konfrontation mit den Tatsachen der unmittelbar wichtigste Punkt.

Tabelle **3.2.** *Elektronegativität und Platzbeanspruchungsparameter von Atomen in Metallverbindungen.* Erste Zeile: EN nach PAULING. Zweite Zeile: Kristallionenradius in Å, Oxydationszahl in Klammern

H	C	N	O	F
2,1	2,5	3,0	3,5	4,0
~ 1,5 (— I)		1,7 (— III)	1,40 (— II)	1,36 (— I)
		P	S	Cl
		2,1	2,5	3,0
		2,1 (— III)	1,84 (— II)	1,81 (— I)
		As	Se	Br
		2,0	2,4	2,8
		~ 2,2 (— III)	~ 2,0 (— II)	1,95 (— I)
		Sb	Te	J
		1,9	2,1	2,5
		~ 2,4 (— III)	2,2 (— II)	2,16 (— I)

Tabelle 3.2 ergänzt Tabelle 3.1 mit der Angabe der Elektronegativität und von Größenparametern.

Wenn einmal erkannt ist, daß Partikel wie OR^-, NH_3, PR_3, Pyridin, RS^- etwa in Lösung koordinieren können, so bietet sich die Möglichkeit zu einer ungeheuren Vervielfachung potentieller Liganden, denn vollkommen analoge Gruppen können im Prinzip in beliebiger Zahl durch geeignete Verknüpfung in einer Molekel untergebracht werden. Von historisch größter Bedeutung ist etwa Äthylendiamin, das zwei verbundenen Methylaminmolekeln entspricht:

$$NH_3 \rightarrow H_2NCH_3 \rightarrow H_2NCH_2CH_2NH_2 \, .$$

Beide Amingruppen können oft gleichzeitig am selben Metallzentrum koordinieren. Wir sprechen bei einem solchen zwei-zähnigen (bi-dentaten) Liganden von den Ligandatomen (N) und den Ligandgruppen (primäre Amine). Die Anzahl der Kettenglieder, welche zwei Ligandatome verbinden, entscheidet darüber, wieviele Glieder ein Ring aufweist, der gebildet wird, wenn beide Ligandatome am selben Metall koordinieren. Äthylendiamin bildet mit vielen Metallionen einen sogenannten Chelat-5-Ring (3.I).

(3.I)

Dasselbe Verknüpfungsprinzip läßt sich anwenden, um die drei-, vier- und sechs-zähnigen Polyamine der Tabelle 3.3 aufzubauen.

Tabelle 3.3

$H_2N-CH_2-CH_2-NH-CH_2-CH_2-NH_2$

2,2′-Diaminodiäthylamin (Diäthylentriamin)
den

$H_2N-CH_2-CH_2-NH-CH_2-CH_2-NH-CH_2-CH_2-NH_2$

N,N′-Di-(2-aminoäthyl)äthylendiamin
(Triäthylentetramin)
trien

$$N \begin{cases} CH_2-CH_2-NH_2 \\ CH_2-CH_2-NH_2 \\ CH_2-CH_2-NH_2 \end{cases}$$

2,2′,2″-Triamino-
triäthylamin
tren

$$\begin{matrix} H_2N-CH_2-CH_2 \\ H_2N-CH_2-CH_2 \end{matrix} \!\! N-CH_2-CH_2-N \!\! \begin{matrix} CH_2-CH_2-NH_2 \\ CH_2-CH_2-NH_2 \end{matrix}$$

N,N,N′,N′-Tetra(-2-aminoäthyl)-äthylendiamin
penten

In diesen Polyaminen ist die Kettenlänge zwischen zwei Amingruppen stets dieselbe. Äthylendiamin selbst ist nur ein spezielles Glied einer Reihe $(H_2N(CH_2)_nNH_2)$ von Diaminen, deren erstes Glied Hydrazin ist ($n = 0$) und besondere Redoxeigenschaften besitzt. Man hat in Liganden, welche mehrere potentielle Ligandatome enthalten, oft genauer zu untersuchen, wieviele tatsächlich simultan koordinieren. So findet man beispielsweise,

daß Glycin ein zweizähniger Ligand ist, obwohl drei potentielle Ligandatome (N und 2O) vorliegen. Dies ist aus sterischen Gründen ohne weiteres klar, wenn Struktur 3.II zutrifft. Ganz berühmte Chelat-Komplex-
bildner für Metallkationen sind vierzähniges Nitrilotriacetat (3.III) und
sechszähniges Äthylendiamintetraacetat (3.IV).

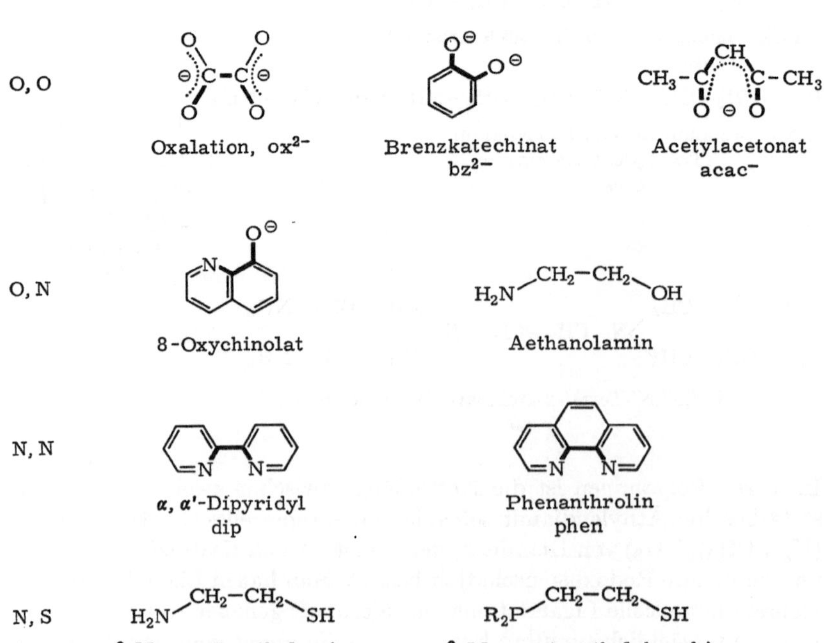

$H_2N-CH_2-CO_2^-$ Glycinat, gly^-

(3.II)

(3.III)   Nitrilotriacetat, nta^{3-}

(3.IV)   Äthylendiamin-tetraacetat, $enta^{4-}$

Unsere Kenntnisse über die Platzbeanspruchung von Metallionen und
über die Strukturen von Molekeln der angeführten Art lassen weitgehende Abschätzungen stereochemischer Verhältnisse zu. Man kann
deshalb viele Systeme erdenken, welche mehrere gleiche oder verschiedene Ligandatome enthalten. Wir wählen einige Beispiele zweizähniger
Liganden aus, welche alle zwei oder drei verbindende Kettenglieder
zwischen Ligandatomen aufweisen.

Ligandatome   Liganden

O, O   Oxalation, ox^{2-} Brenzkatechinat bz^{2-} Acetylacetonat $acac^-$

O, N   8-Oxychinolat   Aethanolamin

N, N α, α'-Dipyridyl dip   Phenanthrolin phen

N, S β-Mercaptoaethylamin β-Mercaptoaethylphosphin

Der Leser wäre ohne weiteres in der Lage, weitere Beispiele innerhalb der illustrierten Prinzipien zu erdenken.

In den kurzen Ausführungen dieses Kapitels stecken eine ganze Reihe von grundlegenden Fragen der Koordinationschemie, wie der Leser sicher entdeckt hat. Sie sollen im weiteren im Zusammenhang mit relevanten Phänomenen zur Sprache kommen.

Literatur

(Siehe Zitate in den Kapiteln 5 und 6)

Kapitel 4

Metallaquoionen

Der Begriff Metallion wird oft für ein Metallion in wäßriger Lösung schlechthin verwendet. Wir bezeichnen eine gelöste Metallpartikel M_{aq}^{z+} als Metallaquoion, wenn alle experimentelle Evidenz vorhanden ist, daß das Metallion ausschließlich mit Wassermolekeln in Kontakt ist. Gegenionen sind in diesem Fall entweder auch unabhängige hydratisierte Ionen, oder sie sind in Kontakt mit der Aquohülle des Metallaquoions. Wenn ein Gebilde aus Metallaquoion und definierter Anzahl von Gegenionen als eine Partikel betrachtet werden muß, so spricht man gewöhnlich von assoziierten Ionen, im speziellen also von einem Ionenpaar, wenn $[(M_{aq}^{z+})(X^-)]$ vorliegt. Der Nachweis für die Existenz von Metallaquoionen läuft also darauf hinaus, zu zeigen, daß kein anderer Ligand als H_2O am Metallion koordiniert ist und ein Gegenion in einem Ionenassoziat durch eine Schicht von Wassermolekeln vom metallischen Zentrum getrennt ist. Grundsätzlich stoßen wir damit auf ein Problem der klassischen Elektrolytchemie, nämlich die Bestimmung der Anzahl von geladenen Teilchen in einer Lösung, und ein allgemeines Problem der Koordinationschemie, nämlich die Identifizierung der Koordinationshülle eines Metallatoms.

Sind Metallaquoionen und Gegenionen unabhängige Partikeln, so interessiert die Wechselwirkung beider für sich mit dem Lösungsmittel.

$$M^{z+}(g) \xrightarrow{H_2O} M_{aq}^{z+}$$
$$X^-(g) \xrightarrow{H_2O} X_{aq}^- \qquad (4.1)$$

Die Enthalpieänderung für die Prozesse (4.1), die Hydratationsenthalpie ΔH_h der betreffenden Ionen, kann natürlich experimentell nicht für individuelle Ionen ermittelt werden. In der Enthalpie des Lösevorganges stecken nach dem Kreisprozeß (4.2) drei Terme, und die uns interessierende Hydratationsenthalpie des Metallions M^{z+} würde die Kenntnis der Gitterenthalpie und der relativen Enthalpiebeträge für die Hydratation von Kation und Anion voraussetzen.

$$MX_z(s) \xrightarrow{\;H_2O\,(l)\;} M^{z+}_{aq} + z\,X^-_{aq} \qquad \Delta H_{exp}$$
$$\Delta H_G \searrow \quad {}^{\Delta H_h(M^{z+})}\nearrow \quad \nearrow^{z\Delta H_h(X^-)}$$
$$M^{z+}(g) + z\,X^-(g) \tag{4.2}$$

$$\Delta H_{exp} = \Delta H_G + \Delta H_h(M^{z+}) + z\,\Delta H_h(X^-)\,.$$

Wir betrachten Werte von ΔH_h, welche mit vielen thermochemischen Daten konsistent sind und eine Annahme über die Hydratationsenthalpie des Protons einschließen (Tabelle 4.1).

Tabelle 4.1. *Liste von Metallaquoionen M^{z+}_{aq}; Werte für die negative Hydratationsenthalpie, d.h.* $-\Delta H_h$ *basieren auf der Zuordnung* $-\Delta H_h(H^+) = 257\ kcal/Mol$. (Nach PHILLIPS und WILLIAMS: Inorganic Chemistry, S. 160)

										Anionen:	
A	Li^+	119	Be^{2+}	587						F^-	109
	Na^+	93	Mg^{2+}	452	Al^{3+}	1103				Cl^-	92
	K^+	73	Ca^{2+}	373	Sc^{3+}	935				Br^-	84
	Rb^+	67	Sr^{2+}	338	Y^{3+}	854				J^-	73
	Cs^+	59	Ba^{2+}	304	La^{3+}	774	—				
							Th^{4+}				
$Ü_1$	Ti^{3+}	V^{3+}	Cr^{3+}		Mn^{3+}	Fe^{3+}	Co^{3+}				
						1035					
		V^{2+}	Cr^{2+}		Mn^{2+}	Fe^{2+}	Co^{2+}	Ni^{2+}	Cu^{2+}		
			435		434	452	484	496	495		
$Ü_2$					Ru^{3+}	Rh^{3+}	Pd^{2+}				
					Ru^{2+}	Rh^{2+}					
B		Zn^{2+}	481		Ga^{3+}	1109					
	Ag^+	Cd^{2+}	424		In^{3+}	971			Sn^{2+}		
		Hg^{2+}			Tl^{3+}	989	Tl^+	74	Pb^{2+}	346	
SE	Ce^{3+}	Gd^{3+}	Lu^{3+}								

$$\underbrace{\qquad\qquad\qquad\qquad}_{\geqq 800}$$

Die tabellierten Beträge sprechen vor allem eine deutliche Sprache, wenn sie z. B. mit den Dissoziationsenthalpien von einfachen Molekeln wie H_2, O_2 und N_2 verglichen werden (Angegeben in kcal pro Mol gespaltene Molekeln)

	ΔH
$H_2(g) \to 2\,H(g)$	104
$O_2(g) \to 2\,O(g)$	118
$N_2(g) \to 2\,N(g)$	226

Die Beträge $-\Delta H_h(M^{z+})$ sind insofern komplexere Größen, als sie nicht nur die Wechselwirkung eines Metallions mit den benachbarten Wassermolekeln angeben, also mit der ersten Hydratationssphäre. Ein gasförmiger Metallaquokomplex $M(H_2O)_n^{z+}$ mit der Koordinationszahl n des Aquoions in der Lösung würde beim Einbringen in ein homogenes, strukturloses Medium der Dielektrizitätskonstante des Wassers (ca. 80) noch eine wesentliche Solvatationsenergie liefern. Für die einfache Annahme einer geladenen Kugel mit Radius $r = 4\,\text{Å}$ und Ladung $+z$ ergäbe die Bornsche Beziehung (4.3) die angefügten abgerundeten Beträge (4.4).

$$\Delta H_h = \Delta G_h - T\left(\frac{\partial \Delta G}{\partial T}\right)_P = -\frac{N_L \cdot z^2 \cdot e_0^2}{2\,r}\left\{1 - \frac{1}{\varepsilon} - \frac{T}{\varepsilon^2}\left(\frac{\partial \varepsilon}{\partial T}\right)_P\right\} \quad (4.3)$$

$$
\begin{array}{lcccc}
 & z: & +1 & +2 & +3 \\
\hline
r = 4\,\text{Å} & & & & \\
\varepsilon = 80 & & & & \\
\dfrac{\partial \varepsilon}{\partial T} = 0{,}4 & -\Delta H_h: & 40 & 160 & 360\ \text{kcal/Mol}
\end{array}
\qquad (4.4)
$$

Die Distanz $4\,\text{Å}$ entspricht der Summe der Größenordnung von Kristallionenradien ($1\,\text{Å}$) und dem Durchmesser einer Wassermolekel in kristallinen Hydraten (ca. $2{,}8\,\text{Å}$). Dieses Zahlenbeispiel interessiert insofern, als die Werte von $-\Delta H_h$ in Tabelle 4.1 verraten, daß ein überwiegender Teil davon der Wechselwirkung des Metallions mit der ersten Hydratationssphäre zuzuschreiben ist. Es besteht keine gravierende Diskrepanz zwischen den Werten nach der Formel (4.4) und den angegebenen Werten für die Hydratationsenthalpie von Anionen, wenn als Kugelradius deren Kristallionenradius eingesetzt wird.

Für die Metallkationen M^{z+} liefert die Hydratation fast soviel Energie wie die Aufnahme von z Elektronen (Tabelle 4.2). Die Differenzen dieser Beträge sind allerdings groß verglichen mit Enthalpieänderungen, wie sie etwa Ligandsubstitutionen in wäßrigen Lösungen zukommen (s. Kapitel 5).

Tabelle 4.2

	$-\Delta H_h$	I_1 bzw. $I_1 + I_2$	(kcal/Mol)
Li^+	119	124	
Cs^+	59	90	
Be^{2+}	587	635	
Ba^{2+}	304	355	
Mn^{2+}	434	532	
Cu^{2+}	495	646	
Zn^{2+}	481	630	
Cd^{2+}	424	595	

Eine empirische Korrelation zwischen $-\Delta H_h$ und einem Parameter z^2/r_{eff} läßt sich aufzeigen, wenn für Metallionen $r_{\text{eff}} = $ (Kristallionenradius $+0{,}85$) gewählt wird. Die Beziehung (4.5) ergibt dann korrekte Werte für viele A-Kationen, wogegen die Werte für Ü-Kationen und B-Kationen allgemein größer sind als die Relation (4.5) vorhersagt[1].

$$- \Delta H_h = 167 \, \frac{z^2}{r_{eff}} \tag{4.5}$$

Für die $Ü_1$-Kationen M^{2+} und M^{3+} ist die nicht-monotone Variation von ΔH_h mit der Anzahl q der Valenzelektronen bemerkenswert und Gegenstand von Kommentaren in Kapitel 12.

Die Tabelle 4.1 gibt eine Übersicht über die bislang bekannten Metallaquoionen.

Es ist aufgrund der energetischen Betrachtungen richtig, die Metallaquoionen grundsätzlich als Metallkomplexe und somit die erste Wasserhülle als Ligandhülle zu bezeichnen. Dies wäre besonders einleuchtend, wenn die koordinierten Wassermolekeln in jeder Beziehung dem Lösungsmittel entzogen wären, d. h. nicht nur mit wesentlicher Bindungsenergie gebunden, sondern nur schwer durch andere Wassermolekeln zu ersetzen wären. Im gegenüberstehenden Extremfall wäre jedoch das Metallion nur eine Störung im Wasserverband und die mittlere Anzahl seiner benachbarten Wassermolekeln ausschließlich durch seine Größe bestimmt.

Damit wird auch die Frage aufgeworfen, ob generell im zeitlichen Mittel eine ganze Anzahl von Liganden vorliege, bestimmbar sei, und welche Anordnung der Liganden zutreffe. Dieses Problem ist in Lösungen offensichtlich schwieriger zu lösen als etwa in kristallinen Verbänden. Die röntgenographische Strukturaufklärung beweist für eine ganze Reihe von Verbindungen die Koordinationszahl 6 (4.6a).

$$[M(OH_2)_6] X_2; \quad M(II) = Mg(II); \; Mn(II), Fe(II), Co(II), Ni(II), Cu(II);$$
$$Zn(II), Cd(II).$$
$$X^- = BF_4^-, NO_3^-, ClO_4^-, 1/2\,SiF_6^{2-} \tag{4.6a}$$

$$M(I)\,M(III)\,(SO_4)_2 \cdot 12\,H_2O; [M(III)(OH_2)_6]; \quad M(III) = Al(III), Sc(III),$$
$$V(III), Cr(III),$$
$$Mn(III), Fe(III), \tag{4.6b}$$
$$Ga(III), In(III).$$

Die Alaune (4.6b) der allgemeinen Formel $M(I)\,M(III)\,(SO_4)_2 \cdot 12\,H_2O$ enthalten ebenfalls oktaedrische Einheiten $[M(III)OH_2]_6$. Die Koordinationszahl kann aber auch kleiner sein, zum Beispiel 4 in $Be(H_2O)_4(SO_4)$ oder größer als 6, zum Beispiel 9 in $Nd(H_2O)_9(BrO_3)_3$.

Diese strukturellen Daten können natürlich nicht ohne weiteres auf die Metallaquoionen in Lösung übertragen werden. Die Vertreter der Übergangsreihen sind aber durchwegs gefärbt, und die Hexaquokomplexsalze von Ti(III), V(II), V(III), Mn(II), Fe(II), Fe(III), Co(II), Ni(II), Rh(III), lösen sich in wäßrigen Medien ohne Farbänderung, bzw. die

---

[1] Siehe PHILLIPS und WILLIAMS: Inorganic Chemistry, S. 162.

Absorptionsspektren von Kristall und Lösung entsprechen einander in frappanter Weise (s. Kapitel 9 und 12). Die Theorie dieser Spektren läßt keine Zweifel aufkommen, daß die oktaedrische Koordination auch in der Lösung zutrifft. Es ist auch das Absorptionsspektrum, welches die Existenz von quadratisch planarem $Pd(H_2O)_4^{2+}$ in Lösung beweist, in Analogie zu dem schon länger bekannten quadratisch planaren $Pd(NH_3)_4^{2+}$.

Die Absorption von Lichtquanten erfolgt so rasch, daß die Dislokation von Ligandatomen (relativ zu $M(z)$) eines Aquokomplexes innerhalb des benötigten Zeitintervalles verschwindend klein gegenüber den mittleren Metall-Sauerstoffabständen ist. Aus den Spektren im Sichtbaren kann deshalb nicht auf die mittlere Verweilzeit von Wassermolekeln am Metall geschlossen werden. Damit berühren wir den dynamischen Aspekt der Differenzierung von freiem und koordiniertem Wasser.

In einer hervorragenden Studie klärte TAUBE 1951 dieses Problem für das Aquokomplexsalz $[Cr(H_2O)_6](ClO_4)_3$. Er stellte perchlorsaure Lösungen desselben her, welche nebst ^{16}O auch das Isotop ^{18}O, und zwar in höherem Anteil enthielten, als dem natürlichen Wasser entspricht. Der Austauschprozeß (4.7)

$$Cr(H_2O)_6^{3+} + x\,H_2O^* \rightleftarrows Cr(H_2O^*)_x\,(H_2O)_{6-x}^{3+} + x\,H_2O \qquad (4.7)$$

verändert die Isotopenanteile im Lösungsmittel einerseits und in der Koordinationshülle von Cr(III) anderseits. Diese Änderung wurde in Funktion der Zeit verfolgt, indem ein Teil des Lösungsmittels von Zeit zu Zeit durch Destillation entnommen und der massenspektrometrischen Analyse unterworfen wurde. Es konnte gezeigt werden, daß

(i) der Prozeß (4.7) viel mehr Zeit benötigt als die Zubereitung der Lösung und die Entnahme von Wasser über die Dampfphase,

(ii) sechs H_2O an Cr(III) koordiniert und dem Lösungsmittel entzogen sind.

Die Halbwertzeit für den Ersatz eines Liganden beträgt ungefähr zwei Tage bei Raumtemperatur. Für Rh(III) verläuft derselbe Austauschprozeß noch viel langsamer. Sowohl Rh(III) wie Cr(III) zeigen ein ausgesprochen inertes Verhalten gegenüber dieser Substitution in der Aquohülle, während die Mehrheit der Aquoionen sich derart labil verhält, daß die skizzierte Methodik nicht anwendbar ist, um mehr als eine untere Grenze für die Geschwindigkeit festzulegen. Für Reaktionen, welche noch wesentlich rascher ablaufen als das optimal rasche Mischen zweier Lösungen ($\approx 10^{-3}$ sec), sind geeignete Untersuchungsmethoden erst innerhalb der letzten 10 Jahre entwickelt worden. Wir müssen auf die Erläuterung der von EIGEN u. Mitarb. entwickelten Relaxationsmethoden oder der Anwendung der magnetischen Kernresonanz durch CONNICK verzichten, welche beide zur Ermittlung von Geschwindigkeiten des Wasseraustausches an Metallaquoionen geführt haben. Resultate solcher Untersuchungen sind in Abb. 4.1 zusammengestellt. Diese enthält die für den Austausch einer Wassermolekel gültige Geschwindigkeitskonstante k erster Ordnung, welche die Häufigkeit des Wasseraustritts bzw. -eintritts und somit die mittlere Verweilzeit ($\tau = 1/k$) von koordiniertem Wasser angibt. Für Al^{3+} ist diese mit ca. 1 sec sehr groß gegenüber den 10^{-9} sec für Aquoionen von Ba(II) und Hg(II) und sehr klein gegenüber den fast 10^{+6} sec für Cr(III). Die Geschwindigkeitskonstanten erstrecken sich also über den enormen Bereich von ca. 15 Zehnerpotenzen hinweg.

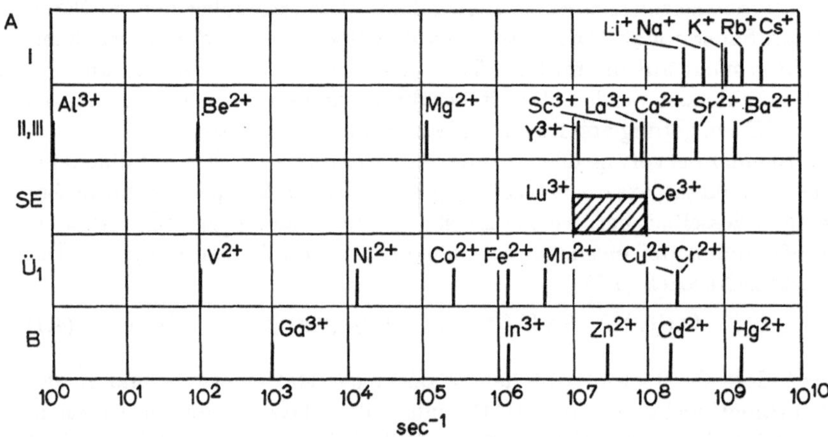

Abb. 4.1. Geschwindigkeit des Wasseraustausches an Aquoionen, ausgedrückt als Konstanten k erster Ordnung, d.h. $\dfrac{d[H_2O]_{ex}}{dt} = k[M^{z+}_{aq}]$. H_2O_{ex}: am Aquoion ausgetauschtes Wasser

Natürlich sind statische Eigenschaften (ΔG_h, ΔH_h, ΔS_h) grundsätzlich von dynamischen auseinanderzuhalten, und die kinetischen Daten in Abb. 4.1 einerseits sowie die Werte von $-\Delta H_h$ in Tabelle 4.1 anderseits stellen ein eindrückliches Beispiel für diesen Sachverhalt dar.
Die Gruppierung der Metallkationen (S. 9—10, Kap. 2) zeichnet sich nicht unmittelbar in Abb. 4.1 ab. Für die A-Kationen läßt sich eine Korrelation mit dem Kristallionenradius bzw. z^2/r_c innerhalb der Vertikalreihe Mg^{2+}, Ca^{2+}, Sr^{2+}, Ba^{2+} finden. Al^{3+} ($r_c = 0,45$ Å) tauscht langsamer aus als Be^{2+} ($r_c = 0,30$), entsprechend dem höheren Quotienten z^2/r_c, jedoch Y^{3+} (1,06) langsamer als Sc^{3+} (0,83), während die Erdalkaliionen mit zunehmendem Ionenradius schneller austauschen. Die Variationsbreite ist für die SE-Kationen kleiner als für die anderen Kategorien, was ihre Gruppenzusammengehörigkeit unterstreicht. In der Gruppe der $Ü_1$-Ionen kann dem Kristallionenradius keine Rolle als quasi-unabhängige Variable zugeschrieben werden, wogegen die Eigenheiten der Konfigurationen d^q der Valenzhülle des Metallkations hervortreten (s. Kapitel 12). Wir merken uns hier nur, daß Cr(II) und Cu(II) als die labilsten Vertreter der $Ü_1$-Kationen erscheinen. Innerhalb der B-Kationen würde

eine genauere Analyse nahelegen, daß der höchste Ionenradius von Hg(II) nicht den Schlüssel zum Verständnis der zunehmenden Austauschgeschwindigkeit in der Reihe Zn(II), Cd(II), Hg(II) darstellen kann. Eine genauere Analyse der Daten könnte generell nicht ohne minutiöse Berücksichtigung der Koordinationsgeometrie im strengsten Sinne auskommen. Dieser Problemkreis ist noch aktueller Gegenstand der Bearbeitung und Interpretation.

Die Existenzgebiete der Metallaquoionen in wäßriger Lösung stellen einen anderen, ganz grundlegenden Tatsachenkreis dar. Die Tabelle 4.1 enthält nur wenige Vertreter der Übergangsreihen $\ddot{U}_2$ und $\ddot{U}_3$. Es ist experimentell leicht nachzuweisen, daß koordiniertes Wasser allgemein acider wird. So tritt z.B. eine deutliche pH-Erniedrigung ein, wenn kristallines $Be(H_2O)_4(ClO_4)_2$, $Fe(H_2O)_6(ClO_4)_3$ oder $Ga(H_2O)_6(ClO_4)_3$ in reinem Wasser gelöst werden. Dies beruht auf der Protonenübertragung (4.8a), worin $(M)\,H_2O$ koordiniertes Wasser bedeutet.

$$(M)\,OH_2 + H_2O \leftrightharpoons (M)\,OH^- + H_3O^+ \tag{4.8a}$$

$$H_2O + H_2O \leftrightharpoons H_3O^+ + OH^- . \tag{4.8b}$$

Wir schreiben kurz H_3O^+ oder nur H^+ für das hydratisierte Proton. Die Gleichgewichtskonstante von (4.8b) ist bekanntlich $10^{15,7}$ bei Raumtemperatur, wenn wir sie nach Konvention (4.9) schreiben.

$$K_{H_2O} = \frac{[H_2O]}{[H_3O^+]\,[OH^-]}\;;\; K_1 = \frac{[M^{z+}]}{[M(OH)^{z-1}]\,[H_3O^+]}\;;\; K_2 = \frac{[M(OM)^{z-1}]}{[M(OH)_2^{z-2}]\,[H_3O^+]} \tag{4.9}$$

Eine einfache Situation würde vorherrschen, wenn ein Metallaquoion M_{aq}^{z+} stufenweise Protonen abgeben könnte, wie dies mehrprotonige Säuren tun, welche z. B. bei der Protonierung der Polyamine (Tab. 3.3, S. 33) gebildet werden, mit anderen Worten, wenn nur mononukleare Teilchen (4.10) vorliegen würden.

$$M_{aq}^{z+}, \quad M(OH)^{z-1}, \quad M(OH)_2^{z-2} \quad \text{etc.} \tag{4.10}$$

Ein Satz von Gleichgewichtskonstanten könnte in diesem Fall aus potentiometrisch ermittelten Neutralisationskurven berechnet werden. Man würde experimentell von Aquoionenlösungen ausgehen, sukzessive Alkalihydroxidlösung zufügen und für jedes Gleichgewichtsgemisch den pH-Wert der Lösung messen. Die Neutralisationskurven (pH vs. zugegebene Lauge) würden dann durch einen Satz von Gleichgewichtskonstanten der Art (4.9) reproduziert werden können. Bei der Auswertung solcher Kurven stellen sich Probleme der Art, wie sie in Kapitel 5 näher zur Sprache kommen. Dabei zeigt es sich, daß die denkbar einfachsten Verhältnisse nicht zutreffen.

Die markantesten Stadien, welche $M(z)$ innerhalb der pH-Skala durchlaufen kann, sind in (4.11) festgehalten. Nach steigenden pH-Werten hin erfolgt formal der Ligandersatz $H_2O \rightarrow OH^-$ bzw. O^{2-}. Für Alkaliionen

M_{aq}^+ ist nur das Gebiet I zu beachten, für andere Metalle sind die Bereiche I und II oder I, II und III (Be(II), Al(III), Zn(II), Ga(III), Sn(II),

$$
\begin{array}{lll}
M_{aq}^{z+} & \begin{array}{l} M(OH)_z\,(s) \\ M\,O_{x/2}(OH)_{z-x}\,(s) \\ M\,O_{z/2}\,(s) \end{array} & \begin{array}{l} M(OH)_{z+x}^{x-} \\ MO_x^{z-2x} \end{array} \\[4pt]
\text{Aquoion} & \begin{array}{l}\text{unbeschränkt poly-}\\ \text{nuklearer Verband}\end{array} & \begin{array}{l}\text{mononukleare Hydroxo-}\\ \text{und Oxokomplexe}\end{array} \qquad (4.11)\\[4pt]
\quad\text{I} & \quad\text{II} & \qquad\text{III} \\[6pt]
 & \text{pH zu} & \\
 & \longrightarrow &
\end{array}
$$

Pb(II)) wichtig. Zentralatome hoher Wertigkeit wie Ti(IV), Zr(IV), Hf(IV), V(V), Nb(V), Ta(V) liegen auch in stark saurer Lösung nie als Aquoionen vor, mit anderen Worten, die betreffenden hypothetischen Aquoionen wären azider als hydratisierte Protonen. Andere höherwertige wie Cr(VI), W(VI), Mo(VI), Mn(VII), Tc(VII) liefern gleichsam vollständig deprotonierte Aquoionen, d. h. die Oxokomplexe CrO_4^{2-}, WO_4^{2-}, MoO_4^{2-}, MnO_4^-, TcO_4^-, und zwar — in derselben Reihe — oberhalb den pH-Werten ca. 6, 4, 4 für M(VI). Permanganat- und Pertechnation werden im Bereich der wäßrigen pH-Skala nicht protoniert.

Im folgenden interessieren wir uns speziell für das Gebiet zwischen den Bereichen I und II in (4.11). Zur Ermittlung der Zusammensetzung von Metallpartikeln dienen vor allem die folgenden typischen Experimente:

(i) Alkalimetrische Titration. Aquoionlösungen werden sukzessive mit Alkalihydroxid versetzt, und nach jeder Zugabe wird der pH-Wert der homogenen Gleichgewichtslösung gemessen.

(ii) Löslichkeitsbestimmungen. Schwerlösliche Hydroxide, Oxid-Hydroxide oder Oxide werden in Suspension mit variablen Mengen von starker Säure versetzt; der pH-Wert der Lösung und gelöstes M (z) werden bestimmt.

Experimentelle Daten dieser Art können ausgewertet werden, um die gesuchte Auskunft zu erhalten. Bezüglich der Verfahren zur Auswertung sei auf die Literatur verwiesen.

Experimente der Art (i) haben gezeigt, daß der Übergang vom Gebiet I zu II in (4.11) im allgemeinen recht komplizierte Vorgänge und Verhältnisse einschließt. Die Fällung eines Hydroxides $M(OH)_z\,(s)$ ist nicht das Resultat einer einfachen Kombination (4.12) von Ionen zum unbeschränkt polynuklearen Verband.

$$M_{aq}^{z+} + z\,OH^- \rightarrow M(OH)_z\,(s)\,. \qquad (4.12)$$

Der ersten Deprotonierung, welche von M_{aq}^{z+} zu $M(OH)_{aq}^{z-1}$ führt und enorm rasch abläuft, folgen Reaktionen der beiden Partner untereinander. Diese führen zu beschränkt polynuklearen Hydroxo- oder Oxokomplexen.

Einige Beispiele gibt (4.13):

$$2\,Cu(OH)^+ \rightarrow Cu_2(OH)_2^{2+}$$
$$3\,Be(OH)^+ \rightarrow Be_3(OH)_3^{3+} \qquad (4.13)$$
$$6\,Bi(OH)_2^+ \rightarrow Bi_6(OH)_{12}^{6+}.$$

Bei weiter steigendem pH-Wert werden solche Polynukleare zum schwer-löslichen Verband verknüpft. Wenn in homogenen Lösungen mit beschränkt polynuklearen Komplexen keine Änderung der Meßwerte über einige Zeit hinweg registriert werden kann, so ist dies ein Indiz für Gleichgewicht. In der Literatur findet man viele Gleichgewichtsdaten zu Prozessen wie (4.13), welche aus Experimenten des Typs (i) stammen (siehe die Tabellen von SILLÉN und MARTELL, Literatur zu Kapitel 5). Löslichkeitsuntersuchungen (ii) haben jedoch gezeigt, daß Polynukleare in homogener Lösung bisweilen unstabil bezüglich dem Aquoion und dem festen Hydroxid sind, so zum Beispiel $Cu_2(OH)_2^{2+}$ bezüglich Cu_{aq}^{2+} und $Cu(OH)_2(s)$. Für dieses Beispiel hat SCHINDLER die maßgebliche freie Enthalpie bei Raumtemperatur bestimmt (4.14).

$$Cu_2(OH)_2^{2+} \rightarrow Cu_{aq}^{2+} + Cu(OH)_2\,(s) \qquad \varDelta G = -\,2{,}6\,kcal/Mol\,. \qquad (4.14)$$

Polynukleare wie solche in (4.13) können also ihre Existenz einer langsamen Bildung des thermodynamisch geforderten Bodenkörpers verdanken und kinetisch bedingte Zwischenstufen des Fällungsprozesses sein, *oder* sie können echte Gleichgewichtspartner im heterogenen System sein, so etwa $Be_3(OH)_3^{3+}$.

Ein weiteres Beispiel möge die erste Möglichkeit illustrieren. Ein Richtwert für das nach Methode (ii) bestimmte Löslichkeitsprodukt von $Al(OH)_3(s)$ ist $K_{s_0} \approx 10^{-33}$ (25 °C).

$$K_{s_0} = [Al_{aq}^{3+}]\,[OH]^3\,. \qquad (4.15)$$

Man kann in eine beispielsweise $10^{-2}\,M$ Lösung von Aluminiumperchlorat annähernd 2,5 Mol OH^- pro Al(III) eintragen (bei gutem Rühren und langsamer Zugabe in kleinen Dosen), ohne eine Fällung zu erzeugen. Nach dem Löslichkeitsprodukt (4.14) sollte ein Niederschlag $Al(OH)_3$ ausfallen. In der homogen gebliebenen Lösung müssen also polynukleare Hydroxokomplexe vorliegen. Tatsächlich kann aus derartigen Lösungen ein Festkörper der analytischen Zusammensetzung $Al(OH)_{2,5}SeO_4$ gefällt werden. Die röntgenographische Strukturaufklärung enthüllte eine strukturelle Einheit $Al_{13}(OH)_{32}^{7+}$ im kristallinen Verband. Aus Studien der Art (i) ist man zum Schluß gekommen, der Polynuklearitätsgrad müsse mindestens 6 sein.

In Tabelle 4.3 sind einige Polynukleare angegeben, die ebenfalls nach Methode (i) identifiziert worden sind.

Von speziellem Interesse ist die Azidität der Aquoionen, wie sie sich bei der ersten Deprotonierung zeigt und wie sie in Konstanten K_1 nach (4.9) zum Ausdruck kommt. Eine Bestimmung setzt natürlich voraus, daß die Testlösung eine namhafte Gleichgewichtskonzentration an M_{aq}^{z+} und

Tabelle 4.3. *Werte von* [log K_i *nach* (4.9)] *für Metallaquoionen. Die Zusammensetzung der polynuklearen Teilchen umfaßt nur den Polynuklearitätsgrad und die Anzahl der Liganden* OH$^-$

	log K_1	log K_2	Identifizierte Polynukleare
Be^{2+}	5,7		$Be_3(OH)_3^{3+}$
Sc^{3+}	5,1		
Zr^{4+}	—		$Zr_4(OH)_8^{8+}$
Cu^{2+}	~ 6		$Cu_2(OH)_2^{2+}$
Cr^{3+}	4,2		
Fe^{3+}	3,1		$FeOFe^{4+}$ oder $Fe(OH)_2Fe^{4+}$
Cd^{2+}	10		
Hg^{2+}	3,7	2,6	
Sn^{2+}	3,9		$Sn_2(OH)_2^{2+}$, $Sn_3(OH)_4^{2+}$
Pb^{2+}	~ 8		$Pb_4(OH)_4^{4+}$, $Pb_3(OH)_4^{2+}$, $Pb_6(OH)_8^{4+}$
Bi^{3+}	1,6		$Bi_6(OH)_{12}^{6+}$
In^{3+}	4,4		
Tl^{3+}	1,1	1,5	

$M(OH)_{aq}^{z-1}$ enthält. Manchmal erlaubt eine langsamere Bildung von Polynuklearen (— gemessen an der Geschwindigkeit der Deprotonierung —) eine Raschtitration, welche nur die gewünschten Partner in (4.9) erfaßt. In anderen Fällen können die Verhältnisse in effektiven oder scheinbaren (siehe oben) Gleichgewichtslösungen günstig liegen. Tabelle 4.3 enthält nur einwandfrei meßbare Konstanten, während die Reihen (4.16) auch abgeschätzte Werte einschließen.

Reihenfolge der Acidität

$$A: Li^+ < Mg^{2+} < Be^{2+} < Sc^{3+} < Zr^{4+}$$
$$Ü_1: (Mn^{2+}, Fe^{2+}, Co^{2+}, Ni^{2+}) < Cu^{2+} < Cr^{3+} < Fe^{3+}$$
$$B: Ag^+, Tl^+ < Zn^{2+}, Cd^{2+} < Pb^{2+} < In^{3+} \leqq Sn^{2+} < Hg^{2+} < Ga^{3+} \tag{4.16}$$
$$< Bi^{3+} < Tl^{3+}.$$

Die Angaben von Tabelle 4.3 und von (4.16) verraten einen dominanten Einfluß der Oxydationszahl des Zentralions, dem sich die gemeinsamen Effekte der Größe und Elektronenkonfiguration überlagern. Hg_{aq}^{2+} ist acider als Be_{aq}^{2+} und ist doch wesentlich größer. Man vergesse auch nicht, daß der Aciditätsunterschied pro pK-Einheit betragsmäßig nur 1,4 kcal pro Mol in der freien Enthalpie der Protonübertragung (4.8a) ausmacht ($T \approx 300\,°K$).

In einem Modell harter Kugeln verstehen wir eine wesentliche Komponente der Acidifierung mit zunehmender Ladung des Zentralions und abnehmendem Radius durchaus, weil das koordinierte Wasser dipolar ist und mit dem Sauerstoff am Metallion koordiniert. Die Abstoßung zwischen positivem Zentralion und den positivierten Enden der lokalen O—H Dipole führt zur Deprotonierung, und diese hinterläßt den geladenen Liganden OH$^-$. Im Kugelmodell nehmen wir aber keine Kenntnis vom Unterschied von H_2O und OH$^-$, wie ihn die Oktettregel mit der Zuordnung von zwei bzw. drei einsamen Elektronenpaaren macht und wie er auch in der Symmetrie der beiden Liganden C_{2V} bzw. $C_{\infty V}$ zum Ausdruck kommt. Weiter müßten auch die Entropieänderungen in einer detaillierten Analyse der Daten berücksichtigt werden.

Schließlich sind noch einige Bemerkungen zum Problem der Wertigkeit von Metallen in Aquokomplexen angebracht. Ein Aquoion kann nur existieren, wenn Wasser weder spontan oxydiert noch reduziert wird. Bekanntlich oxydiert Co_{aq}^{3+} spontan $O(-II)$ in Wasser zu $O(0)$ und geht in das weniger acide Co_{aq}^{2+} über, während Cr_{aq}^{2+} spontan (jedoch langsam in saurer Lösung) das acidere Cr_{aq}^{3+} nebst H_2 bildet. Wir begegnen hier dem grundlegenden Problem der Stabilisierung von bestimmten Wertigkeiten durch geeignete Liganden. Während $Mn(III)$, $Mn(IV)$ und $Mn(VI)$ in Festkörpern (Mn_2O_3, MnO_2, $BaMnO_4$) oder in gelösten Oxokomplexen (MnO_4^{2-} in stark alkalischer Lösung, MnO_4^-) den Liganden $O(-II)$ ertragen, ist Mn_{aq}^{2+} das einzige stabile Aquoion, wogegen MnO_4^- in wäßriger Lösung der stabilste Oxokomplex ist, also gerade das Teilchen mit $Mn(VII)$, d.h. der höchstmöglichen Oxydationszahl. Bei der Protonierung wird dieses oxydierender, und die Reduktion von $Mn(VII)$ wird eingeleitet, was anderseits die Vermutung zuläßt, O^{-2} vermöge Mn^{7+} bei der Bildung von MnO_4^- weitgehender zu „reduzieren" (was in der Zuordnung der Wertigkeit nicht ausgedrückt wird!) als H_2O dies tun könne.

Es macht also weitgehend die Sonderstellung des Wassers aus, wenn es ein potentieller Lieferant von drei Liganden verschiedener Basizität und reduzierender Wirkung ist, von denen zwei überdies als Brückenliganden fungieren können. Die Alkohole sind insofern einfacher, indem sie nur zu zwei Liganden führen, wobei das Alkoholation ebenfalls als Brückenligand in Polynuklearen erkannt worden ist. Rein formal ist NH_3 noch vielseitiger, doch ist natürlich N^{3-} ein extrem hypothetisches Ion und äußerst stark reduzierend, was auch die Nitride daran hindert, salzartige Verbindungen zu sein. Schwerlösliche Amide und Imide sind ganz in Verwandtschaft zu Hydroxiden und Oxiden zu sehen, während das Aquoionanaloge der Metallamminkomplex ist. Lösungsmittel wie etwa Dimethylformamid und Dimethylsulfoxid unterscheiden sich dadurch von den weiter oben erwähnten, daß die solvatisierten Metallionen nicht Protonen abgeben und vernetzen können. Die erwähnten Lösungsmittel weisen alle eine kleinere Dielektrizitätskonstante als Wasser auf und bewirken einen wesentlich anderen Solvatationszustand der Anionen. Dies führt denn dazu, daß selbst äußerst schwach basische Anionen wie ClO_4^-, BF_4^-, NO_3^- schon bei wesentlich kleineren Konzentrationen zur Ionenassoziation mit solvatisierten Metallionen, den Solvatkomplexen, führen, als dies in wäßriger Lösung der Fall ist.

Literatur

HUNT, J. P.: Metal ions in aqueous solutions. New York: Benjamin 1963.

JØRGENSEN, C. K.: Inorganic complexes. Chapter 2: Aquo, hydroxo and oxo complexes. London, New York: Academic Press 1963.

Hydratation der Ionen:

$Ü_1$-Ionen:

HALLIWELL, H.F., and S.C. NYBURG: Trans. Farad. Soc. **59**, 1126 (1963).

RANDLES, J.E.: Ann. Rep. Chem. (London) **56**, 33 (1960).

GEORGE, P., and D.S. McCLURE: Effect of inner orbital splitting on thermodynamic properties of transition metal compounds and coordination complexes. Progr. Inorg. Chem. **1**, 38 (1959).

Zur Frage der begrifflichen Sauberkeit:

NOYES, R. M.: Conventions defining thermodynamic properties of aqueous ions and other chemical species. J. Chem. Ed. **40**, 2 (1963).

Wasseraustausch an Aquoionen:

CONNICK, R.E., and R.E. POULSON: J. chem. Phys. **30**, 759 (1959).

EIGEN, M.: Pure appl. Chem. **6**, 105 (1963); Ber. Bunsenges. physikal. Chem. **67**, 753 (1963).

HUNT, J.P., and H. TAUBE: J. chem. Phys. **19**, 602 (1951).

T. J. SWIFT, and R. E. CONNICK: J. chem. Phys. **37**, 307 (1962)

TAUBE, H.: J. phys. Chem. **58**, 523 (1954).

Methodik zur Untersuchung rascher Reaktionen:

CALDIN, E.F.: Fast reactions in solution. New York: Wiley 1964.

Deprotonierungsstudien an Metallaquoionen:

Methodik und Daten:

SCHWARZENBACH, G., u. H. WENGER: Unveröffentlichte Arbeiten, Diss. H. Wenger, ETH, Zürich 1962.

SILLÉN, L.G.: Quart. Rev. Chem. Soc. (Lond.) **13**, 146 (1959).

Daten:

SILLÉN, L.G., and A.E. MARTELL: Stability constants of metal ion complexes. Special Publ. No. 17, Chem. Soc., London 1964.

Löslichkeit von Hydroxiden und Oxiden:

SCHINDLER, P.: Heterogenous equilibria involving oxides, hydroxides, carbonates, and hydroxide-carbonates. Adv. Chem. Ser. **67**, 196 (1967).

Nichtwäßrige Lösungsmittel:

Chemie in nichtwässerigen ionisierenden Lösungsmitteln. Herausg. G. JANDER, H. SPANDAU und C.C. ADDISON. Braunschweig: Vieweg.

Band I, Teilband 1: JANDER, J.: Anorganische und allgemeine Chemie in flüssigem Ammoniak. 1966.

Band IV: HEYMAN, K., H. KLAUS, H. SURAWSKI, G. WINKLER, H. KNAUER und L.R. DAWSON: Chemie in niederen Fettsäuren und ihren Derivaten. 1963.

Kapitel 5

Ligandersatz in wäßriger Lösung: Gleichgewichte

Wenn blaßviolettes $Fe(OH_2)_6(ClO_4)_3$ in perchlorsaure wäßrige Lösung gebracht und mit etwas Ammoniumrhodanid versetzt wird, so ändert die Farbe schlagartig nach intensiv rot. Diese Färbung wird ebenso schnell wieder zum Abklingen gebracht, wenn man Fluorid zufügt. Die abgekürzte Schreibweise (5.1) für den ersten Vorgang

$$Fe^{3+} + n\,NCS^- \rightarrow Fe(NCS)_n^{3-n} \tag{5.1}$$

könnte darüber hinwegtäuschen, daß es sich nicht um eine simple Kombination von Ionen Fe^{3+} und NCS^- handelt, sondern um die Substitution (5.2) von Wasser am Aquoion Fe_{aq}^{3+} durch Rhodanid.

$$Fe(OH_2)_6^{3+} + n\,NCS^- \rightleftharpoons Fe(NCS)_n(OH_2)_{6-n}^{3-n}. \tag{5.2}$$

Tatsächlich schließt (5.2) bereits die nicht-triviale Voraussetzung ein, die Koordinationszahl sechs von Fe(III) bleibe erhalten. Die Zahl der an einem Metallion koordinierten Fremdliganden ist in wäßrigen Lösungen oft experimentell unmittelbarer zu ermitteln als die Zahl der koordinierten (bzw. nebst einem anderen Liganden koordinierten) Wassermolekeln. Aus diesem Grunde schreiben wir nach üblicher Konvention (5.3) für (5.1) und für die Substitution von NCS^- durch F^- die Gleichung (5.4).

$$Fe^{3+} + n\,NCS^- \rightleftharpoons Fe(NCS)_n^{3-n}, \tag{5.3}$$

$$Fe(NCS)_n^{3-n} + n\,F^- \rightleftharpoons FeF_n^{3-n} + n\,NCS^-. \tag{5.4}$$

Die erwähnten Farbwechsel treten ebenso rasch ein als man Lösungen manuell mischen kann. Jede Veränderung von Variablen (Menge der Komponenten, Druck, Temperatur) führt zu einer sofortigen Anpassung des Lösungssystems an die neue Situation, und diese ist durch die Wahl der Variablen festgelegt. Die quantitativen Verhältnisse können deshalb in praktisch unmittelbar nützlichen Gleichgewichtskonstanten angegeben werden. Für den Fall linearer Beziehungen zwischen der partiellen molaren freien Enthalpie ($\bar{G}_i$) der individuellen Gleichgewichtspartner in (5.2) und ihrer Konzentration lautet die maßgebliche Gleichgewichtsbedingung für $n = 1$:

$$K'_1 = \frac{[Fe\,(NCS)\,(OH_2)_5^{2+}]\,[OH_2]}{[Fe(OH_2)_6^{3+}]\,[NCS^-]} \tag{5.5 a}$$

$$K_1 = \frac{[Fe\,(NCS^-)^{2+}]}{[Fe^{3+}]\,[NCS^-]}. \tag{5.5 b}$$

Wir verwenden eckige Klammern für die Konzentration der eingeklammerten Partikel (Mol/l). Die Konzentrationskonstante K'_1 kann ersetzt werden durch K_1 (5.5b), wenn die Bedingung $[H_2O] \gg [NCS]$, $[Fe^{3+}]$, $[Fe(NCS)^{2+}]$ erfüllt ist. Eine lineare Beziehung zwischen $\bar{G}_i$ und den logarithmischen Konzentrationen der gelösten Teilchen ist für Elektrolytlösungen im allgemeinen nicht gewährleistet. Sie kann aber erfahrungsgemäß in hinreichender Genauigkeit herbeigeführt werden, wenn eine Elektrolytlösung als Lösungsmittel gewählt wird, welche einen geeigneten Elektrolyten in viel größerer Konzentration enthält als der Summe der Konzentrationen der Gleichgewichtspartner entspricht. Diese Einschränkung legt dann den Gültigkeitsbereich einer Konzentrationskonstanten nach höherer Konzentration der Partner hin fest. Man ermittelt eine Konstante wie K_1 (5.5), wenn man sich für die relative Koordinationstendenz von H_2O und NCS^- in der wäßrigen Lösung interessiert. Deshalb wird man auch einen Elektrolyten wählen,

(i) dessen Anion beiden konkurrierenden Liganden H_2O und NCS^- unterlegen ist,

(ii) dessen Kation den Fremdliganden (d. h. nicht lösungsmitteleigenen) weit weniger beansprucht als das zu untersuchende Metallion.

Alkalimetallsalze oder Tetraalkylammoniumsalze mit Anionen, die sich als Gegenionen in Metallaquokomplexsalzen eignen, erfüllen meist diese Bedingungen, also z. B. $NaClO_4$, $N(CH_3)_4ClO_4$, KNO_3. (Die Punkte (i) und (ii) sind nicht für die erwähnte Linearität entscheidend, ermöglichen es jedoch, die eigentliche gewünschte Auskunft direkt zu erhalten.) In der umschriebenen Funktion nennt man sie Inertelektrolyte.

Die Angabe einer Konzentrationskonstante wie K_1 kann nur optimal präzis sein, wenn nebst dem numerischen Wert

die Temperatur und der Druck (Standard: Atmosphärendruck),

Art und analytische Konzentration des Inertelektrolyten angegeben werden.

Die Druckabhängigkeit im nahen Bereich des Atmosphärendruckes ist gering, und dieser wird gewöhnlich nicht explizite angegeben. Die Variation mit der Konzentration des Inertelektrolyten ist im Bereich $0,1-1$ M meist nicht wichtig für vergleichende Zwecke, sofern Liganden derselben Ladung betrachtet werden. Der Unterschied in der Stabilität von $Fe(NCS)^{2+}$ und FeF^{2+} ist z. B. größer als die Variation von K_1 für beide Komplexe im Bereich der Konzentration Null bis ca. 1 M des Inertelektrolyten. An Stelle der Konzentration des Inertelektrolyten bzw. der vollständigen Angabe der analytischen Konzentrationen aller gelösten Komponenten wird oft die ionale Stärke μ des Mediums angegeben, welche nach (5.6) definiert ist.

$$\mu = \sum_i \tfrac{1}{2} z_i^2 c_i$$

c_i: Konzentration der Ionen i der   (5.6)
Ladung z_i in der Lösung.

Für unser Beispiel (5.5 b) findet man in Tabellen von SILLÉN und MARTELL:

FeF^{2+}:   Fe(SCN)$^{2+}$:

$\log K_1 = 6{,}05$;   25 °C; $\mu \to 0$ $\log K_1 = 3{,}03$;   25 °C; $\mu \to 0$

         $5{,}25$;   25 °C; $\mu = 0{,}5(NaClO_4)$ $2{,}14$;   25 °C; $\mu = 0{,}5(NaClO_4)$

                                                $2{,}11$;   25 °C; $\mu = 1{,}2(NaClO_4)$

Da sich die weiter unten zu betrachtenden Gleichgewichtskonstanten numerisch über einen breiten Bereich erstrecken, ist die logarithmische Angabe vernünftig, und zudem wird sie durch die thermodynamische Beziehung (5.7) nahegelegt.

$$\Delta G = \Delta H - T\Delta S; \quad \begin{aligned} \Delta G &= - RT \ln K_1 \\ &= - RT\, 2{,}3 \log K_1. \end{aligned} \qquad (5.7)$$

Mit K_1 mißt man die Änderung (ΔG) der freien Enthalpie bei der Bildung von einem Mol $Fe(NCS)^{2+}$ aus Fe_{aq}^{3+} und NCS^- im spezifizierten Medium für die Standardkonzentrationen 1 Mol/l.

Messende Komplexchemie

Die Aufgabe, Zusammensetzung und Stabilität von Metallkomplexen in Lösungsphasen zu ermitteln, ist Gegenstand der messenden Komplexchemie. Ein besonders reiches Tatsachenmaterial ist seit ca. 1940 für wäßrige Lösungen zu Tage gefördert worden, und im folgenden werden wir solche voraussetzen und nur andere Medien explizite umschreiben. Das diskutierte Beispiel der Bildung von Rhodanokomplexen des Fe (III) zeigt, wie das Auftauchen neuer Teilchen grundsätzlich zu erfassen ist. Es sind Lösungen zu untersuchen, welche die Partner in variabler Konzentration enthalten. An bekannten Größen liegen vorerst nur ihre sogenannten analytischen Konzentrationen vor, die aus der Zubereitung der Lösung bekannt sind oder durch Analyse ermittelt werden können. Die analytische Konzentration von Fe (III) ist somit im betrachteten System der Gehalt an Fe (III), ausgedrückt in der üblichen Einheit Mol/l. Sie nimmt also keine Rücksicht auf die Art der Teilchen in der Lösung. Wenn die Fe (III)-Teilchen in Gegenwart steigender analytischer Konzentrationen von NCS^- in keiner Weise verändert würden, so ließen sich alle Eigenschaften der Lösung in additiver Weise aus solchen von Lösungen der getrennten Partner Fe (III) und NCS^- im selben Medium vorhersagen Man hätte z. B. Proportionalität zwischen der Konzentration aller vorliegenden Fe (III)-Teilchen und der analytischen Konzentration von Fe (III), die wir mit $[Fe\,(III)]_t$ bezeichnen. Somit wäre auch die Beziehung (5.8) erfüllt.

$$\overline{G}_{Fe(III)} = \overline{G}^0_{Fe(III)} + RT \ln [Fe(III)]$$
$$\overline{G}^0_{Fe(III)}: \text{im Medium spezifizierter ionaler Stärke.} \tag{5.8}$$

Das Absorptionsspektrum (siehe auch Kap. 9) der Lösung würde sich ebenfalls als Superposition von Komponentenlösungen mit Fe (III) einerseits und NCS^- anderseits rekonstruieren lassen. Umgekehrt verraten die Abweichungen von solchen additiven bzw. linearen Beziehungen das Auftauchen neuer Teilchen, und die Analyse solcher Abweichungen stellt die Basis für die Identifizierung von neuen Teilchen und die Berechnung ihrer Stabilität dar.

Wir betrachten dieses Problem näher anhand eines charakteristischen speziellen Systems, das durch folgende Voraussetzungen festgelegt ist:

(i) Die metallhaltigen Partikeln sind durchwegs mononuklear und unterscheiden sich nur

(ii) durch die Anzahl n der Liganden L.

(iii) Die Liganden L können nur als freie gelöste Teilchen L oder in Komplexen der Serie ML_n auftreten.

$$ML, \; ML_2, \ldots ML_n \ldots ML_N. \tag{5.9}$$

Die Reihe (5.9) ist durch die maximale Zahl N der an M koordinierbaren Liganden L ausgezeichnet. Zur Beschreibung der quantitativen Verhältnisse benötigen wir einerseits Gleichgewichtsbedingungen und anderseits stöchiometrische Bedingungen.

Gleichgewichtsbedingungen

$$M + L \rightleftharpoons ML$$
$$\cdots\cdots\cdots\cdots$$
$$ML_{n-1} + L \rightleftharpoons ML_n, \qquad K_n = \frac{[ML_n]}{[ML_{n-1}][L]} \tag{5.10}$$
$$\cdots\cdots\cdots\cdots$$
$$ML_{N-1} + L \rightleftharpoons ML_N$$

Die Konstanten K_n nennt man individuelle Stabilitätskonstanten, während die Produkte β_n von n aufeinanderfolgenden individuellen Konstanten Bruttostabilitätskonstanten (kurz: Bruttokonstanten) heißen.

$$\begin{aligned}
\beta_1 &= K_1 \\
\beta_2 &= K_1 \cdot K_2 \\
\beta_n &= K_1 K_2 \ldots K_n.
\end{aligned} \tag{5.11}$$

Man vergewissert sich leicht, daß β_n das Gleichgewicht zwischen den Partnern in (5.12) erfaßt;

$$M + nL \rightleftharpoons ML_n. \tag{5.12}$$

Damit können alle Konzentrationen $[ML_n]$ über β_n als Funktion von $[M]$ und $[L]$ ausgedrückt werden (5.13):

$$[ML_n] = [M][L]^n \beta_n. \tag{5.13}$$

Stöchiometrische Beziehungen

Die analytischen Konzentrationen $[M]_t$ und $[L]_t$ sind Summen von Konzentrationen von Teilchen der Reihe (5.9) nebst M und L.

$$[M]_t = [M] + [ML] + [ML_2] + \cdots + [ML_N] = [M] + \sum_{n=1}^{N} [ML_n], \tag{5.14a}$$

$$[L]_t = [L] + [ML] + 2[ML_2] + \cdots + N[ML_N] = [L] + \sum_{n=1}^{N} n \cdot [ML_n]. \tag{5.15a}$$

Diese Beziehungen lassen sich unter Berücksichtigung der individuellen Gleichgewichtskonstanten (5.10) zu (5.14b) und (5.15b) umformen.

$$[M]_t = [M]\{1 + \sum_{n=1}^{N} [L]^n \beta_n\}, \tag{5.14b}$$

$$[L]_t = [L] + [M]\left\{\sum_{n=1}^{N} n[L]^n \beta_n\right\}. \tag{5.15b}$$

Nach J. Bjerrum führen wir den mittleren Komplexbildungsgrad $\bar{n}$ ein, d. h. die durchschnittliche Anzahl der pro Metall gebundenen Liganden L.

$$\bar{n} = \frac{[L]_t - [L]}{[M]_t} = \frac{\sum\limits_{n=1}^{N} n \cdot [ML_n]}{[M]_t} \tag{5.16}$$

Die mit den Gleichgewichtsbeziehungen kombinierten stöchiometrischen Beziehungen (5.14b) und (5.15b) liefern durch Einsetzen in (5.16) und Umformen die Komplexbildungsfunktion (5.17).

$$\bar{n} + (\bar{n} - 1)\beta_1[L] + (\bar{n} - 2)\beta_2[L]^2 + \cdots + (\bar{n} - N)\beta_N[L]^N = 0$$
$$\bar{n} + \sum_{n=1}^{N} (\bar{n} - n)\beta_n[L]^n = 0. \tag{5.17}$$

Das Prinzip der Bestimmung eines Satzes von Stabilitätskonstanten läßt sich für unseren Fall nunmehr formulieren, und grundsätzlich hat man drei Methoden auf ihre Eignung zu prüfen:

(i) pL-Methoden

Wenn die Konzentration $[L]$ des freien Liganden bestimmt werden kann, so liefert (5.16) sofort $\bar{n}$, und aus (5.17) kann der Satz von Konstanten β_n bzw. K_n berechnet werden, wenn genügend Wertepaare $\bar{n}$, $[L]$ vorliegen. Die Meßvorschrift zur Ermittlung von $[L]$ enthält im praktischen Fall oft eine Abhängigkeit vom Logarithmus von $[L]$ ($pL = -\log[L]$).

(ii) pM-Methoden

Wenn die Konzentration an freiem Metall $[M]$ bestimmt werden kann, so geht man aus von Gleichung (5.14b) und bildet den Quotienten α nach (5.18).

$$\frac{[M]_t}{[M]} = \alpha = 1 + \sum_{n=1}^{N} \beta_n[L]^n. \tag{5.18}$$

Die Meßgröße $[M]$ liefert keinen derart unmittelbaren Zugang zu $\bar{n}$ wie $[L]$ in der pL-Methode, hingegen ergibt Differenzierung von (5.18) unter Berücksichtigung von $dx = x \cdot \mathrm{d}\ln x$ die Beziehung (5.19).

$$\frac{\mathrm{d}\log \alpha}{\mathrm{d}\log [L]} = \bar{n}. \tag{5.19}$$

Wenn schwache Komplexe vorliegen, d. h. die Approximation $[L] \approx [L]_t$ zulässig ist, so liefern die Hilfsfunktionen F_1, F_2 usw. durch graphische Extrapolation sofort β_1, β_2 usw.:

$$F_1 = \frac{\alpha - 1}{[L]} = \beta_1 + \beta_2[L] + \cdots + \beta_N[L]^{N-1}, \tag{5.20}$$

$$F_2 = \frac{F_1 - \beta_1}{[L]} = \beta_2 + \beta_3[L] + \cdots + \beta_N[L]^{N-2}. \tag{5.21}$$

Im allgemeinsten Fall ist allerdings $[L]$ sukzessive von $[L]_t$ aus über (5.19) zu verbessern bis zur Übereinstimmung von zugehörigen Werten $[L]$, $\bar{n}$ und dem Satz von β_n. Die Komplexbildungsfunktion (5.17) wird dabei über mehrere Näherungsschritte erreicht.

(iii) $p\,M\,L$-Methoden

Wir führen hier nicht explizite aus, wie auch irgendeine Konzentration $[ML_i]$ als Bestimmungsstück zum Ziele führen könnte, sofern sie über den ganzen Bereich verfolgt werden kann, in dem die Komplexe auftreten, deren Stabilität ermittelt werden soll.

Man hat grundsätzlich auseinanderzuhalten, welche Gleichgewichtspartner über einen zweckmäßigen Bereich analytischer Konzentrationen verfolgt werden und wie im weiteren die rechnerischen Verfahren gestaltet werden, welche zu numerischen Resultaten führen. Es gibt keine vernünftige Wahl der experimentellen Bestimmungsmethode ohne den geringsten Anhaltspunkt über die Art der zu berücksichtigenden Gleichgewichte. Bei der numerischen Auswertung kann der Einsatz von elektronischen Rechenmaschinen enorm zeitsparend sein, und die Fehlerrechnung läßt sich mit der Ermittlung der Konstanten verbinden.

Aus den ermittelten Daten eines aufgeklärten Gleichgewichtssystems läßt sich unmittelbar ein Diagramm $\bar{n}$ vs. pL gewinnen, welches in anschaulicher Weise ein qualitatives Bild der Verhältnisse gibt. Dies sei in Abb. 5.1 für einige hypothetische Zahlenbeispiele demonstriert, die dem Leser ohne großen Aufwand eine Nachprüfung gestatten.

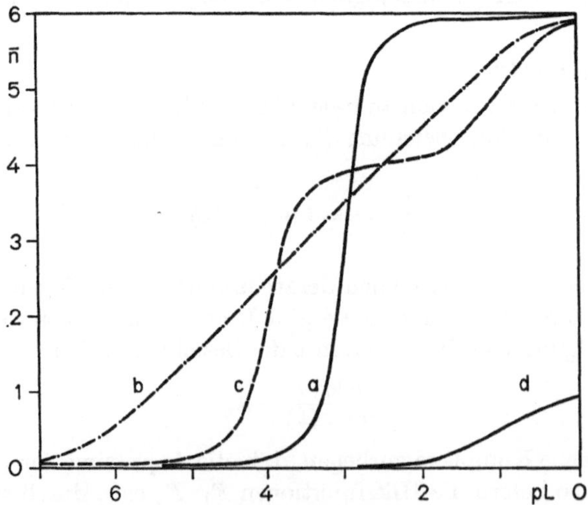

Abb. 5.1. Komplexbildungsfunktion für die Bildung aufeinanderfolgender Komplexe ML_n, $n = 1, 2$ usf.

    a) $K_1 = K_2 = K_3 = K_4 = K_5 = K_6 = 10^3$,
    b) $K_1 = 10^6$, $K_2 = 10^5$, $K_3 = 10^4$, $K_4 = 10^3$, $K_5 = 10^2$, $K_6 = 10$,
    c) $K_1 = K_2 = K_3 = K_4 = 10^4$; $K_5 = K_6 = 10$,
    d) $K_1 = 10$ (nur ML)

Im (statistisch unwahrscheinlichen) Fall a) steigt $\bar{n}$ in einem engen pL-Intervall sprunghaft von 0 auf 6 an, während die Serie abnehmender individueller Konstanten nach Fall b) einen sanften Anstieg erzeugt und die maximale Zahl der Liganden erst bei hoher Konzentration $[L]$ erreicht wird. Einem interessanten Rhythmus in der Koordination entspricht das Beispiel c): in rascher Folge wird praktisch ML_4 gebildet, wogegen die Tendenz zur Anlagerung von zwei weiteren Liganden weit geringer ist. Man kann aus Abb. 5.1 auch abschätzen, daß das Prinzip der konstanten ionalen Stärke und die Forderung (5.6) innerhalb wäßriger Lösungen (d.h. Molenbruch des Wassers wesentlich größer als Molenbruch des Gelösten) Konstanten $K \approx 10$ schon schwer zugänglich machen, wenn die pL-Methode angewendet werden soll. Mit z.B. $\mu = 1$ und $[M]_t$, $[L]_t \leq 10^{-2}$ lassen sich nur noch Komplexbildungsgrade $\bar{n} \leq 0{,}08$ für $K = 10$ erreichen. In einem solchen Fall ist es günstiger, wenn statt der Differenz ähnlich großer Konzentrationen $[L]_t - [L]$ die Konzentration des gebildeten Komplexes ML exakt ermittelt wird.

Anwendung einer pL-Methode: Amminkomplexe

J. BJERRUM hat 1941 die erste gewichtige und umfangreiche Studie publiziert, welche die Bedeutung der pL-Methode am Beispiel von Amminmetallkomplexen aufzeigte. Zugleich wurde damit das Prinzip der stufenweisen Komplexbildung, das schon N. BJERRUM erkannt hatte (s. Kapitel 7), innerhalb eines breiteren Gültigkeitsbereiches unterstrichen. Wir interessieren uns sowohl für die Methode der Aufklärung der Komplexgleichgewichte wie für die chemisch aufschlußreichen Resultate.

Die Annahme (iii), S. 50, bedarf einer Erweiterung, weil der basische Ligand NH_3 im Gleichgewicht mit NH_4^+ vorliegt. Der Ligand NH_3 kann durch Zugabe von Alkalihydroxid zu Ammoniumsalz in der Lösung des Metallaquoions erzeugt werden. Dabei droht die Gefahr der Deprotonierung von Metallaquoionen (s. Kapitel 4), bzw. die Konkurrenz zwischen OH^- und NH_3 in der Koordination am Metall. Bekanntlich fällt die erste Zugabe von wenig NH_3 zu Aquoionen wie Co^{2+}, Ni^{2+} und Cu^{2+} in annähernd neutraler Lösung deren Hydroxide. Wenn jedoch ein großer Überschuß an NH_4^+ vorliegt, so bleiben die Lösungen derselben Ionen homogen und ändern die Farbe bei Zugabe von Hydroxid, d.h. bei gradueller Erzeugung von NH_3. Dies ist ein qualitativer Hinweis auf Substitution von Wasser an den Aquoionen. BJERRUM hat das Ammoniumsalz sowohl zur Aufrechterhaltung der ionalen Stärke verwendet, wie auch als Quelle des zu erzeugenden Liganden. Charakteristische Lösungen, welche mit steigenden Mengen Alkalihydroxid versetzt wurden, besaßen folgende Zusammensetzung:

$$NH_4NO_3:\ \sim 2\,\text{M},$$
$$M_{aq}(NO_3)_z:\ \sim 0{,}01\ \text{M}\ .$$

Die Zugabe von Hydroxid läßt natürlich die Summe (5.22a) unverändert, welche der stöchiometrischen Beziehung (5.15a) entspricht.

$$[L]_t = [HL] + [L] + \sum_{n=1}^{N} n[ML_n], \tag{5.22a}$$

$$[M]_t = [M] + \sum_{n=1}^{N} [ML]_n \tag{5.23a}$$

($L = NH_3$; Ionenladungen werden nicht geschrieben.)

Die experimentelle Meßgröße pH (Wasserstoffelektrode, Glaselektrode) liefert das Verhältnis von $[HL]$ zu $[L]$, bzw. läßt $[HL]$ durch $[H]$, $[L]$ und K_{HL} ausdrücken.

$$K_{HL} = \frac{[HL]}{[H][L]}; \quad [HL] = [H][L]K_{HL}. \tag{5.24}$$

Wir führen zur kürzeren Schreibweise den Koeffizienten α_H ein, welcher

$$\alpha_H = 1 + [H]K_{HL} \tag{5.25}$$

den Quotienten $([L] + [HL])/[L]$ darstellt. Die beiden Beziehungen (5.22b) und (5.23b) gehen unmittelbar aus (5.22a) und (5.23a) mit Hilfe von (5.25) hervor.

$$[L]_t = \alpha_H[L] + [M]\sum_{n=1}^{N} n[L]^n \beta_n, \tag{5.22b}$$

$$[M]_t = [M](1 + \sum_{n=1}^{N} [L]^n \beta_n). \tag{5.23b}$$

Der Komplexbildungsgrad $\bar{n}$ wird nun unter Berücksichtigung dieser Beziehungen eine Funktion von α_H und $[L]$. (5.26).

$$\bar{n} = \frac{[L]_t - \alpha_H[L]}{[M]_t}. \tag{5.26}$$

Bei der sukzessiven Zugabe von OH^- durchläuft die Konzentration $[L]$ zunehmende Werte. Zur Berechnung der Bildungskurve liefert die Protonenbilanz (5.27) die entscheidende Beziehung:

$$[H]_t \equiv [L]_t - [OH]_t = [HL] + [H] - [OH]. \tag{5.27}$$

Zur Linken in (5.27) stehen analytische Konzentrationen, nämlich $[H]_t$ bzw. $[L]_t$ und $[OH]_t$, wo
$[H]_t$ die Summe der in die Lösung eingebrachten titrierbaren Protonen
$[OH]_t$ die als analytische Konzentration ausgedrückte zugegebene Lauge
bedeuten.

Die titrierbaren, aciden Protonen sind im vorliegenden Fall als NH_4^+ eingeführt worden und werden bei der Titration sukzessive vermindert.

Zur Rechten in (5.27) ist die Protonenbilanz mit Hilfe effektiver Partikelkonzentrationen ausgedrückt, in welcher die Autoprotolyse des Wassers berücksichtigt werden muß. Im vorliegenden Fall ($[H]_t$,

$[L]_t \gg [M]_t$) ist zu beachten, daß $[HL]$ stets nur wenig kleiner als $[L]_t$ ist. Die Differenz $[L]_t - [HL]$ ist aber unmittelbar und genau zu erhalten:

$$[L]_t - [HL] = [OH]_t + [H] - [OH] \qquad \text{(aus 5.27)}$$

Mit (5.24) wird über die Meßgröße pH und mit bekannter Konzentration $[HL]$ die Gleichgewichtskonzentration $[L]$ des freien Liganden berechnet. Nunmehr kann der Zähler in (5.26) ermittelt werden, weil er die Differenz $[L]_t - ([HL] + [L]) = [OH]_t + [H] - [OH] - [L]$ darstellt. Die Bildungskurve $\bar{n}$ vs. pL wird somit über die pH-Messung zugänglich und muß nun analytisch als Funktion eines Satzes von Stabilitätskonstanten wiedergegeben werden, d. h. mit Hilfe der Bildungsfunktion (5.17).

Die Analyse der Bildungsfunktion (5.17) ist natürlich an die Voraussetzung ausschließlich mononuklearer Komplexe mit ausschließlich NH_3 als Liganden gebunden. Hingegen stecken keine Annahmen über die Zahlen n der koordinierten Amminliganden in den betrachteten Beziehungen, und die Analyse der Bildungskurve muß gerade diese Auskunft liefern. Der Nachweis von Komplexteilchen innerhalb des geschilderten Verfahrens geschieht also über die algebraische Form von kombinierten Gleichgewichts- und Konzentrationsbeziehungen. Die Zusammensetzung der Teilchen ist nachgewiesen, wenn die daraus folgenden Gesetzmäßigkeiten (Bildungskurve) in optimaler Weise (d.h. innerhalb abschätzbarer Fehlergrenzen) den experimentellen Daten angepaßt werden können. (Wir vergessen dabei nicht, daß vom Lösungsmodium gestellte Liganden natürlich nicht erfaßt werden, weil ja für die hinreichende Konstanz ihrer Aktivität über alle Gleichgewichtsgemische hinweg gesorgt wird.) Die Zusammensetzung kann also nicht in absolutem Sinne verstanden werden, sondern nur in Bezug auf die Partikeln, deren variable Konzentrationen in die Meßvorschrift eingehen. Der umrissene Weg zum Nachweis von Lösungsteilchen ist das zentrale Charakteristikum der messenden Komplexchemie.

Wir geben in Abb. 5.2 die experimentell erhaltene Titrationskurve, die zugehörige Bildungskurve, sowie die graphische Darstellung der tatsächlichen einzelnen Konzentrationen der individuellen Amminkupfer(II)-komplexe in Funktion des pL-Wertes. Die Abb. 5.2c und 5.2d machen dieselbe Aussage in verschiedener graphischer Darstellung.

Weitere Daten des Typs Abb. 5.2d sind in Abb. 5.3 vereint. Sie betreffen die Koordinationszentren

A: Mg(II)
Ü$_1$: Co(II), Co(III), Ni(II), Cu(II)
B: Cu(I), Ag(I), Zn(II), Cd(II), Hg(II)[2],

und die Diagramme zeigen anschaulich, in welchem Rhythmus Ammoniak der pL-Skala entlang koordiniert.

---

[2] Die oben beschriebene pL-Methode hat nicht in allen Fällen zu den einbezogenen Daten geführt.

So bildet sich die gesamte Serie $Mg(NH_3)_n$ ($N = 6$) bei relativ hohen Ammoniakkonzentrationen, wenn man etwa mit Daten für Co(II) und Ni(II) vergleicht, deren aufeinanderfolgende Konstanten K_1 bis K_6 in

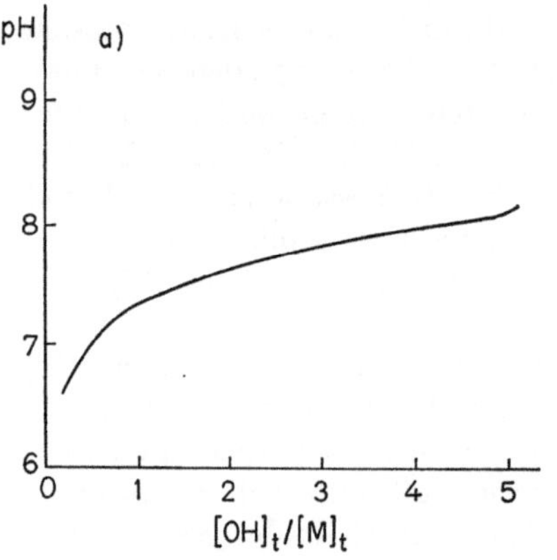

Abb. 5.2a. Titrationskurve ;$\alpha = [OH]_t/[Cu]_t$

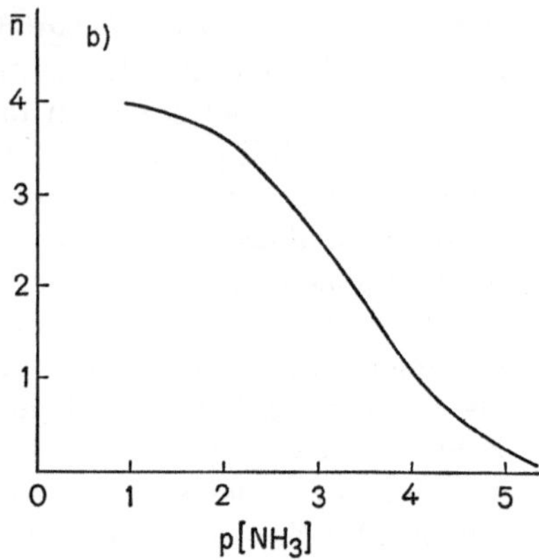

Abb. 5.2b. Bildungskurve

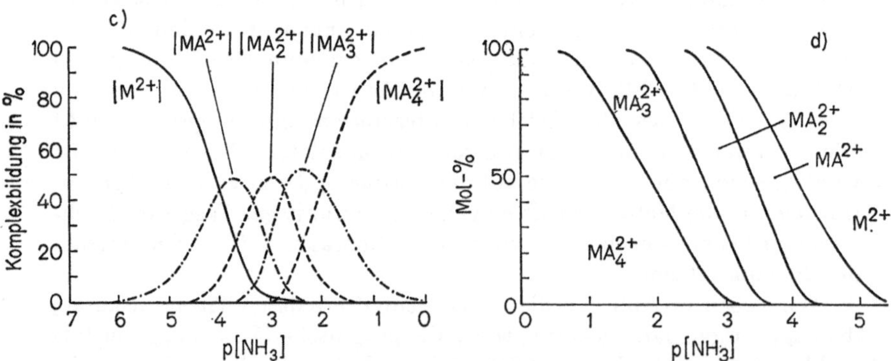

Abb. 5.2c, d Konzentration einzelner Komplexe $Cu(NH_3)^{2+}$ in Prozenten von $[Cu]_t$

Abb. 5.2a—d. Aufklärung der Gleichgewichte im System Cu(II)/NH₃; Inertelektrolyt NH_4NO_3, ionale Stärke $\mu = 2{,}0$, 18 °C.

$$\log K_1 = 4{,}3, \quad \log K_2 = 3{,}7, \quad \log K_3 = 3{,}0, \quad \log K_4 = 2{,}3$$

recht regelmäßiger Weise abnehmen. Die maximale Koordinationszahl 6 gilt auch für Co(III), das in der Gruppe der in Abb. 5.3 enthaltenen Zentralionen insofern eine Sonderstellung einnimmt, als sich die Komplexgleichgewichte unvergleichlich langsamer einstellen als bei allen anderen. Kupfer(II) fällt dadurch auf, daß vier NH_3 in rascher Folge koordiniert werden, und $Cu(NH_3)_4^{2+}$ ein wesentlich breiteres Existenzgebiet besitzt als etwa $Ni(NH_3)_4^{2+}$. Dasselbe gilt auch für das B-Kation Zn(II), dessen Serie bei $Zn(NH_3)_4^{2+}$ abbricht. Ganz im Gegensatz dazu bildet Cd(II) in regelmäßigem Rhythmus und mit breiteren Intervallen schließlich den Hexamminkomplex. Von größtem Interesse ist das Verhalten von Cu (I) in drastischem Unterschied zu Cu (II), ein interessanter Kommentar zu

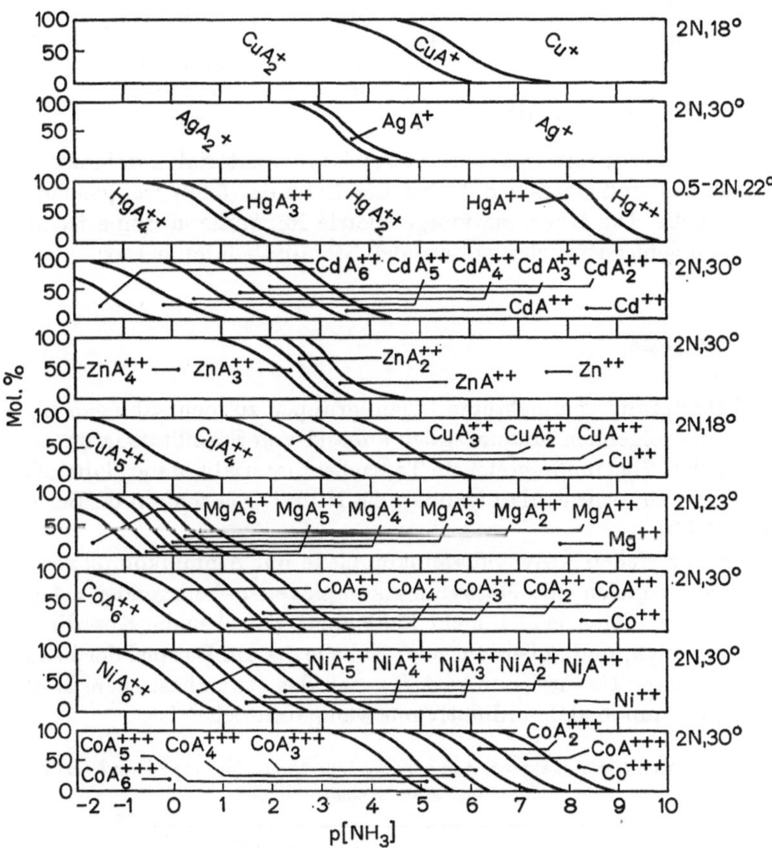

Abb. 5.3. Amminmetallkomplexe, Resultate nach BJERRUM

$q = 10$ (Cu (I) bzw. $q = 9$ (Cu (II)) in den Tabellen auf S. 9—10, Kapitel 2. Der höchste Komplex im zugänglichen pL-Bereich ist $Cu(NH_3)_2^+$, und diesem entspricht $Ag(NH_3)_2^+$. Der Komplex $Ag(NH_3)_2^+$ besitzt jedoch ein noch viel schmaleres Existenzgebiet. In der Tat zeigen die Werte von $\log K_n$ in Tabelle 5.1, daß der Schritt $Ag(NH_3)^+ + NH_3 \rightarrow Ag(NH_3)_2^+$ eine höhere Änderung der freien Enthalpie erzeugt als der vorangehende zum 1:1-Komplex. Der 1:2-Komplex $Ag(NH_3)_2^+$ belegt ein breites Intervall auf der pL-Skala, und eine zweite Gruppe von zwei Liganden wird erst bei rund $10^{+°}$-mal größerer Konzentration von NH_3 eingebaut.

BJERRUM hat Befunden der erwähnten Art in der Zuordnung von charakteristischen Koordinationszahlen Ausdruck gegeben:

$$
\begin{array}{lccc}
 & \text{charakteristische} & \text{Anordnung der} & \\
 & \text{Koordinationszahl} & \text{Liganden} & \\
\text{Mg(II)} & & & \\
\text{Co(II), Co(III), Ni(II)} & 6 & \text{oktaedrisch} & \\
\text{Cd(II)} & & & (5.28) \\
\text{Cu(II)} & 4 & \text{quadratisch} & \\
\text{Zn(II)} & 4 & \text{tetraedrisch} & \\
\text{Cu(I), Ag(I), Hg(II)} & 2 & \text{linear} & \\
\end{array}
$$

Wir nehmen vorweg, daß ein großes Zahlenmaterial kombiniert mit strukturellen und optischen Daten die Befunde (5.28) weitgehend zur Regel erhebt. Die Koordinationsgeometrie im weiteren Sinne ist angegeben und geht natürlich nicht aus den Stabilitätsdaten hervor.

Chelatkomplexe

Die Verknüpfung von mehreren Ligandgruppen zu mehrzähnigen Liganden soll im folgenden hauptsächlich anhand von Stabilitätsdaten diskutiert werden. Das umfangreichste Tatsachenmaterial kommt dabei Komplexbildern zu, welche als Ligandatome N und O enthalten (s. Beispiele in Kapitel 3).

Wir vergleichen Äthylendiaminkomplexe mit Amminkomplexen, obwohl der Vergleich mit Methylaminkomplexen naheliegender scheinen würde. Wir besitzen jedoch mehr Zahlenmaterial über die Koordination von Ammoniak, und außerdem zeigt Tabelle 5.1 am Beispiel der bekannten Konstanten für Ag(I) und Cd(II), daß das etwas basischere Methylamin dem Ammoniak koordinativ nur wenig unterlegen ist.

Tabelle 5.1. *Stabilitätskonstanten von Amminkomplexen des Ag(I) und Cd(II) in logarithmischer Angabe.* 25°C

		NH_3 $pK\ 9,5$	H_2N-CH_3 $pK\ 10,7$	
Ag	K_1	3,39	3,15	
	K_2	3,93	3,53	$\mu = 0,5$
	β_2	7,31	6,68	
Cd	K_1	2,80	2,75	
	K_2	2,20	2,06	
	K_3	1,61	1,13	$\mu = 2,2$
	K_4	0,60	0,60	
	β_4	7,21	6,44	

Aus den Bildungskurven für die *en*-Komplexe von Co(II), Ni(II) und Cu(II) liest man sofort die Zweizähnigkeit des Liganden ab, weil $\bar{n}$ die charakteristischen maximalen Werte $N = 6/2$, $6/2$ und $4/2$ erreicht. Wir vergleichen deshalb die Gleichgewichte (5.29) und (5.30), wobei wir beachten, daß die zugeordneten Konstanten nicht dieselbe Dimension besitzen, wohl aber derselbe Standardzustand (hypothetische 1-molare Konzentration der Gleichgewichtspartner) den zugeordneten thermodynamischen Größen ΔG, ΔH und ΔS eine definierte Bedeutung gibt.

$$M + 2\,\mathrm{NH_3} \rightleftarrows M(\mathrm{NH_3})_2, \qquad (5.29)$$

$$M + \quad \mathrm{en} \rightleftarrows M(\mathrm{en}). \qquad (5.30)$$

Die Koordination von *en* setzt bei wesentlich höheren pL-Werten ein als für $\mathrm{NH_3}$, $M(\mathrm{en})$ ist also wesentlich stabiler als $M(\mathrm{NH_3})$ und $M(\mathrm{NH_3})_2$. Die Differenz „Chel" in Tabelle 5.2 drückt den Stabilitätszuwachs aus, wenn zwei Amingruppen A über eine Kette verknüpft werden, wie in (5.I) schematisch angedeutet wird.

(5.I)

Die Verbindung zweier Ligandatome wird vom Metall, an dem sie haften, zu einem Chelatring ergänzt. Die Abkürzung „Chel" steht für den von Schwarzenbach eingeführten Ausdruck Chelateffekt, welcher definitionsgemäß durch Differenzen wie zum Beispiel

$$\log K_1(M\,\mathrm{en}) - \log \beta_2(M(\mathrm{NH_3})_2)$$

gemessen wird.

Die Faktoren, welche diesen Effekt bestimmen, können nicht unabhängig von speziellen chemischen Beispielen untersucht und diskutiert werden. Wir greifen deshalb einen durchsichtigen Faktor heraus, der mit der Verknüpfung zweier Ligandgruppen A eintreten muß, wenn dieselben in (5.29) und in (5.30) sich absolut gleichwertig gegenüber dem Metallzentrum verhalten, sowie auch je für sich mit dem Lösungsmittel dieselben Wechselwirkungen eingehen. Dies bedeutet, die Größen ΔH seien für die Bildungsprozesse in (5.29) und (5.30) gleich. In qualitativer Hinsicht ist einzusehen, daß ein Entropieeffekt eine größere Stabilität des Chelatkomplexes bedingen muß. Wir nehmen an, (5.II) sei ein hypothetischer 1:1-Komplex mit dem Chelatliganden, in dem nur eine Ligandgruppe koordiniert ist.

$$M \ldots A - \bullet - \bullet - A$$

(5.II)

Die maßgebliche Konzentration für das zweite Ligandatom ist nun nicht die Konzentration des freien Liganden, wenn der Aufenthaltsbereich der abstehenden zweiten Ligandgruppe kleiner ist als der mittlere Volumenbereich des freien Chelatliganden in der Lösung. (Diese erhöhte lokale

Konzentration verschwindet natürlich, wenn man als Lösungsmittel den freien Liganden wählen würde, was eine ganz unrealistische Wahl wäre.)

Tabelle 5.2. *Stabilitätskonstanten in logarithmischer Angabe.* pn = Propylendiamin; ac^- = Acetation; mal^{2-} = Malonation; ox^{2-} = Oxalation

	$Ü_1$ Ni(II)	B Cu(II)	A Zn(II)	Mg(II)	La(III)
NH_3, β_2	5,0	7,6	5,04		
en, K_1	7,5	10,7	5,15		
pn, K_1	6,4	10,0	—		
Chel (en, 2 NH_3)	2,5	3,1	1,1		
Chel (pn, 2 NH_3)	1,4	2,3	—		
ac^-, β_2	1,25	2,6	1,5	0,5	2,7
ox^{2-}, K_1	—	~6	4,7	3,4	7,2
mal^{2-}, K_1	4,0	5,3	3,3	1,9	4,9
Chel (ox^{2-}, 2 ac^-)	—	~3,4	3,2	2,9	4,5
Chel (mal^{2-}, 2 ac^-)	2,8	2,7	1,7	1,4	2,2

Damit würde man aber auch eine Abnahme des Chelateffektes mit steigender Kettenlänge erwarten. In Tabelle 5.2 sind Beispiele für Chelat-5-Ringe und Chelat-6-Ringe von zwei Diaminen berücksichtigt, sowie von zwei Dicarboxylaten. Als Vergleichsligand ist dabei Acetat gewählt worden. Die Daten der Tabelle 5.2 zeigen in allen Fällen die Abnahme des Chelateffektes mit der Verlängerung des Chelatringes, was uns jedoch keine Extrapolation auf 7-, 8- etc. Ringe erlaubt. Es ist notwendig, das Gewicht des Entropiegliedes anhand von einigen thermodynamischen Daten zu betrachten.

Tabelle 5.3. *Thermodynamische Größen von Komplexbildungsreaktionen in kcal/Mol.* 25°C

	ΔG	ΔH	$T\Delta S$	
$Cd^{2+} + 2\,CH_3NH_2 \rightarrow Cd(CH_3NH_2)^{2+}$	— 6,6	— 7,0	— 0,5	1,4
$Cd^{2+} +$ en $\rightarrow Cden^{2+}$	— 8,0	— 7,0	+ 0,9	
$Zn^{2+} + 2\,NH_3 \rightarrow Zn(NH_3)_2^{2+}$	— 6,8	— 6,7	+ 0,1	1,7
$Zn^{2+} +$ en $\rightarrow Znen^{2+}$	— 8,4	— 6,6	+ 1,8	
$Cu^{2+} + 2\,NH_3 \rightarrow Cu(NH_3)_2^{2+}$	—10,7	—12,0	— 1,3	1,7
$Cu^{2+} +$ en $\rightarrow Cuen^{2+}$	—15,0	—14,6	+ 0,4	

Für die ersten zwei Vergleichspaare in der Tabelle 5.3 trifft offensichtlich eine einfache Situation insofern zu, als der Stabilitätszuwachs dem Entropieterm zuzuschreiben ist. Der Entropiezuwachs ist auch bei den Cu(II)-Komplexen von ähnlichem Betrag, doch trägt nun auch die Enthalpie zum Stabilitätszuwachs bei, und dies deutet an, daß das oben erwähnte einfache Modell in diesem Falle einen wichtigen Faktor nicht enthält.

Die Verknüpfung von mehr als zwei Ligandatomen kann zu noch effektvolleren Chelatbildern führen; in Kapitel 3 sind einige Beispiele für Polyamine angegeben worden, welche drei bis sechs Amingruppen in dem Äthylendiamin analogen Verknüpfungen enthalten. Natürlich kann ein Chelateffekt nur wirksam werden, wenn das strukturelle Bauprinzip den Ligandgruppen den Zugang zum Koordinationszentrum ermöglicht. Damit stehen wir plötzlich vor einer ganz wirkungsvollen Methode, die stereochemische Eigenart von Metallzentren abzutasten. Die Stereochemie von Polyaminen wie *den, tren, trien* und *penten* ist hinreichend bekannt oder zu ergründen, damit anhand von Modellen die Verhältnisse an kugelförmigen Zentralionen begutachtet werden können. So ist es unmittelbar evident, daß etwa *en* nicht gegenüberliegende Ligandatome einer gestreckten Einheit $N-M-N$ zur Verfügung stellen kann. Für Metallionen, welche eine bevorzugte Koordinationszahl zwei mit gestreckter Anordnung der zentralen Koordinationseinheit bevorzugen, sollten demnach keine dratischen Stabilitätszunahmen vom Diamminzum Äthylendiaminkomplex beobachtet werden. Tatsächlich illustrieren Daten für Ag(I) und Hg(II) diesen Punkt aufs eindrücklichste.

| | Ag(I) | | Hg(II) | |
	NH$_3$	en	NH$_3$	en
$\log K_1$	3,4	4,7	8,8	14,3
$\log K_2$	3,8	3,0	8,7	9,1
$\log \beta_2$	7,2	7,7	17,5	
„Chel"	$-2,5$		$-3,2$	

Die Bruttokonstanten β_2 für die 1:2-Komplexe von Ag(I) sind von derselben Größenordnung und die Differenz Chel wird nun sogar negativ. Die wahrscheinliche Struktur (5.III) des 1:2-Komplexes wird bekräftigt,

$$[H_2N-CH_2-CH_2-NH_2 \dots Ag(I) \dots H_2N-CH_2-CH_2-NH_2]^+$$
$$(5.III)$$

(i) durch den Nachweis von Teilchen Ag$_2$en^{2+}, dem Analogon zum Diammoniumion enH$_2^{2+}$,

(ii) durch die in Gleichgewichtsstudien aufgefundenen und kryoskopisch bestätigten Teilchen Ag$_2$en$_2^{2+}$ mit der Struktur (5.IV).

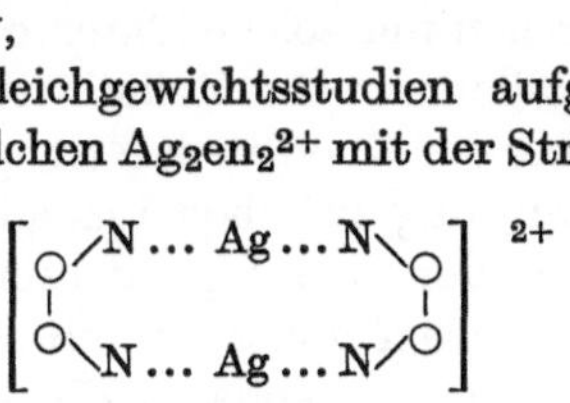

$$\left[\begin{array}{c} N \dots Ag \dots N \\ N \dots Ag \dots N \end{array}\right]^{2+}$$
$$(5.IV)$$

Der Komplex AgenH$^+$ bietet durch den Vergleich mit dem Diprotonierten HenH$^+$ Gelegenheit, den acidifierenden Einfluß eines Ag(I) auf die Ammoniumgruppe des einseitig koordinierten Liganden zu beurteilen.

Zu diesem Zweck sollen die folgenden Gleichgewichtsdaten näher betrachtet werden (20 °C, $\mu = 0{,}1$):

$$
\begin{array}{lc}
 & \log K \\
Hen^+ + H^+ \rightleftharpoons HenH^{2+} & 7{,}2 \\
Agen^+ + H^+ \rightleftharpoons AgenH^{2+} & 7{,}7 \\
Agen^+ + Ag^+ \rightleftharpoons AgenAg^{2+} & 1{,}8 \\
\end{array}
$$

Dabei stoßen wir auf zwei wichtige Problemkreise, welche mehrfach protonierbare Liganden betreffen, nämlich die Beziehung zwischen Basizität und Koordinationstendenz, sowie die dielektrische Abschirmung von solvatisierten Protonen und Metallionen. Die Basizität der zweiten Aminogruppe in Hen^+ ist um ca. 3 pK-Einheiten geringer als jene von *en* selbst (pK = 10). Der statistische Faktor vier (— *en* besitzt zwei Gruppen, welche Protonen aufnehmen können —) trägt nur 0,6 Einheiten bei, während der größere Rest ca. 2,4 die Abstoßung der Protonen in $HenH^{2+}$ ausdrücken muß. Dieser Einfluß des elektrostatischen Feldes einer Ladung auf Hen^+ auf das nächste aufzunehmende Proton findet eine Parallele im acidifierenden Einfluß von koordiniertem Ag(I) in $Agen^+$, welches fast so basisch ist wie Hen^+. (Dies ist durchaus kein allgemeiner Befund; der acidifierende Einfluß von koordinierten Metallionen kann wesentlich geringer sein als jener eines koordinierten Protons.) Die dritte Zeile der betrachteten Tabelle verrät einen Abfall der Tendenz zur Anlagerung eines zweiten Ag(I) gegenüber jener zur Bildung von $Agen^+$ aus Ag(I) und *en* ($\log K = 4{,}7$). Wir verstehen diese Abnahme qualitativ als die Kombination eines elektrostatischen und statistischen Effektes. Der herabgesetzten Basizität von Hen^+ entspricht also auch die herabgesetzte Tendenz von $Agen^+$ zur Bildung von $AgenAg^{2+}$. Eine Parallelität in diesem Sinne zwischen dem Verhalten des Protons und der Lewissäure Ag^+ ist zu erwarten, wenn die letztere dominant die Rolle eines Elektronenakzeptors spielt, wie dies das Proton tut.

Man hat oft Beziehungen zwischen Basizität und Komplexbildungsvermögen gesucht, zum Beispiel in der Form (5.31).

$$\log K_{ML} = a \cdot pK_{HL} + b. \tag{5.31}$$

Erfahrungsgemäß gehorchen nur solche Daten dieser Beziehung, welche für ein und dasselbe Metallion und eine Reihe strukturell nahe verwandter Liganden gelten. Je kleiner der Koeffizient a ist, um so verschiedener muß die Natur der Wechselwirkung zwischen Ligand und Proton gegenüber derjenigen zwischen Metallion und Ligand sein. Die Beziehung (5.31) trifft zum Beispiel auf Komplexe von Ag(I) mit aliphatischen Aminen zu, wobei jeder Amintyp (primäre, sekundäre usf.) eigene Koeffizientenpaare verlangt, ebenso auf Komplexe von Zn(II) und Cd(II) mit substituierten Phenanthrolinen und Dipyridylen, die wiederum nicht ein und derselben Korrelation gehorchen. Hingegen spiegelt sich die Variation des pK-Wertes für die Pyridinliganden 3-Methoxypyridin (4,9), Pyridin (5,2),

4-Methoxypyridin (6,5) in den Werten von log β_2 für Ag (I)-Komplexe überhaupt nicht wider, welche innerhalb der Fehlergrenze denselben Wert aufweisen.

Wir kehren zum Problem der Stabilitätserhöhung zurück, welche bei mehrzähnigen Liganden gegenüber solchen niedrigerer Zähnigkeit eintreten kann. Im Triamin *den* sind die Aminogruppen durch je eine Äthylenkette getrennt, während im Triaminopropan eine Aminogruppe als Substituent am mittleren Glied der Kette CCC angebracht ist, also nicht ein Glied in der Kette ist, welche die beiden endständigen Stickstoffe verbindet. Die Daten der Tabelle 5.4 geben dem Bauprinzip des Triamins *den* eindeutig den Vorzug, und besonders Cu (II) scheint speziell empfindlich auf die stereochemischen Unterschiede von *ptn* und *den* anzusprechen. Ionen mit der charakteristischen Koordinationszahl 6 wie Ni (II) und Cd (II) können offenbar die Dreizähnigkeit von *ptn* eher ausnützen als Cu (II) und Zn (II), deren 1:1-Komplexe etwa mit *ptn* dieselbe Stabilität wie die entsprechenden *en*-Komplexe aufweisen.

Stereomodelle zeigen, daß *ptn* höchstens drei benachbarte Ecken eines Koordinationsoktaeders einnehmen kann, keinesfalls jedoch drei äquidistante Ecken eines Quadrates, wie Skizze (5.V) andeutet.

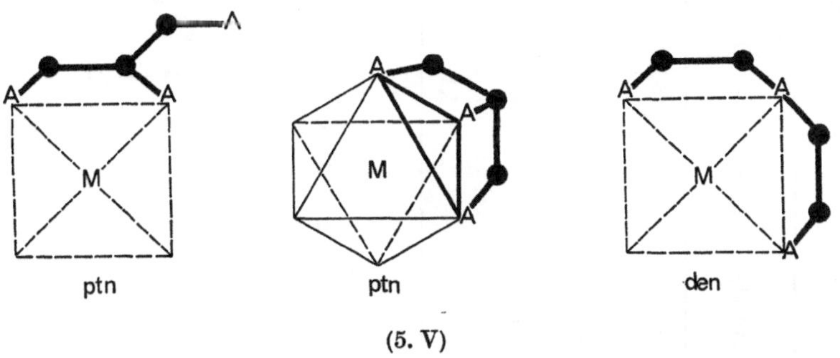

(5. V)

Das Triamin *den* anderseits kann zwei gleichwertige Chelat-5-Ringe bilden, und der Stabilitätszuwachs beim Übergang von *ptn* zu *den* ist denn auch für Cu (II) am gewichtigsten. Die Erweiterung von *den* zu *tren* einerseits und zu *trien* anderseits liefert einen weiteren Hinweis, daß der Eindruck einer bevorzugten quadratisch planaren Koordinationssphäre von Cu (II) begründet ist. Der Stabilitätszuwachs zufolge des vierten Ligandatoms ist in der Reihe der aufgeführten Metallionen für Cu (II) am kleinsten beim Übergang von *den* zu *tren*, und während *tren* für alle anderen Metallkationen dem *trien* überlegen ist, liegen die Verhältnisse nur gerade für Cu (II) umgekehrt. Stereomodelle zeigen wiederum, daß *trien* spannungsloser eine quadratisch planare Anordnung liefern kann als *tren*.

Tabelle 5.4

Anzahl Amino-gruppen	Liganden		Mn(II)	Fe(II)	Co(II)	Ni(II)	Cu(II)	Zn(II)	Cd(II)	
2	en	K_1			5,9	7,5	10,7	6,2	4,7	
3	ptn	K_1			6,8	9,3	11,1	6,8	6,5	
3	den	K_1			8,1	10,7	16,0	8,9	8,5	$20°$; $\mu = 0,1$
4	tren	K_1	5,8	8,8	12,8	14,8	18,8	14,7	12,3	
4	trien	K_1	4,9	7,8	11,0	14,0	20,4	12,1	10,8	
6	penten	K_1	9,4	11,2	15,8	19,3	22,4	16,2	16,8	
6	3 en	β_3	5,8	9,7	14,0	18,7	—	12,9*	12,3	$25°$; $\mu = 1$
6	6 NH_3	β_6	—	—	5,1	8,7	—	—	4,1	$30°$; $\mu = 1$

*K_1: 5,92, K_2: 5,15, K_3: 1,86.

$$-H_2N-CH_2-CH_2-NH_2$$
en

$$H_2N-CH_2-CH_2-NH-CH_2-CH_2-NH_2$$
den

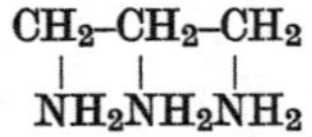

$$CH_2-CH_2-CH_2$$
$$NH_2\;NH_2\;NH_2$$
ptn

A‒●‒●‒A‒●‒●‒A‒●‒●‒A
trien

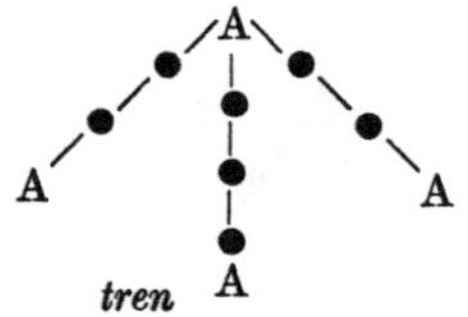

tren

penten

A = –NH₂, –NH–, –N–
–●– = –CH₂–

Anderseits sind nun die zwei zusätzlichen Ligandgruppen im Hexamin *penten* für Cu(II) weniger effektvoll als für alle anderen Kationen. Es fällt weiter auf, daß Zn(II) mit *en, tren, trien* eindeutig stabilere Komplexe bildet als Cd(II), nicht jedoch mit *penten*. Die charakteristische Koordinationszahl 4 von Zn(II) in den Komplexen mit Ammoniak gegenüber von 6 für Cd(II) bildet sich in diesem Sinne ab. Berücksichtigt man die relative Stabilität $\text{Zn tren}^{2+} > \text{Zn trien}^{2+}$ (im Gegensatz zu $\text{Cu tren}^{2+} < \text{Cu trien}^{2+}$), so wird nahegelegt, daß eine oktaedrische Sphäre nicht ausgeschlossen werden darf, die tetraedrische aber einen ersten Haltepunkt darstellt und erweitert werden kann. Die Stabilitätsdifferenz, welche den Effekt des sechszähnigen Liganden *penten* gegenüber drei zweizähnigen *en* ausdrückt, ist für Ni(II) speziell klein geworden, wie der Vergleich von K_1 (penten) mit β_3 (en) zeigt. Tatsächlich läßt sich eine Aminogruppe des koordinierten *penten* im pH-Gebiet des pK_2 von Äthylendiamin protonieren, ohne daß dabei der Ligand entfernt würde. Die entsprechenden pK-Werte sind für drei Metallkomplexe in Tabelle 5.5 eingetragen.

Tabelle 5.5

	log K
$\text{Ni penten}^{2+} + \text{H}^+ \leftrightharpoons \text{Ni(penten H)}^+$	6,75
$\text{Fe penten}^{2+} + \text{H}^+ \leftrightharpoons \text{Fe(penten H)}^+$	7,70
$\text{Cu penten}^{2+} + \text{H}^+ \leftrightharpoons \text{Cu(penten H)}^+$	8,16

Eine Aminogruppe muß also relativ leicht vom Metall abgelöst werden können oder sie ist unter Umständen gar nicht koordiniert. Die Basizität von Cu penten^{2+} ist etwas höher als jene von Agen^+ ($\text{pK} = 7{,}7$) und ausgeprägter als jene von Ni penten^{2+}. Der pK-Wert, welcher der Aufnahme des ersten Protons zu Hpenten^+ entspricht, beträgt 10,2. Im koordinierten sechszähnigen Liganden müssen Ringspannungen auftreten, welche der günstigen Koordination aller Ligandgruppen nach (5.VI) entgegenwirken.

Die Tabelle 5.2, Seite 60, enthält einige signifikante Angaben über die relativ geringe Stabilität von Acetatokomplexen gegenüber Amminkomplexen.

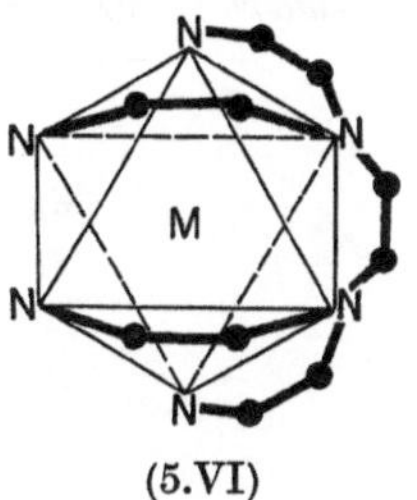

Werden Amin und Carboxylat jedoch in Chelatliganden kombiniert, so führt das Bauelement N—C—C—O zu Chelatkomplexen hoher Stabilität für alle Aquoionen $M(z)$, $z \geq 2$. Die Tabelle 5.6 vereinigt Daten für Vertreter von allen Kategorien von Metallionen. Man bezeichnet deshalb Liganden wie *enta* und andere Aminocarboxylate als allgemeine Komplexbildner, im Gegensatz zu selektiven, welche eine deutliche Bevorzugung für bestimmte Gruppen von Metallen zeigen. Die Kennzeichnung als allgemeine Komplexbildner will nicht heißen, die Stabilität der Komplexe sei nur geringen Schwankungen unterworfen, wenn

Daten für die Metallionen der Tabelle 4.2 betrachtet werden. Die Tabelle 5.6 zeigt, daß die zweiwertigen $\ddot{U}_1$- und B-Metallionen ganz erheblich stabilere Komplexe mit z.B. *enta* bilden als die Erdalkaliionen, ja sogar den SE(III)-Ionen ebenbürtig sind, welche ihrerseits den Erdalkaliionen überlegen sind und mit abnehmendem Ionenradius stabilere Komplexe bilden.

Tabelle 5.6. *Stabilitätskonstanten (log K) für 1 : 1-Komplexe; 20°C, $\mu = 0{,}1$*

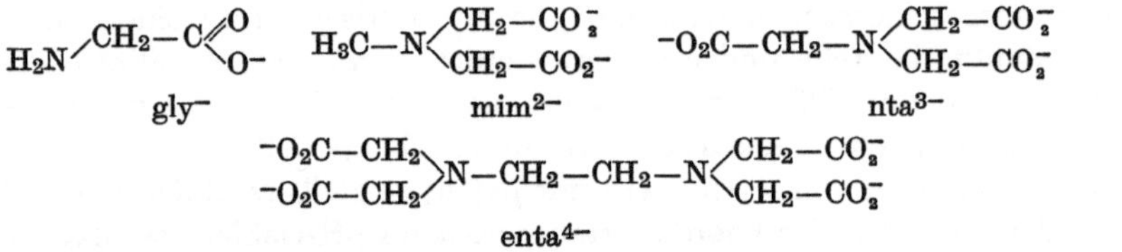

$$H_2N-CH_2-C{\overset{O}{\underset{O^-}{\diagdown}}} \qquad H_3C-N{\overset{CH_2-CO_2^-}{\underset{CH_2-CO_2^-}{\diagup}}} \qquad {}^-O_2C-CH_2-N{\overset{CH_2-CO_2^-}{\underset{CH_2-CO_2^-}{\diagup}}}$$

$$gly^- \qquad\qquad\qquad mim^{2-} \qquad\qquad\qquad nta^{3-}$$

$$\begin{matrix}{}^-O_2C-CH_2\\ {}^-O_2C-CH_2\end{matrix}{\Large>}N-CH_2-CH_2-N{\overset{CH_2-CO_2^-}{\underset{CH_2-CO_2^-}{\diagup}}}$$

$$enta^{4-}$$

	Mg(II)	Ba(II)	Mn(II)	Ni(II)	Cu(II)	Zn(II)	Cd(II)	La(III)	SE(III)
gly^-	3,4	~0,8	2,9	5,7	8,1	5,2	4,3		
mim^{2-}	2,9	1,7	—	8,3	10,6	7,0	5,4		
nta^{3-}	5,4	4,8	7,4	11,5	13,0	10,7	9,8	10,4	$\begin{cases}Ce(III): 16,0\\ Lu(III): 19,2\end{cases}$
$enta^{4-}$	8,9	7,9	15,6	20,2	21,5	18,6	16,6	15,4	

Die Individualität der Zentralionen ist also durchaus nicht z. B. auf einen bloßen Einfluß von Ladung und Ionenradius reduziert worden, vielmehr drückt der Ligand *enta*$^{4-}$ den thermodynamischen Größen eine gewichtige gemeinsame Komponente auf. Die wenigen Daten der Tabelle 5.7 ver-

Tabelle 5.7. *Thermodynamische Größen für die Bildungsreaktion von Komplexen M(enta)$^{z-4}$; $\Delta G = \Delta H - T\Delta S$; kcal/Mol, 25°C*

	ΔG	ΔH	$T\Delta S$
Mg(II)	− 12,4	+ 3,1	+ 15,5
Ni(II)	− 24,0	− 7,6	+ 16,4
Cu(II)	− 24,4	− 8,2	+ 16,2
Zn(II)	− 20,9	− 4,5	+ 16,4

raten ein auffallend konstantes und verhältnismäßig großes Gewicht der Entropie der Bildungsreaktion, während die Enthalpieänderungen offenbar die spezielle Natur des Zentralions besser zum Ausdruck bringen. Ganz illustrativ ist die endotherme Bildung des Mg(II)-Komplexes, der seine Stabilität ausschließlich der Entropiezunahme verdankt.

Abb. 5.4 veranschaulicht zusammenfassend die Stabilitätsverhältnisse beim Übergang von einzähnigen bis zu sechszähnigen Liganden. Die Komplexe $M(enta)^{z-4}$ sind allgemein (siehe Tab. 5.6) mit kleinen Konzentrationen von M_{aq}^{z+} und *enta*$^{4-}$ im Gleichgewicht. Bei rascher Substitu-

tion der Aquohülle kann die Stabilität der *enta*-Komplexe in den sogenannten komplexometrischen Titrationsverfahren analytisch ausgenützt
werden.

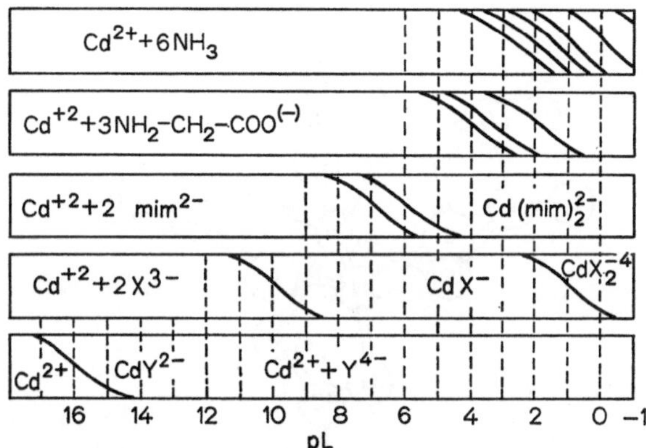

Abb. 5.4. Verteilungsdiagramme analog Abb. 5.3 für Komplexe des Cd(II) mit Liganden der Zähnigkeit 1 bis 6

Die Sechszähnigkeit des Äthylendiamintetraacetates und sein allgemeines Verhalten, sowie die sozusagen natürliche Koordinationszahl
sechs und ihre Verbreitung machen es besonders attraktiv, etwas über
die räumliche Anordnung in Metallkomplexen $M(\text{enta})^{z-4}$ zu erfahren.
Strukturelle Verhältnisse in Festkörpern dürfen nicht ohne weiteres auf
Lösungen übertragen werden. Man darf jedoch annehmen, in der wäßrigen Lösung könne die Anzahl der koordinierten Ligandgruppen nur
kleiner sein als im Kristall. Der Co(III)-Komplex, welcher nicht durch
eine rasche Reaktion zwischen Aquoion und Ligand erzeugt werden kann,
weist eine fast regelmäßige oktaedrische Anordnung der ZKE CoN_2O_4
auf. Der Fe(III)-Komplex hingegen erweckt den Eindruck, eine oktaedrische Anordnung sei durch Abgleiten von Ligandgruppen durch Ringspannungen deformiert worden, und zwar derart, daß die sechs Ligandgruppen nicht mehr gleichmäßig im Raume angeordnet sind. Die Koordinationssphäre wird durch eine Wassermolekel ergänzt, so daß die
Koordinationszahl sieben resultiert. Die Valenzhülle ($q = 5$; d^5) des
Fe(III) scheint im Gegensatz zu Co(III) keine rigorosen Bedingungen an
die Anordnung der Ligandatome zu stellen, so wie es nach S. 14, Kap. 2
für A-Kationen natürlich scheinen würde. Das gegenüber dem Fe(III)
wesentlich größere La(III) (Kristallionenradius 0,63 gegenüber 1,04) gehört in die Kategorie A, und erwartungsgemäß ist es für den Liganden
noch wesentlich schwieriger, eine Umhüllung des Zentralions zu gewähr-
leisten. Die Koordinationszahl steigt auf 9, weil drei Wassermolekeln die
Ligandhülle ergänzen (s. Abb. 5, 6, 7).

5*

Die Ligandgruppen, welche in allgemeinen Komplexbildnern der besprochenen Art vereinigt sind, können zu spezifischeren Komplexbildnern für bestimmte Metallionen kombiniert werden, wenn deren stereo-

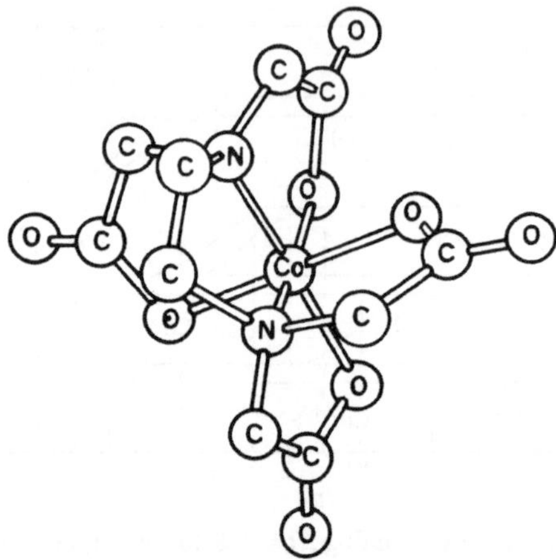

Abb. 5.5. Der Komplex Co(enta)⁻ im kristallinen Rb[Co(enta)] · 2 H₂O. Perspektivisch getreues Modell, HOARD, J. L. et. al.: J. Amer. Chem. Soc. **81** [549 (1959)]

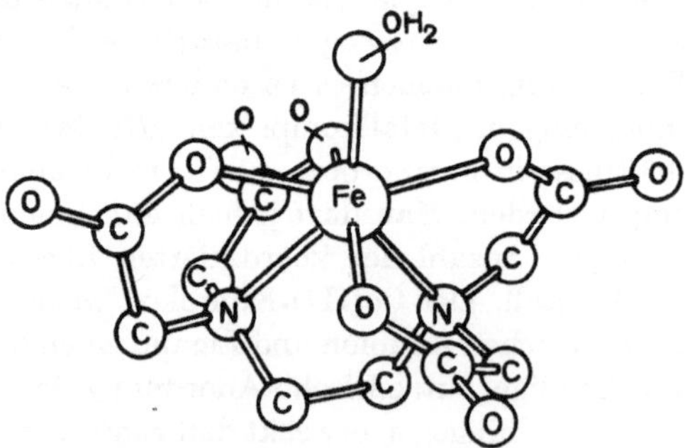

Abb. 5.6. Der Komplex Fe(enta) (H₂O)⁻ in Rb[Fe(enta) (H₂O)] · H₂O [HOARD J. L. et. al: Inorg. Chem. **3**, 36 (1964)]

chemische Eigenheiten in optimaler Weise im Bauprinzip des Liganden erfüllt sind. Während etwa die Stabilität der Ca(II)-Komplexe von *enta*⁴⁻ und *dpta*⁵⁻ in engen Grenzen dieselbe ist (log K 10,7 bzw. 10,9), ist

$$^-O_2C-CH_2 \diagdown \diagup CH_2-CO^-_2$$
$$N-CH_2-CH_2-N-CH_2-CH_2-N$$
$$^-O_2C-CH_2 \diagup \diagdown CH_2-CO_2^-$$
$$|$$
$$CH_2$$
$$|$$
$$CO_2^-$$

dpta

(5. VII)

der Ce(III)-Komplex der Diäthylentriaminpentaessigsäure um 4,4 Einheiten stabiler (20,4 gegenüber 16,0), weil Ce(III) ähnlich wie La(III) mehr als 6 Ligandgruppen koordinieren kann.

Mit den Beispielen in diesem Abschnitt haben wir nur einige wenige Liganden einbezogen, in denen N-Liganden und O-Liganden untereinander oder miteinander zu Chelatliganden kombiniert worden sind. So wie die Stabilität beim Übergang von Diamminkomplexen zu Äthylendiaminkomplexen drastisch zunimmt, so steigt sie auch an, wenn von Pyridinkomplexen zu Dipyridyl- oder Phenanthrolinkomplexen übergegangen wird. Ein Pendant zu Glycin (N, O) wäre dementsprechend α-Picolinsäure. Schließlich ließe sich auch Phenolat mit

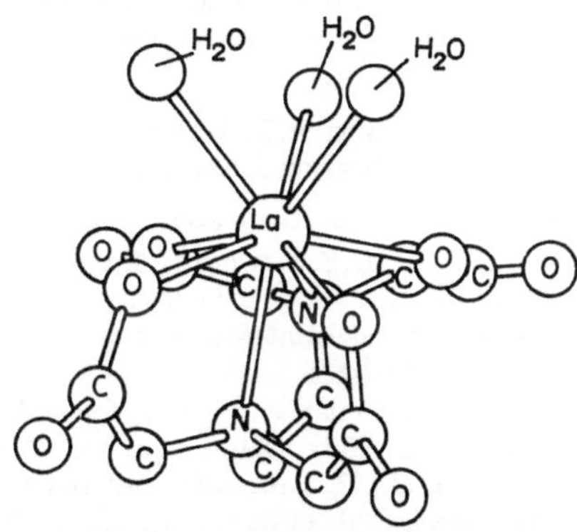

Abb. 5.7. Der Komplex La(enta) $(H_2O)_3^-$ in K[La(enta) $(H_2O)_3$] $\cdot$ 5 H_2O [HOARD J. L. et. al.: J. Amer. Chem. Soc. 87, 1612 (1965)]

aromatischem Amin im Oxychinolin zu einem Chelatbildner kombinieren. Ein berühmtes Strukturelement tritt im Acetylacetonat zu Tage, worin zwei Sauerstoffatome derart verknüpft sind, daß Chelat-6-Ringe zustande kommen können. Durch Variation der Substituenten am β-Diketonatgerüst kann eine große Vielfalt von verwandten Liganden aufgebaut werden. Die Acetylacetonate sind besonders dadurch ausgezeichnet, daß die 1:2-Komplexe von M(II) und 1:3-Komplexe von M(III) neutrale Komplexe sind, die sich in nichtwäßrigen Lösungsmitteln, welche mit Wasser nur wenig mischbar sind, ausgezeichnet lösen. Diese Eigenschaft hat z. B. Acetylaceton selbst. Solche Komplexe können durch Extraktion aus der wäßrigen Phase in eine nichtwäßrige gebracht werden, eine Möglichkeit, die sowohl zur Aufklärung von Gleichgewichten (pML-Methode) wie zur Trennung von Metallen eine breite Anwendung findet.

Literatur

Messende Komplexchemie:

Originalarbeiten:
BJERRUM, J.: Metal ammine formation in aqueous solution. Copenhagen: Haase & Son 1941 und 1957.
SCHWARZENBACH, G.: Arbeiten über Aminocarboxylate und Polyamine. Siehe Verzeichnis in: Essays in coordination chemistry. Experientia Suppl. 9 (1964).

Methodik:

FRONAEUS, S.: Determination of formation constants of complexes. In: Technique of inorganic chemistry. Ed. H.B. JONASSEN and A. WEISSBERGER. Vol. 1, p. 1. New York: Interscience 1963.

Rossotti, F.J.C., and H. Rossotti: The determination of stability constants. New York: McGraw-Hill 1961.

Schläfer, H.L.: Komplexbildung in Lösung. Berlin-Göttingen-Heidelberg: Springer 1961.

Schwarzenbach, G.: The determination of stability constants of metal complexes. In: Chimica inorganica, p. 561. Roma: Accademia nazionale dei lincei 1961.

Daten:

Sillén, L.G., and A.E. Martell: Stability constants of metal ion complexes. Special Publication No. 17, Chemical Society, London 1964.

Thermodynamik der Komplexbildung:

George, P., u. D.S. McClure: Zitat Kapitel 4.

Rossotti, F.J.C.: The thermodynamics of metal ion complex formation in solution. In: Modern coordination chemistry. Ed. Lewis and R.G. Wilkins. New York: Interscience 1960.

Für neuere Orginalarbeiten siehe folgende und darin erwähnte:

Anderegg, G.: Helv. Chim. Acta **48**, 1718, 1722 (1965).

Ciampolini, M., P. Paoletti, and L. Sacconi: J. Chem. Soc. **1964**, 5046.

Christensen, J. J. et al.: Inorg. Chem. **4**, 220, 718, 1278 (1965).

Nancollas, G. H. et al.: J. Chem. Soc. **1965**, 7353.

Chelatkomplexe:

Anderegg, G.: Multidentate ligands. In: Coordination chemistry. Ed. A.E. Martell. Amer. Chem. Soc. Monograph, 1968.

Chaberek, S., and A.E. Martell: Sequestering agents. New York: Interscience 1959.

Dwyer, F.P., and D.P. Mellor: Chelating agents and metal chelates. New York: Academic Press 1964.

Martell, A.E.: Some reflections on the chelate effect. In: Essays in coordination chemistry. Experientia Suppl. **9**, 53 (1964).

Anwendungen in der analytischen Chemie:

Morrison, G.H., and H. Freiser: Solvent extraction in analytical chemistry. New York: Interscience 1957.

Ringbom, A.: Complexation in analytical chemistry. Band 16 der Reihe „Chemical Analysis". New York: Interscience 1963.

Schwarzenbach, G.: Organische Komplexbildner. Experientia Suppl. **5**, 162 (1956).

Schwarzenbach, G., u. H. Flaschka: Die komplexometrische Titration. Stuttgart: Enke 1965.

Kapitel 6

Regelmäßigkeiten und charakteristische Züge in der Koordinationstendenz metallischer Zentren

Die Stabilitätsdaten der in Kapitel 5 besprochenen Art sind unmittelbar nützlich, wenn die Zusammensetzung vorgegebener Gleichgewichtsgemische berechnet werden soll. Das derzeitige Tatsachenmaterial der messenden Komplexchemie ist aber so umfangreich, daß eine interessante grundlegende Aufgabe angepackt werden kann, nämlich die Suche nach Regeln, welche das Tatsachenmaterial ordnen, und die Interpretation dieser Regeln auf der Basis fundamentaler physikalischer Zusammenhänge. Man interessiert sich dabei weniger für den absoluten Wert der Stabilitätskonstanten bzw. der thermodynamischen Größen der Bildungsreaktion eines speziellen Komplexes, als für den Gang solcher Größen, wenn

(i) für ein bestimmtes Metallion der Ligand variiert wird und wenn

(ii) ein bestimmter Ligand in seinem Benehmen gegenüber möglichst vielen Metallzentren verfolgt wird.

Im Zuge einer solchen Sichtung des Tatsachenmaterials läßt sich eine wertvolle Charakteristik der Koordinationstendenz von Metallen herausschälen.

Der Vergleich von Stabilitätskonstanten, welche für wäßrige Medien gelten, ermöglicht den Vergleich von Liganden in bezug auf ihre Fähigkeit, die lösungsmitteleigenen Liganden zu verdrängen.

$$M_{aq}^{z+} + n\,L^{\lambda-} \leftrightharpoons M\,L_n^{z-n\lambda} + x\,H_2O\,. \tag{6.1}$$

Die freie Enthalpie ΔG der Bildung von $M\,L_n^{z-n\lambda}$ aus Metallaquoion und solvatisiertem Liganden $L^{\lambda-}$ ist prinzipiell eine verwickelte Größe, wenn sie in Beziehung zu thermodynamischen Größen einzelner Gleichgewichtspartner in (6.1) gesetzt wird.

$$M^{z+}(g) + n\,L^{\lambda-}(g) \leftrightharpoons M\,L_n^{z-n\lambda}(g)\,. \tag{6.2}$$

Die experimentell nicht direkt zugängliche Enthalpie der Bildung von $M\,L_n^{z-n\lambda}$ in der Gasphase nach (6.2) müßte aufschlußreicher erscheinen, wenn man sich in erster Linie für die Wechselwirkung zwischen Metallion und Ligandsphäre interessieren würde. Die Kenntnis der Hydratationsenthalpie und -entropie aller Komponenten in (6.1) und (6.2) würde zur freien Enthalpie ΔG von (6.1) führen.

Wir werden im folgenden von Gleichgewichtsdaten des Typus (6.1) ausgehen und im weiteren Faktoren aufsuchen, welche den Prozeß (6.2) betreffen. Typische Aussagen entnehmen wir in erster Linie den Daten über einfache Liganden wie F^-, Cl^-, Br^-, J^-; H_2O, OH^-, $S(-II)$; NH_3, PR_3, AsR_3; CN^-. Das Verhalten von komplizierteren Liganden können wir am besten ausgehend von einfachen mit denselben Ligandatomen verstehen.

Typisches Verhalten von A-Kationen

Die A-Kationen (s. S. 14, Kapitel 2) bilden in wäßriger Lösung vorwiegend Komplexe mit F^-, H_2O, OH^- bzw. $O(-II)$; darunter finden wir polynukleare Fluorokomplexe in den schwerlöslichen Fluoriden nebst

mononuklearen Fluorokomplexen, Hydroxokomplexe nebst schwerlöslichen Hydroxiden bzw. Oxidhydraten. Die basischen Liganden NH_3,
HS^- bzw. S^{2-}, CN^- können die elektronegativsten Ligandatome F und
O nicht verdrängen, d. h. die entsprechenden Reagenzien fällen aus
Aquoionlösungen die Hydroxide. Ebenso gelingt es nicht, die Fällung
derselben mit hohen Konzentrationen an schweren Halogenidionen Cl^-,
Br^-, J^- zu unterbinden. Ionen, welche andere schwerlösliche Fällungen
erzeugen, wie z. B. CO_3^{2-}, $C_2O_4^{2-}$, SO_4^{2-}, PO_4^{3-} bei den Erdalkaliionen, enthalten alle $O(-II)$ als Ligandatome, und die erfolgreichen mehrzähnigen
Chelatliganden wie z. B. Äthylendiamintetraacetat, welche solche Fällungen unterbinden können, enthalten in den Carboxylatgruppen ebenfalls $O(-II)$. Organische Lösungsmittel, in denen solvatisierte Metallionen realisierbar sind, enthalten durchwegs $O(-II)$ als Ligandatom, so
z. B. Methanol, Dimethylformamid, Dimethylsulfoxid, flüssiges Acet-
amid. Schwache Liganden, welche in mäßiger Konzentration Wasser
nicht verdrängen, sind niedrig geladene mehratomige wie BF_4^-, ClO_4^- und
NO_3^-. In diesen ist der Quotient ze^2/r_c recht klein. Komplexe des Be(II)
mit F^- und OH^- sind stabiler als die entsprechenden von Mg(II), ebenso
jene von Al(III) stabiler als die Y(III)-Komplexe. Eine ganze Reihe von
Daten erwecken den Eindruck (siehe auch die Hydratationsenthalpie!
Kap. 4), daß eine auf kleinem Raum konzentrierte hohe Ladung die
Stabilität dieser Komplexe begünstigt. Außer Th(IV) lassen sich keine
M(IV) oder gar M(V) Gleichgewichtsstudien unterwerfen, welche Ligand-
ersatz am Aquoion einschließen. Das ist die Folge der ausgeprägten
Stabilität von polynuklearen Hydroxo- und Oxokomplexen. Doch weiß
der Leser aus Erfahrung, daß z. B. TiO_2 und ZrO_2 durch Überführen in
Fluoro- oder Sulfatokomplexe in homogene Phase zu bringen sind. Einige
quantitative Daten sind in Tabelle 6.1 zusammengefaßt.

Tabelle 6.1. *Thermodynamische Größen in kcal/Mol für die Bildung von ML bzw. HL,
gültig für 25°C, $\mu = 0,5$. $\Delta G = \Delta H - T\Delta S$*

	F^-			OH^-	
	ΔG	ΔH	$T\Delta S$	ΔG	
H^+	$-4,0$	$+2,9$	$+6,9$	$-21,0$	$(\mu = 0,1)$
Be^{2+}	$-6,9$	$-0,4$	$+6,5$	$-11,3$	$(\mu = 0,1)$
Al^{3+}	$-8,4$	$+1,1$	$+9,5$	ca. -13	
Sc^{3+}	$-8,4$	$+0,6$	$+9,0$	$-$	
Y^{3+}	$-5,3$	$+2,2$	$+7,5$	$-$	

Die Bildung der Monofluorokomplexe von Al(III), Sc(III) und Y(III)
ist endotherm, für Be(II) nur unwesentlich exotherm, und allgemein ist
der Betrag von ΔH viel kleiner als jener von ΔG. Die Stabilität dieser

Komplexe erwächst aus dem Entropieterm $T\Delta S$, und auch der Protonkomplex HF wird unter erheblicher Zunahme der Entropie gebildet. Für Al(III) kann man den durchschnittlichen Wert $1/6$ ($\log \beta_6$) für die Koordination eines F^- in AlF_6^{3-} mit $1/4$ ($\log \beta_4$) für die Bildung von $Al(OH)_4^-$ vergleichen. Man findet für den ersten Wert 3,3 und für den zweiten 7,8. Das basischere OH^- ist also dem weniger basischen F^- überlegen. Umgekehrt können Hydroxide und Oxokomplexe mit HF leicht unter Bildung von Fluorokomplexen reagieren, und zwar auch solche, die mit Mineralsäuren nicht gelöst werden können.

In der Reihe der SE(III)-Ionen fügen sich die Beobachtungen ganz in das Bild, welches wir skizziert haben. Wir erinnern nur an die Schwerlöslichkeit von Fluoriden, Hydroxiden, Oxalaten, Phosphaten, sowie an die Bildung mononuklearer Carbonatokomplexe der höheren Glieder und allgemein von Oxalatokomplexen. Die Kristallionenradien nehmen von La(III) aus über Ce(III) — dem ersten Ion der Reihe $0 < q < 14$, d. h. $q = 1$ — bis Lu(III) von 1,06 A auf 0,85 A ab. Dieser Lanthanidenkontraktion läuft die Zunahme der Stabilität von Chelatkomplexen wie SE(nta), SE(enta)$^-$ u. a. parallel, wenn sie auch als Funktion von Z nicht monoton verläuft. Die Polyamine des Kapitels 5 fällen nur die Hydroxide, während Chelatliganden mit $O(-II)$ als vorherrschenden Ligandatomen die geeigneten Komplexbildner sind, so zum Beispiel Acetylacetonat und seine Derivate. Die Faktoren Größe und Ladung sind geeignet, eine ganze Reihe solcher Tatsachen zu verbinden und verstehen zu lassen, wenn ein Modell geladener Kugeln für Kationen der A- und SE-Gruppe herbeigezogen wird.

Typisches Verhalten von B-Kationen

Wir haben schon im Kapitel 4 hervorgehoben, daß die Komplexbildung mit OH^- alle Kategorien von Metallionen miteinander verbindet. Offenbar ist OH^- ein allgemeiner und unspezifischer Ligand. Auch gewisse B-Kationen können bei recht tiefen pH-Werten deprotoniert werden. Anderseits sind gerade NH_3, $S(-II)$ und CN^- nebst den schweren Halogenen Liganden, welche $O(-II)$ bzw. OH^- an einer Reihe von B-Kationen spielend verdrängen können. Demgegenüber ist F^- ein geradezu wirkungsloser Ligand. Wir betrachten eine Reihe von relevanten Daten in den Tabellen 6.2, 6.3, 6.4, 6.5 und 6.6.

Tabelle 6.2. *Stabilitätskonstanten von Ag (I)-Komplexen; 20—25°C*

Komplex $\log K_1$ oder $\tfrac{1}{2}\log \beta_2$	AgF	AgCl	AgBr	AgJ	AgOH	AgSH	AgS$^-$	AgNH$_3$	Ag(CN)$^-$
	$-0,3$	3,0	4,3	8,1	2,0	13,6	20,3	3,1	10,0

Tabelle 6.3. *Thermodynamische Größen* ΔG, ΔH, $T\Delta S$ *für die Bildungsreaktion* $M + 4L \to ML_4$. $25°C$; kcal/Mol

$M(z)$; $q = 10$	Cl⁻			J⁻			CN⁻			
	ΔG	ΔH	$T\Delta S$	ΔG	ΔH	$T\Delta S$	ΔG	ΔH	$T\Delta S$	
Zn(II)							$-26{,}8$	$-27{,}8$	$-1{,}0$	$\mu \to 0$
Cd(II)				$-8{,}9$	$-7{,}0$	$+1{,}9$	$-25{,}6$	$-29{,}3$	$-3{,}7$	$\mu = 3$
Hg(II)	$-20{,}7$	$-14{,}9$	$+5{,}8$	$-40{,}6$	$-44{,}3$	$+3{,}7$	$-55{,}5$	$-59{,}5$	$-4{,}0$	$\mu = 3$

Tabelle 6.4. *Isoelektronische* $M(z)$, $q = 10$, $4d^{10}$; *Stabilitätskonstanten* (*log* K_1) *von* ML; $25°C$

	NH₃	Cl⁻	Br⁻	J⁻	CN⁻
Ag(I)	3,1	3,0	4,3	8,1	10,0
Cd(II)	2,7	1,6	2,0	2,2	5,4
In(III)	—	2,4	2,0	1,6	—

Tabelle 6.5. *Thermodynamische Größen für die Bildung der Komplexe* ML *von* $M(z)$; $q = 10 + 2$. $25°C$; kcal/Mol

$M(z)$; $q = 10 + 2$	Cl⁻			Br⁻			
	ΔG	ΔH	$T\Delta S$	ΔG	ΔH	$T\Delta S$	
Sn(II)	$-1{,}6$	$+2{,}6$	$+4{,}2$	$-1{,}0$	$+1{,}4$	$+2{,}4$	$\mu = 3$
Tl(I)	$-0{,}9$	0	$+0{,}9$	$-1{,}4$	$-2{,}5$	$-1{,}1$	$\mu \to 0$
Pb(II)	$-2{,}2$	$+4{,}4$	$+6{,}6$	$-2{,}0$	$+2{,}9$	$+4{,}9$	$\mu \to 0$
Bi(III)	$-3{,}0$	0	$+3{,}0$				$\mu = 3$

Tabelle 6.6. *Löslichkeitsprodukte von* PbX_2; $-log$ $[Pb^{2+}]$ $[X^-]^2$ $= pK_s$. $\mu \to 0$. $25°C$

X⁻	F⁻	Cl⁻	Br⁻	J⁻
pK_s	7,4	4,8	5,0	8,0

Am Beispiel des Ag(I) gewinnt man in Tabelle 6.2 einen aufschlußreichen Hinweis in der Reihe zunehmender Stabilität der 1:1-Komplexe bzw. der durchschnittlichen Stabilität 1/2 (log β_2), welche mit der Folge abnehmender Elektronegativität des Ligandatoms übereinstimmt, nämlich:

$$\begin{array}{ccccccccc} > & > & \sim & > & > & \sim & \sim & \to \text{E.N. ab} \\ \text{F} & \text{O} & \text{N} & \text{Cl} & \text{Br} & \text{J} & \text{C} & \text{S} \\ < & < & \sim & < & < & < & < & \to \text{Stabilität zu.} \end{array}$$

Die thermodynamischen Daten der Tabelle 6.3 weisen auf einen wichtigen Unterschied zu den Befunden des letzten Abschnittes hin: die Enthalpie ΔH erhält nun das Hauptgewicht gegenüber dem Entropieterm $T\Delta S$, und ΔH nimmt betragsmäßig zu mit sinkender Elektronegativität des Ligandatoms, also mit abnehmender Elektronegativitätsdifferenz zwischen $M(z)$ und dem Ligandatom.

In der Reihe isoelektronischer Zentralatome ($q = 10$) Ag(I), Cd(II), In(III) sinkt die Stabilität der 1:1-Komplexe einfacher Liganden durchwegs von Ag(I) zu Cd(II), und auch von Cd(II) zu In(III) ist nur für den Chlorokomplex eine kleine Zunahme der Stabilität festzustellen (Tab. 6.4). Der Cyanokomplex von In(III) ist gegenüber dem Hydroxokomplex zu schwach, hingegen ist $\log K$ für In(OH)$^{2+}$ um etwa 8 Einheiten größer als für Ag(OH).

Die B-Gruppe muß differenzierter gesehen werden, wie Tabelle 6.5 zeigt. Beim Vergleich mit Tabelle 6.3 stellt man fest, daß die Enthalpie nun mehrheitlich positiv oder praktisch Null ist, während der Entropieterm $T\Delta S$ mit einer Ausnahme positiv und im Betrag größer als ΔH ist. Die Koordinationszentren der beiden Gruppen von Komplexen gehören den beiden Untergruppen der Kategorie B an, welche auf S. 15, Kapitel 2 auseinandergehalten worden sind und sich im Parameter q unterscheiden ($q = 10$ bzw. $10 + 2$). Tabelle 6.5 erinnert uns an Tabelle 6.1 für A-Zentralionen. Das erdalkaliähnliche Benehmen von Pb(II) in der Schwerlöslichkeit seines Carbonates, Oxalates, Sulfates und Chromates veranlaßt uns, die Reihe der polynuklearen Halogenokomplexe PbX$_2$ genauer zu betrachten. Bei Vorherrschen der für A-Kationen maßgeblichen Faktoren müßte die Reihenfolge der Stabilität (6.3) zutreffen.

$$F \gg Cl > Br > J \tag{6.3}$$

$$F > Cl \sim Br < J \tag{6.4}$$

$$F < Cl < Br \ll J . \tag{6.5}$$

Die tatsächliche Folge (6.4) zeigt, daß sich gleichsam die B-($q = 10$)-Folge (6.5) in ihr mit der A-Folge (6.3) überlagert. Das größte und polarisierbarste Halogenid liefert den stabilsten polynuklearen Blei(II)komplex, und in diesem Zusammenhang wird die Schwerlöslichkeit des Sulfides verständlicher. Bekanntlich lassen sich alle PbX$_2$ mühelos in wäßriger Suspension in Sulfide umwandeln.

Von den für die B($q = 10$)-, bzw. d^{10}-Ionen so effektvollen Liganden der Tabelle 6.2 fallen NH$_3$ und CN$^-$ für die Ionen der B($q = 10 + 2$)-, bzw. d^{10}s^2-Gruppe weg, und OH$^-$ ist ihnen überlegen.

Empirische Kategorien und Klassifizierung von Koordinationspartnern

Man kann die in den beiden letzten Abschnitten gewonnenen Eindrücke in zwei Kategorien des Verhaltens zusammenfassen, also ein empirisch begründetes Ordnungsprinzip ins Auge fassen:

Verhalten Typus a: Stabilitätsreihenfolge
$$\begin{aligned} &F^- \gg Cl^- > Br^- > J^- \\ &OH^- > NH_3 > RS^- > H_2O \\ &\qquad\qquad S(-II) \end{aligned} \tag{6.6}$$

Verhalten Typus b:
$$\begin{aligned} &J^- \gg Br^- > Cl^- > F^- \\ &RS^- > NH_3 > OH^- > H_2O \\ &\qquad S(-II) \end{aligned} \tag{6.7}$$

Wir haben die Symbole A und B einfach als Kurzzeichen für die Elektronenzahl (und konsequenterweise Konfiguration) des repräsentativen Metallions eingeführt und erinnern mit den kleinen Buchstaben a und b daran, daß sich die Verhaltenskategorien a und b im Zusammenhang mit Daten über A- und gewisse B-Kationen aufgedrängt haben. Ein Metallatom $M(z)$ besitze um so mehr a-Charakter, je ausgeprägter die Reihenfolge (6.6) zu Tage tritt, und Entsprechendes gelte für b-Charakter (6.7). Im Falle des Pb(II) hat man somit den Eindruck, a- und b-Charakter würden sich sozusagen als Verhaltenskomponenten überlagern. Das Verhalten ist natürlich Ausdruck eines Zusammenwirkens; gegenüber Kationen von ausgeprägtem a-Charakter ist etwa die Reihe der Halogenide dadurch ausgezeichnet, daß F^- besonders auf die Forderungen anspricht, welche die Stabilität der Komplexe begünstigen. Wenn man nun im a-Verhalten und b-Verhalten von Metallionen einen Ausdruck gewisser Qualitäten sieht, so muß man ebenso die Partner, die Liganden, nach ihrem Ansprechen auf solche Qualitäten ordnen. Die Halogenidreihe reicht in diesem Sinne von F^- als dem a-Verhalten passend bis J^- als dem b-Verhalten entsprechend, also jenen Eigenschaften, welche für den b-Charakter verantwortlich sind. Wenn „Forderungen" (von Seiten des metallischen Zentrums) und „Ansprechen" (von Seiten des Liganden) auf eine Ebene gestellt und gleichsam als eine Qualität gesehen werden, so kann man auf die Idee kommen, auch die Liganden nach a- und b-Charakter zu kennzeichnen, bzw. Gewicht der Faktoren anzugeben, welche das Ansprechen einfangen. Aus diesem nicht ganz ungefährlichen Kreislauf des Denkens würde also die Forderung nach einem geeigneten Begriffspaar resultieren, das zur qualitativen Charakterisierung der Koordinationspartner zu verwenden wäre. Ein solches Begriffspaar wäre unvermeidlicherweise mit dem *a priori*-Postulat verbunden, daß die Affinität von Partnern zueinander auch ähnliche Qualität im obigen Sinne bedeutet. PEARSON hat als Begriffspaar im obigen Sinne „hart" und „weich" eingeführt, und in Verbindung mit dem erwähnten Postulat die Liganden in (6.4, 6.5) in „harte" und „weiche" geschieden. Unsere Daten und Betrachtungen erlauben sofort diese Scheidung, wenn wir Metallionen von ausgeprägtem a-Charakter als „hart" und solche von ausgeprägtem b-Charakter als „weich,, bezeichnen:

hart	*weich*
Be^{2+}, Al^{3+}, Sc^{3+}	Ag^+, Hg^{2+}
F^-, OH^-	J^-, $S(-II)$.

Die Kombinationsregel muß natürlich spielen, da sie die Basis für die Gruppierung war. Das Begriffspaar hart/weich ist insofern gefährlich, als es fälschlicherweise eine eindimensionale Skala mit hart und weich als Extremen suggerieren könnte. Es geht aus den obigen Ausführungen hervor, daß keine Meßvorschrift für den Charakter hart und weich existiert, und damit ist natürlich eine quantitative Skala ausgeschlossen.

Umgekehrt sind die Verhaltenskategorien (6.6) und (6.7) definiert. Sie drücken eine Bevorzugungsreihe, also Selektivität aus, und sie können nachgeprüft und nachgewiesen werden, wenn die entsprechenden Daten vorliegen. Wenn Gleichgewichtsdaten die Basis darstellen, so stellt also die freie Enthalpie der Komplexbildung die Meßvorschrift dar.

Es ist nützlich, einige Faktoren hervorzuheben, welche das a- und b-Verhalten von Metallzentren begünstigen, und auch die Liganden zur Linken in den Reihen (6.6) und (6.7) zu kennzeichnen:

a Metallionen: hohe Ladung
  niedrige Polarisierbarkeit
  unedler Charakter des Metalles

  Liganden: hohe Elektronegativität des Ligandatoms
  niedrige Polarisierbarkeit
  schwer oxydierbar,

b Metallionen: niedrige Ladung
  wesentliche Polarisierbarkeit
  edler Charakter des Metalles

  Liganden: niedrige Elektronegativität des Ligandatoms
  leicht oxydierbar .

Der Versuch, die Verhaltenskategorien physikalisch zu interpretieren und von grundlegenden, unabhängigen Zusammenhängen her zu verstehen, würde bei Gelingen die empirischen Kategorien gelegentlich ihrer Rolle entheben. Diese sind aber solange nützlich, als das Zusammenwirken von Partnern im gebundenen System, ausgehend von freien Partnern, noch ganz erhebliche Probleme stellt.

Das Verhalten ausgewählter Übergangskationen

Wir beschränken uns auf qualitative und quantitative Daten für Komplexe der folgenden Zentren vom Typus Ü:

$$
\begin{array}{llllllll}
\text{Ti(III)} & \text{V(III)} & \text{Cr(III)} & \text{Mn(III)} & \text{Fe(III)} & \text{Co(III)} & & \\
& \text{V(II)} & \text{Cr(II)} & \text{Mn(II)} & \text{Fe(II)} & \text{Co(II)} & \text{Ni(II)} & \text{Cu(II)} \\
& & & & & & \text{Pd(II)} & \\
& & & & \text{Pt(IV)} & \text{Pt(II)} & \text{Au(III)}. &
\end{array} \tag{6.8}
$$

Diese Beschränkung drängt sich auf, weil die Chemie der Übergangsmetalle außerordentlich vielfältig und vielschichtig ist. Die Existenz ausgedehnter Reihen von Oxydationsstufen ist ganz speziell dafür verantwortlich. Da auch weiterhin Gleichgewichtsdaten herangezogen werden sollen, ist zu bedenken, daß solche vorwiegend für Vertreter der $Ü_1$-Reihe ermittelt worden sind, und einige Gründe hierzu sind in Kapitel 4 besprochen worden.

Die Fluorokomplexe spielen in der Chemie wäßriger Lösungen dieser Ionen keine bedeutende Rolle, und die stabilsten unter ihnen, nämlich jene von Cr(III) und Fe(III), können leicht in polynukleare Hydroxokomplexe umgewandelt werden. Ammoniak ist bei Cr(III) und Fe(III) dem Hydroxid unterlegen und fällt Polynukleare aus Aquoionlösungen; ebensowenig lassen sich Thiokomplexe oder Sulfide der beiden aus wäßrigen Lösungen gewinnen. Anderseits sind wir in Kapitel 5 den Amminkomplexen von Co(II), Ni(II) und Cu(II) begegnet, und dieselben sowie Mn(II) und Fe(II) liefern die bekannten schwerlöslichen Sulfide. Cyanid wird von Cu(II) oxydiert, bildet mit Ni(II) den sehr stabilen höchsten $Ni(CN)_4^{2-}$ und koordiniert an Co(II) zu leicht oxydierbarem $Co(CN)_5^{3-}$. Die Hexacyanokomplexe von Fe(III) und Fe(II) bilden sich nur in langsamer Reaktion. Auch Cr(III) und Co(III) bilden robuste Hexacyanokomplexe, deren Stabilität nicht durch direkte Titration von Aquoion/Ligand-Lösungen aus bestimmbar ist (siehe Kapitel 6 und 7), was ganz allgemein für deren Komplexe zutrifft. Unter den Vertretern zur Linken in (6.8) sind stark reduzierende (V(II), Cr(II)) oder reduzierende und erheblich acide (Ti(III), V(III)), welche sich in wäßrigen Medien leicht zu Ti(IV), V(V) und Cr(III) oxydieren lassen. Allerdings kann man Ti(III) und V(III) in den Alaunen (siehe Kapitel 4) als Hexaquokomplexe fassen, welche das schwer reduzierbare Sulfat als Gegenion enthalten.

Die Edelmetallvertreter Pd(II), Pt(II), Pt(IV) und Au(III) ziehen in ganz drastischer Weise S(−II), J(−I), CN^- und Phosphinliganden dem F^- und O(−II) vor (siehe auch Kapitel 7 und 8).

Diese reichlich summarische Skizze genügt schon, um nahezulegen, daß in der Chemie der Zentren (6.8) und der Ü-Zentren überhaupt die Verhaltenskomponenten a und b — sofern diese herbeigezogen werden sollen — auftreten, wobei die Zentralatome mit $q \leq 5$ eher die a-Komponente durchscheinen lassen, während für $q \geq 5$ die b-Komponente deutlicher eingreift. (Es wäre also durchaus denkbar, daß die Koordinationschemie der A-Kationen und der B-Kationen aus der Perspektive der Übergangsmetalle betrachtet werden könnte, und daß Regeln sozusagen in umgekehrter Blickrichtung der vorliegenden Darstellung konzipiert würden.) Es sei festgehalten, daß die Edelmetallvertreter die b-Charakteristik im ausgeprägtesten Maße zeigen, eine Feststellung, die quantitative Gleichgewichtsdaten nicht vermissen läßt, weil drastische qualitative Eigenschaften keinen Zweifel aufkommen lassen. Anderseits belegen die Gleichgewichtsdaten der Tabelle 6.7, daß $Cr(H_2O)_6^{3+}$ eine a-Charakteristik aufweist.

Tabelle 6.7. *Daten für Gleichgewichte $Cr(H_2O)_6^{3+} + L \rightleftarrows CrL(H_2O)_5^{2+} + H_2O$, 25°C*

L	$\log K$	ΔG	ΔH	$T\Delta S$
OH^-	10,2	− 14,1	− 4,0	+ 10
F^-	4,4	− 6,1	~ + 3	~ + 9
NCS^-	3,1	− 4,3	− 2,1	+ 2,1
Cl^-	− 0,7	+ 1,0	+ 6,1	+ 5,2
Br^-	− 2,6	+ 3,6	+ 5,1	− 1,5

Die größte Entropiezunahme findet man für $L = F^-$, OH^- — offenbar ein Charakteristikum ihres Zustandes in wäßriger Lösung —, während die Enthalpie in der Reihe F^-, Cl^-, Br^- zunehmend positiver wird.

In der Reihe von Mn(II) bis Cu(II) betrachten wir Stabilitätskonstanten, wie sie für diese Ionen schon im Kapitel 5 zur Sprache kamen. IRVING und WILLIAMS haben besonders darauf hingewiesen, daß die Stabilität der Komplexe in der Reihe (6.9) wie angegeben variiert.

$$Mn(II) < Fe(II) < Co(II) < Ni(II) < Cu(II) > Zn(II). \qquad (6.9)$$

Diese sogenannte Irving-Williams-Reihe wird eingehalten, wenn alle Komplexe den höchstmöglichen Paramagnetismus aufweisen und der Ligand nicht aus stereochemischen Besonderheiten heraus selektiv wirkt. Die Abb. 6.1 vereinigt die Daten der Tabelle 6.8 über Liganden, die vorwiegend N und O als Ligandatome enthalten.

Tabelle 6.8. *Stabilitätskonstanten von 1 : 1-Komplexen ML (log K_1)*

L	Mn(II)	Fe(II)	Co(II)	Ni(II)	Cu(II)	Zn(II)	Ligandatome
ox	4,0	—	4,8	5,2	6,2	4,9	O, O
mim	5,4	6,7	7,6	8,7	11,1	7,7	N, O, O
pic	3,6	4,9	5,7	6,8	8,0	5,3	N, O
phen	4,1	~6,0	7,3	8,8	9,3	6,6	N, N
tim	5,1	7,1	8,5	10,0	12,6	8,3	N, O, O, S

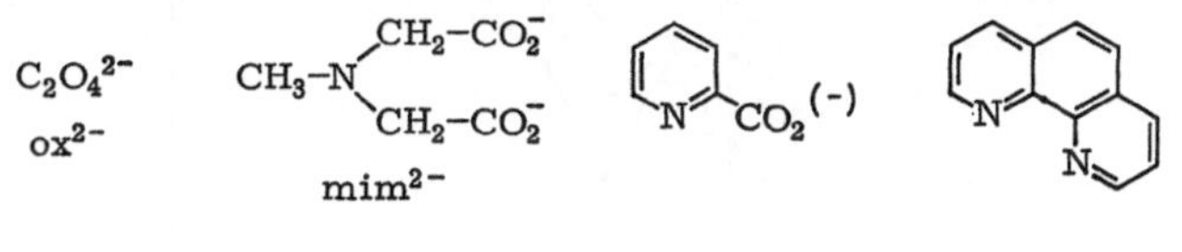

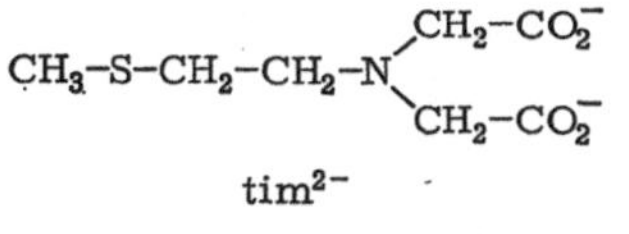

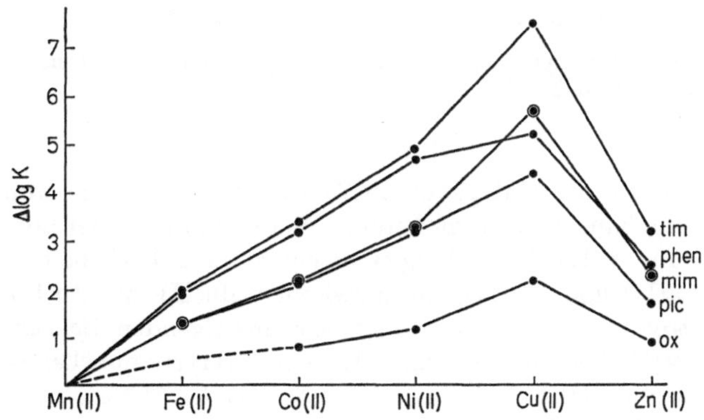

Abb. 6.1. Die Irving-Williams Regel. Δ log K-Werte bezüglich Mn(II) nach Tab 6.8

Wir schließen Daten über Zn(II) ($q = 10$) ein, weil der Abfall von Cu(II) zu Zn(II) ein wesentliches Charakteristikum dieser Reihe darstellt und den Übergang von dem Zentralion mit der partiell gefüllten Schale ($3\,d^9$) zur gefüllten ($3\,d^{10}$) markiert. Von besonderem Interesse ist der Ligand (II) mit der Thioäthergruppe. Der Vergleich mit dem verwandten Methyliminodiacetat (mim, I) verrät eine leichte Zunahme der Stabilität. Interessanter ist der relative Stabilitätszuwachs von Cu(II) im Vergleich zu Mn(II), nämlich um den Faktor 2,5 für (II) gegenüber 2,1 für (I), was auf der zunehmenden Tendenz zur Koordination von S(—II) beruhen muß.

Eine der Abb. 6.1 verwandte Charakteristik liefern auch thermodynamische Daten von polynuklearen Halogenokomplexen (Abb. 6.2).

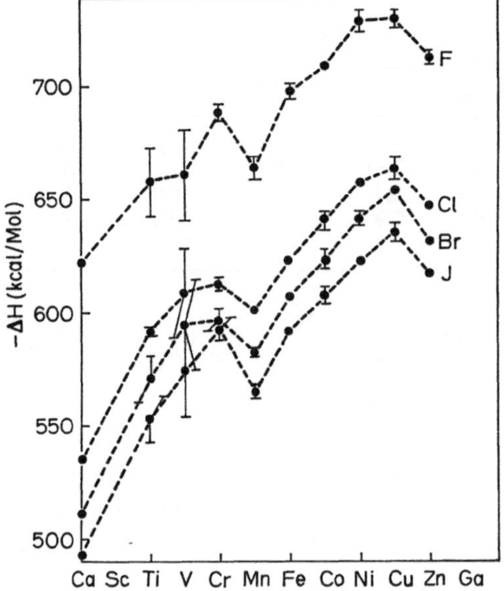

Abb. 6.2. Bildungsenthalpie von $MX_2(s)$ aus den gasförmigen Ionen nach George u. McClure, Zit. Kap. 2

Die Gitterenergie der Halogenide MX_2 ändert ni der Reihe von Ca(II) bis Zn(II) durchaus nicht in monotoner Weise, und trotz der hohen Fehlergrenzen für V(II)-Verbindungen erscheint eine Periodizität, indem zwischen Ca(II) und Mn(II), sowie zwischen Mn(II) und Zn(II) höhere Werte auftreten als etwa einer monoton ansteigenden Basislinie vom A-Kation Ca(II) über Mn(II) zum B-Kation Zn(II) entsprechen würde.

Die Koordinationszahl in den Festkörpern der Ü-Verbindungen ist durchwegs 6 bei mehr oder weniger strenger Oktaedersymmetrie der lokalen Einheiten MX_6, ausgenommen für Cr(II) und Cu(II), welche eine ausgeprägte $4 + 2$ Umgebung aufweisen, d. h. vier nähere und zwei wesentlich entferntere Nachbarn. (Für die Diskussion der Kristallstrukturen siehe DUNITZ und ORGEL, Zitat Kapitel 2.) Die an sich nicht direkt vergleichbaren freien Enthalpiewerte für Lösungsreaktionen und die Enthalpiewerte für Festkörper sind insofern bemerkenswert, als Gründe gefunden werden können, wonach der hervorgehobene Gang der Werte ein gemeinsames Charakteristikum sei, welches die Zentralionen kennzeichnet, insbesondere ein Ausdruck des Parameters $q (0 < q < 10)$ und eines d-Elektronensystems mit der entsprechenden Zahl von Elektronen (siehe Kapitel 9 und 12).

Einen aufschlußreichen Hinweis liefern sozusagen als Nebenprodukt die Daten der Abb. 6.2 in der Steigung der geraden Basislinie von Ca(II) zu Zn(II). Diese Steigung — in Prozenten des Wertes für die Ca(II)-Verbindungen — nimmt nach (6.10) zu.

$$F^- < Cl^- < Br^- < J^-$$
$$13 \quad 18 \quad 24 \quad 26\% \,.$$

(6.10)

Die zunehmende Größe der Halogenidionen macht sich also für die Zn(II)-Verbindungen weniger bemerkbar. Das kleinere Zn(II) müßte eigentlich — nach einem Kugelmodell — von der Zunahme des Anionenradius stärker betroffen werden als Ca(II), doch widerlegen die Daten diese Erwartung (für eine Interpretation dieses Befundes siehe S. 82—84).

Qualitative Betrachtungen zur Metall-Ligand Wechselwirkung

Die Eindrücke, welche bei der Durchsicht von Tatsachen in den vorangehenden Abschnitten gewonnen worden sind, rufen Begriffe in Erinnerung, welche auf die Natur der chemischen Bindung anspielen. Den Komplexen, welche das mit a bezeichnete Verhalten zeigen, schreibt man allgemein wesentlich ionischen Charakter der Bindungen zwischen Zentrum und Liganden zu, bzw. elektrovalenten Charakter. Anderseits wäre dieser Eindruck bei b-Verhalten ganz und gar ungerechtfertigt, welchen man wesentlich kovalente Bindungen zuordnen würde, sofern man sich mit dem Begriffspaar ionisch — kovalent abfinden möchte. Die Energie der typisch kovalenten Bindungen resultiert generell aus der Delokalisierung von Elektronen, ein Begriff, der sinnreich ist, wenn man an den Bau eines Bindungssystems ausgehend von separierten Partnern denkt. Die auf S. 75—77 zusammengefaßten Charakteristika zeigen ohne weiteres, daß Delokalisierung in der Kategorie b gegenüber Kategorie a bedeutender sein muß.

Zur Orientierung über diese Problemstellungen sei vorerst ein einfacher Komplex $MX_4^{z-4\lambda}$ betrachtet, dessen Zentralion M^{z+} und die vier

Liganden $X^{\lambda-}$ ideal harte Kugeln seien (siehe auch Kapitel 2, S. 27). Die Energie des Systems (6.III) ist dann einfach herzuleiten und ist durch einen Ausdruck (2.11) gegeben, wenn als Bezugspunkt das System separierter Partner gewählt wird (Madelungenergie).

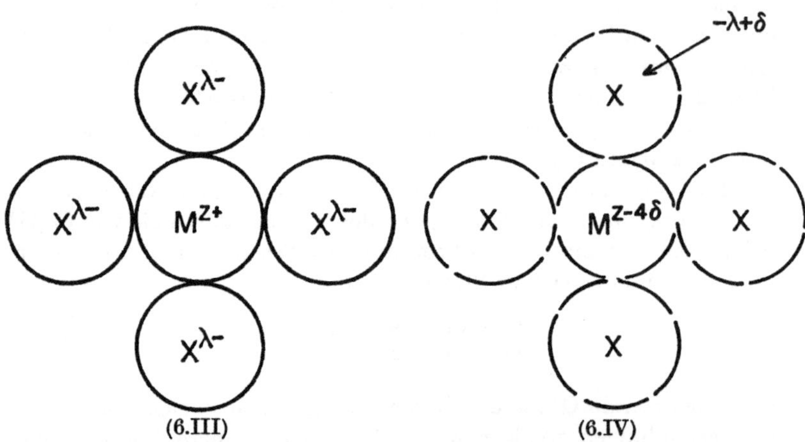

Man benötigt dabei keine näheren Vorstellungen über die Elektronenstruktur der Partner, und M^{z+} sowie die $X^{\lambda-}$ sind Einzentren-Mehrelektronensysteme, in denen eine definierte Anzahl von Elektronen jedem Kern bzw. Rumpf zugeordnet ist. Kovalenz bedeutet, daß diese Zuordnung gestört oder zerstört wird. Wenn M^{z+} und $X^{\lambda-}$ bei der Komplexbildung kovalente Bindungen eingehen, dann stellt (6.III) höchstens eine hypothetische Ausgangslage dar, die als Referenzpunkt für die Beschreibung der realen Situation interessant sein kann. Die Kreise würden dann etwa als Radien die Kristallradien zugeordnet bekommen. Sei die reale Situation dadurch gekennzeichnet, daß im Bereich M (z) die positive Ladung infolge Elektronenzufuhr von Seiten der Liganden vermindert worden sei, so würde in den noch eingezeichneten Bezirken, welche dem Bild (6.III) entsprechen, die Ladung im Bereich von M auf $(z - 4\delta)$ absinken und im Bereich der X auf $(-\lambda + \delta)$ ansteigen. Die Energie des realen Gebildes (6.IV) könnte angegeben werden als die Energie des hypothetischen (6.III) plus ein Inkrement ΔE. Das Inkrement ΔE müßte aus Änderungen der kinetischen und der potentiellen Energie des gesamten Elektronensystems hervorgehen. Wenn ein Verfahren zur Verfügung stände, um diese Beiträge quantitativ zu berechnen, so könnte eine Reihe hypothetischer Situationen erfaßt werden, und das Inkrement ΔE könnte als Funktion des Parameters δ angegeben werden.

Solange $\delta < \frac{1}{4}(z + \lambda)$ ist, bleibt das Gebilde (6.IV) noch im selben Sinn polar wie (6.III). Wir teilen willkürlich die potentielle Energie in einen Anteil auf, welcher die Differenz der Energie der Punktladungs-

systeme $(z - 4\delta, 4(-\lambda + \delta),$ IV) und $(z, 4(-\lambda),$ III) darstellt und in
den Rest $\Delta E'_{\text{pot}}$, d. h. wir schreiben:

$$\Delta E = \Delta E_{\text{pot}} + \Delta E_{kin}$$
$$\Delta E_{\text{pot}} = \Delta E'_{\text{pot}} + \Delta E_{\text{mad}} ; \qquad (6.11)$$
$$\Delta E_{\text{mad}} = E_{\text{mad}}(\text{IV}) - E_{\text{mad}}(\text{III}) .$$

Im Grenzfall $\delta = \tfrac{1}{5}(z + \lambda)$ verschwindet die Polarität und der Betrag
ΔE_{mad} wird gleich der Madelungenergie des Systems (III). In Abb. 6.3
geben wir einen durchaus willkürlich gewählten Verlauf der Differenz ΔE
als Funktion von δ für den Fall eines Energieminimums bei $(z - 4\delta) > 0$.

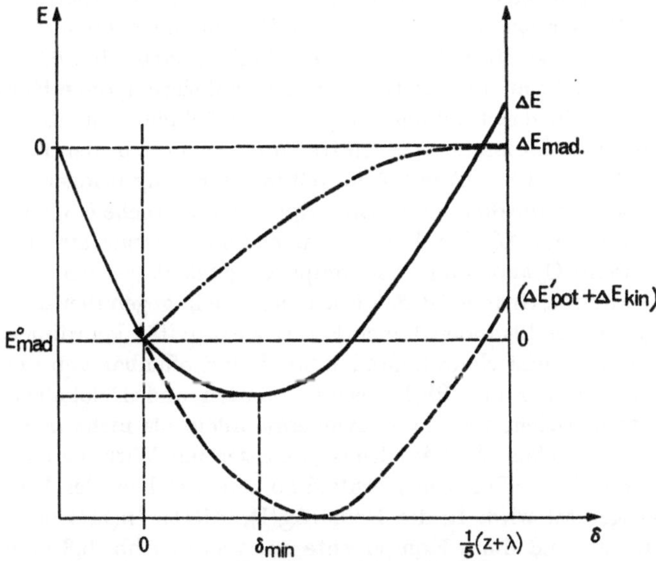

Abb. 6.3 Das Konzept der Madelungenergie; siehe Text.

Der Verlauf der Summanden in (6.11) ist aber physikalisch sinnvoll
gewählt, d. h. er könnte für ein spezielles reales System qualitativ zutreffen. Bei Delokalisation wird potentielle Energie der Elektronen im
Feld der Kerne gewonnen; allerdings kann die interelektronische Repulsion, welche auch in der potentiellen Energie drin steckt, jenem für die
Bindungsenergie günstigen Beitrag entgegenwirken. Wir fassen die
Glieder $\Delta E'_{\text{pot}}$ und ΔE_{kin} in Abb. 6.2 zusammen, da ihr denkbarer einzelner Verlauf hier nicht interessiert.

Die Quantenchemie befaßt sich mit der quantitativen Seite solcher
Probleme. Unsere qualitativen Betrachtungen genügen aber, um den
Eindruck zu wecken, daß die Deutung der Bindungsverhältnisse von
chemischen Tatsachen her keine triviale Aufgabe sein kann.

Wenn δ verhältnismäßig klein ist und auch das Inkrement ΔE klein
gegenüber $E^{\text{O}}_{\text{mad}}$, so werden wir mit Recht von vorwiegend ionischen

Bindungen sprechen. Wenn der Verlauf der Kurve für ΔE in Abhängigkeit von δ recht flach ist, so können uns Enthalpiebeträge — z. B. Gitterenergien in Polynuklearen oder über Kreisprozesse berechnete Werte für die Bildung Mononuklearer in der Gasphase — täuschen. Es ist ein aktuelles Problem, experimentelle Kriterien zu finden, welche über die Polarität bzw. sinnvoll zuzuordnende Ladungsänderungen δ Aufschluß geben. Es ist auch denkbar, daß eine Interpenetration der Valenzhüllen stattfindet, ohne daß wesentliche Polaritätsänderungen damit verbunden sind. Der Ausdruck Interpenetration hat nur einen physikalischen Sinn im Rahmen von Modellen der Quantenchemie. Alle Kommentare, welche zu solchen Fragen gemacht werden können, basieren auf experimentellen Daten der Spektroskopie im geeigneten Wellenlängenbereich. Man ist dabei nicht allein an Verhältnissen wie $\Delta E/E_{\mathrm{mad}}^{\mathrm{O}}$ nach Abb. 6.2 interessiert, sondern nicht minder am Grad der Delokalisierung ohne Rücksicht auf den Effekt in der Bindungsenergie. Im Rückblick auf die empirischen Kategorien der letzten Abschnitte können wir die beiden B-Guppen $(q = 10)$ und $(q = 10 + 2)$ mit Abb. 6.3 in Beziehung bringen. Für die erste Gruppe zeigt die dominante Enthalpie ΔH in Tabelle 6.3, daß offenbar das Inkrement ΔE den Verlust an Madelungenergie aufwiegt und übertrifft, wenn Cyano- und Jodokomplexe gebildet werden. Für etwa Pb(II) der zweiten Gruppe ist das Inkrement klein gegenüber der Madelungenergie, wenn Liganden hoher Elektronegativität koordiniert werden, während polarisierbare Liganden wie Sulfid offenbar von der polarisierenden Wirkung des Pb(II) erfaßt werden und Delokalisierungsenergie liefern, welche die Madelungenergie allein als nicht mehr maßgeblich erscheinen läßt. Der Ausdruck polarisierende Wirkung hat natürlich etwas mit dem effektiven Kernfeld zu tun, welchem der Bindungspartner ausgesetzt wird. In der Reihe Ag(I), Cd(II), In(III) nimmt der b-Charakter ab und die a-Komponente zu, was in Abb. 6.3 einem zunehmenden Quotienten $E_{\mathrm{mad}}^{\mathrm{O}}/\Delta E$ entspricht. Die Kenntnis von quantitativen Diagrammen wie Abb. 6.3 würde uns von den empirischen Kategorien a und b befreien.

Literatur

AHRLAND, S.: Factors contributing to b-behaviour in acceptors. In: Structure and bonding, 1, 207. New York: Springer 1966.

AHRLAND, S., J. CHATT, and N. R. DAVIES: The relative affinities of ligand atoms for acceptor molecules and ions. Quart. Rev. 12, 265 (1958).

JØRGENSEN, C. K.: Electric polarizability, innocent ligands and spectroscopic oxidation states. In: Structure and bonding, 1, 234. New York: Springer 1966.

PEARSON, R. G.: Hard and soft acids and bases. J. Amer. Chem. Soc. 85, 3533 (1963).

SCHWARZENBACH, G.: The general, selective and specific formation of complexes by metallic cations. Adv. inorg. Radiochem. 3, 267 (1961).

SCHWARZENBACH, G.: Organische Komplexbildner. Experientia Suppl. 5, 162 (1956).

In dieser Publikation sind erstmals die Verhaltenskategorien näher dargelegt worden, wie sie hier im Kap. 6 mit den Ahrlandschen Symbolen *a* und *b* gekennzeichnet worden sind. SCHWARZENBACH verwendet die Symbole *A* und *B*, welche in diesem Buch zum Zwecke der Gruppierung von Metallionen nach Elektronenzahlen benützt werden.

WILLIAMS, R.J.P., and J.D. HALE: The classification of acceptors and donors in inorganic reactions. In: Structure and bonding, 1, 249. New York: Springer 1966.

Stabilitätskonstanten, thermodynamische Größen:

AHRLAND, S.: Enthalpy and entropy changes by formation of different types of complexes. Helv. Chim. Acta 50, 306 (1967).

SILLÉN, L.G., and A.E. MARTELL: Stability constants. Zitat Kapitel 5.

Gitterenergien:

WADDINGTON, T.C.: Zitat Kapitel 2.

Kapitel 7

Robuste Komplexe und präparative Komplexchemie

Die Daten in Kapitel 5 betreffen überwiegend rasche Substitutionsprozesse bzw. Gleichgewichte, welche sich Änderungen der Variablen mühelos anpassen. Typische Systeme dieser Art wären etwa Cu(II) nebst NH_3/NH_4^+ in wäßriger Lösung, oder Fe(III) nebst Cl in saurer Lösung. Die einzelnen Komplexe der Serie Mononuklearer können in diesen beiden Systemen nicht einfach dem Gleichgewichtsgemisch entzogen werden. Jeder Eingriff würde die Verhältnisse ändern und eine neue Situation herbeiführen. Einwandfrei lassen sich aber die Endglieder der Serie fassen, nämlich $Cu(NH_3)_4^{2+}$ beispielsweise im Sulfat, wenn der Lösung (hohe Ammoniakkonzentration!) Alkohol zugefügt wird, oder $FeCl_4^-$ in M(I) [$FeCl_4$], wenn Wasser entfernt wird, wobei die Lösung stets sauer zu halten ist. Letzteres Komplexsalz wird denn auch bequemer erhalten, wenn wasserfreies $FeCl_3$ in einem nichtwäßrigen Medium mit MCl versetzt wird. Metallionen wie Al(III) mit geringer Koordinationstendenz zu Ammoniak (resp. Bevorzugung von OH^- und Bildung Polynuklearer), können nur unter striktem Ausschluß von Wasser in Amminkomplexsalze eingebaut werden. Zu diesem Zweck würde man etwa $AlBr_3$ (wasserfrei) in flüssigem Ammoniak lösen und durch Eindunsten des Lösungsmittels [$Al(NH_3)_6$]Br_3 gewinnen.

Im allgemeinen setzt eine konsequente Lösung der präparativen Aufgaben dieser Art Vorstellungen über die Gleichgewichte in flüssiger Phase voraus, und weiter sollten auch fest-flüssig Gleichgewichte überschaubar sein.

Wir sprechen von *robusten Komplexen*, wenn sich beim Lösen einer Komplexverbindung die Gleichgewichtskonzentrationen der solvatisierten Partner über längere Zeit hinweg nicht aufbauen. Wenn etwa das

Komplexsalz $[Cr(NH_3)_5J]J_2$ in Wasser gelöst wird, so gehen Kation und Gegenionen rasch in den solvatisierten Zustand über, und weiter erscheint bei Raumtemperatur innerhalb weniger Minuten Jodid nach (7.1).

$$Cr(NH_3)_5 J^{2+} + H_2O \rightleftharpoons Cr(NH_3)_5 (H_2O)^{3+} + J^-. \tag{7.1}$$

Die thermodynamischen Daten zu Gleichgewicht (7.1) sind in Tabelle 6.7 enthalten. Die Gleichgewichtskonzentrationen bauen sich etwa innerhalb einer Stunde auf, bei erhöhter Temperatur wesentlich rascher. Die fünf Amminliganden bleiben jedoch koordiniert, und freies NH_3 ist in der Lösung noch nicht nachweisbar, wenn sich (7.1) eingestellt hat. Diese Unterschiede in der Geschwindigkeit, mit der an sich mögliche Substitutionen verlaufen, ermöglichen oft stufenweisen Ersatz in der Ligandsphäre und die präparative Gewinnung entsprechender Komplexverbindungen. Die Robustheit von Cr(III)-Komplexen hat es N. BJERRUM zwanzig Jahre vor dem Durchbruch der messenden Komplexchemie erlaubt, die individuellen Stabilitätskonstanten der Reihe $[Cr(NCS)_x(H_2O)_{6-x}]^{3-x}$ zu ermitteln. Wenn wäßrige Lösungen von violettem $Cr(H_2O)_6^{3+}$ mit überschüssigem Alkalirhodanid equilibriert werden, so sinkt die Konzentration an freiem NCS^- bei Raumtemperatur erst im Verlauf mehrerer Monate auf einen stationären Wert ab, bei 50 °C innerhalb von Tagen und bei 100 °C in knapp einer Stunde. N. BJERRUM equilibrierte Lösungen bei 50 °C und trennte in den abgekühlten Gleichgewichtsgemischen einzelne Komplexe $(x = 3, 4, 5, 6)$ ab und bestimmte auch freies und somit das totale gebundene Rhodanid. Damit konnte er die Bildungsfunktion und die individuellen Konstanten, gültig für 50 °C, ermitteln und $x = 0, 1, 2, 3, 4, 5, 6$ beweisen.

Aus der Chemie von Cr, Mo, W

Nur wenige Cr(III)-Komplexe können von $Cr(H_2O)_6^{3+}$ aus dargestellt werden. Die Deprotonierung des Aquoions erfolgt ohne Substitution eines koordinierten Wassers, und die rasche Protonenabgabe führt einfach zu polynuklearen Hydroxokomplexen, wenn etwa Acetat, NH_3, HS^- oder CN^- in die Lösung gebracht werden. Langsame Substitution kann in saurer Lösung z. B. durch Cl^- erfolgen, und aus salzsauren Lösungen kann $CrCl_3 \cdot 6 H_2O\,(s)$ isoliert werden, eine Verbindung, von der drei *Substitutionsisomere* identifiziert worden sind, nämlich 7. I, II und III.

$[Cr(H_2O)_6]Cl_3$	$[Cr(H_2O)_5Cl]Cl_2 \cdot H_2O$	$[Cr(H_2O)_4Cl_2] \cdot 2 H_2O$
violett	graugrün	tiefgrün
(7.I)	(7.II)	(7.III)

Der Komplex (7.III) führt zu zwei *geometrischen Isomeren*, nämlich cis- und trans-Komplex. Der nächsthöhere Komplex $Cr(H_2O)_3Cl_3$ wird nur mühsam erreicht, wenn (7.III) im HCl-Gasstrom bei 90—100 °C behandelt wird. Er läßt sich mit Äther extrahieren, und die Kryoskopie in Eisessig belegt die Mononuklearität. Es erstaunt nicht, daß der Triskomplex in Wasser nach kurzer Zeit in (7.III) übergeht.

Wasserfreies violettes $CrCl_3(s)$ kann nicht durch Entwässerung eines Hydrates mit der Protonsäure HCl erhalten werden, doch löst es sich anderseits nicht in Wasser! Die Anordnung im Kristall entspricht $CrCl_{6/2}$ bei oktaedrischer Koordination des Cr(III). In siedendem flüssigem Ammoniak jedoch ($-33\,°C$) tritt glatter Umsatz zu einem Gemisch von gelbem $[Cr(NH_3)_6]Cl_3$ und hellrotem $[Cr(NH_3)_5Cl]Cl_2$ ein, die sich aufgrund der Löslichkeitsunterschiede in kaltem Wasser trennen lassen, wobei primär das gelbe Produkt gelöst wird. Zusatz von Salpetersäure fällt gelbes $[Cr(NH_3)_6](NO_3)_3$, und dessen robustes Komplexkation erleidet dabei keine Substitution

$$Cr(III)\text{-}NH_3 + H_3O^+ \longrightarrow\!\!\!| \ Cr(III)\text{-}OH_2 + NH_4^+ \qquad (7.2)$$

während der gelbe Hexamminkomplex nicht in Umkehrung von (7.2) gebildet werden kann.

Die Robustheit von Komplexionen ermöglicht die Darstellung von Salzreihen (siehe auch Kapitel 1) wie (7.3) und (7.4), denen zur Zeit JØRGENSENS und WERNERS eine besonders große Bedeutung zukam.

$$[Cr(NH_3)_6]\,X_3; \quad X = F^-, Cl^-, Br^-, J^-, NO_3^-, ClO_4^-; \ \tfrac{1}{2}C_2O_4^{2-}, \tfrac{1}{2}SO_4^{2-} \ usf. \qquad (7.3)$$

$$M_3[Cr(C_2O_4)_3]; \quad M = Li^+, Na^+, K^+; \ \tfrac{1}{2}Mg^{2+}, \tfrac{1}{2}Ca^{2+} \ usf. \qquad (7.4)$$

Unterschiede in der Substitutionsgeschwindigkeit sind in ausgedehntem Maße zur präparativen Gewinnung von Komplexreihen wie (7.5) mit $M(z) = $ Cr(III), Co(III), Pt(IV) u. a. ausgewertet worden.

$$\begin{aligned} &[MA_5X] \\ &[MA_4X_2] \end{aligned} \qquad (7.5)$$

A: Aminligandgruppe; X: einzähniger Ligand.

Solche Komplexe sind auch eingehend in bezug auf Kinetik und Mechanismen der entsprechenden Substitutionsreaktionen untersucht worden (s. Kapitel 8).

Die Hexamminanalogen $[Cr(en)_3]X_3$ können etwa von wasserfreiem Cr(III)-Sulfat aus gewonnen werden. Im Gegensatz zu $Cr(NH_3)_6^{3+}$ kann jedoch $Cr(en)_3^{3+}$ in zwei spiegelbildlichen Formen existieren, die durch Drehung allein nicht zur Deckung zu bringen sind (siehe VIII, a, b, Kapitel 1). Jedes dieser Enantiomeren kann nur durch Drehungen in sich selber übergeführt werden, und dies ist das hinreichende Kriterium für optische Aktivität. Alle 1:3-Komplexe von zweizähnigen Liganden mit identischen Kettengliedern und -enden geben Anlaß zur *optischen Isomerie*. Die Möglichkeit, Gemische von Antipoden aufzutrennen, ist an eine gewisse Robustheit gebunden, d. h. die Razemisierung muß mehr Zeit benötigen als der zweckdienliche Trennprozeß.

Die Darstellung des Trisoxalatokomplexes $Cr(C_2O_4)_3^{3-}$ illustriert einen gegenüber weiter oben erwähnten Verfahren prinzipiell verschiedenen präparativen Weg im Bereich der Übergangsmetallverbindungen: $Cr(VI)$ in $Cr_2O_7^{2-}$ wird mit $C(III)$ im Liganden $C_2O_4^{2-}$ (bzw. dem protonierten) zu $Cr(III)$ in $Cr(C_2O_4)_3^{3-}$ reduziert. In diesem speziellen Fall ist der eingesetzte Ligand selbst Reduktionsmittel. Der Zugang von einer Oxydationsstufe aus zu einer anderen angestrebten drängt sich dann auf wenn

(i) im Zuge der Reduktion von einer höheren Stufe aus labile Zwischenstufen durchlaufen werden,

(ii) das tieferwertige labile $M(z)$ den Liganden im Gleichgewichtsgemisch koordiniert und darin leicht oxydiert werden kann.

Die Inertheit (= Robustheit) des $Cr(III)$ hat sich schon im langsamen Wasseraustausch des Hexaquoions geäußert (S. 39, Kapitel 4) und steht in scharfem Gegensatz zur Labilität des Cr_{aq}^{2+}, dessen Aquohülle kolossal rasch ersetzt werden kann. (Man beachte die gegensätzlichen Begriffe „inert" (robust) und „labil", die also kinetisches Verhalten auszeichnen.) Der Zugang zu $Cr(III)$-Komplexen von $Cr(II)$ aus ist dadurch attraktiv, daß $Cr(II)$ äußerst oxydationsempfindlich ist, wenn nicht stark reduzierende Liganden an ihm koordiniert sind.

$Cr(II)$ zeigt eine gewisse Ähnlichkeit zu $Cu(II)$, die z. B. in der Serie mononuklearer Amminkomplexe dadurch zum Ausdruck kommt, daß ebenfalls nach $n = 4$ ein Stabilitätsabfall verzeichnet wird und erst bei erheblichem Ammoniakgehalt der Pentamminkomplex in wesentlicher Konzentration im Gleichgewicht vorliegt. Diesem Umstand verdankt die Oxydation von $Cr(II)$ ihren speziellen Verlauf. Sie liefert nämlich vorerst einen binuklearen Komplex, in dem zwei Pentamminchromgruppen über eine Sauerstoffbrücke verknüpft sind (7.6).

$$(H_3N)_5Cr-O-Cr(NH_3)_5^{4+} \overset{pK\ 7,6}{\rightleftharpoons} (H_3N)_5Cr-OH-Cr(NH_3)_5^{2+}$$
$$\text{(7.IV)} \qquad\qquad\qquad \text{(7.V)} \downarrow H_3O^+$$
$$2\,(H_3N)_5Cr(OH_2)^{3+}$$
$$\text{(7.VI)}$$

(7.6)

Bei der Protonierung dieses Brückensauerstoffs bricht der Binukleare (7.V) in die Mononuklearen (7.VI) auf. Das entsprechende Gleichgewicht stellt sich aber langsam genug ein, damit der Rhodokomplex (7.V) isoliert werden kann. Eine genauere Untersuchung mit ^{18}O-markiertem O_2 hat übrigens ergeben, daß der Brückensauerstoff in (7.IV) aus der Sauerstoffmolekel und nicht aus dem Lösungsmittel stammt. Die O_2-Molekel muß infolgedessen eine gewisse Koordinationstendenz an $Cr(NH_3)_5^{2+}$ besitzen und an einem solchen Komplexteilchen in direktem Kontakt mit $Cr(II)$ lange genug haften bleiben, bis eine zweite $Cr(II)$-Partikel eingreift.

Der basische (7.IV) und der normale (7.V) Rhodokomplex unterscheiden sich ganz wesentlich im Paramagnetismus; der Betrag für den basischen Rhodokomplex (7.IV) ist wesentlich niedriger als jener für den normalen Rhodokomplex (7.V), und der Farbunterschied hat einen direkten Zusammenhang mit diesem Sachverhalt. Die gestreckte Oxobrücke in (7.IV) muß in eine gewinkelte übergehen, wenn die Protonierung zur Hydroxobrücke erfolgt.

Chelatkomplexe von Cr(III) lassen sich am besten ebenfalls von Cr(II) her darstellen, so zum Beispiel der Nitrilotriacetatokomplex $Cr(nta)(OH_2)_2$. Bei der Deprotonierung desselben soll sich ein Trinuklearer (7.VII) isolieren lassen, dessen Bildung unter Austritt von Wasser an Cr(III) abläuft.

$$\begin{array}{c}
\overset{\displaystyle \diagup OH \diagdown}{(nta)Cr \quad Cr(nta)} \\
| \qquad | \\
OH \quad OH \qquad Cr_3(OH)_3(nta)_3^{3-} \\
\diagdown Cr \diagup \\
(nta)
\end{array}$$

(7.VII)

Die Vernetzung in drei Dimensionen kann unterbunden werden, wenn Metallzentren nicht allseitig von Aquoliganden umgeben sind. Nach dem Verhalten von Cr(III) nach Kategorie a (S. 75, Kapitel 6) sollte CN^- kein typischer Ligand sein, der im Gleichgewicht die bevorzugten H_2O bzw. OH^- übertreffen könnte. Der Hexacyanokomplex $Cr(CN)_6^{3-}$ hält sich in neutraler und alkalischer Lösung über unbeschränkte Zeit, wird jedoch in saurer Lösung Schritt für Schritt abgebaut bis zum Hexaquochrom(III)ion (7.7).

Bruttogleichgewicht:

$$Cr(CN)_6^{3-} + 6\,H_{aq}^+ \rightleftharpoons Cr(OH_2)_6^{3+} + 6\,HCN\,. \qquad (7.7)$$

Der präparative Weg zu $Cr(CN)_6^{3-}$ geht aus von Cr(VI) in konzentrierter alkalischer Cyanidlösung, oder von locker polynuklearem Cr(III) mit OH^- und Acetat als Liganden. Beim zweiten Verfahren löst man frisch gefälltes, nasses Cr(III)-Hydroxid mit Eisessig und trägt diese Lösung in kochende Kaliumcyanidlösung ein.

Die Existenz des fast farblosen (schwach gelblich) $Cr(CN)_6^{3-}$ ist ein interessanter Kommentar zu den Eigenschaften von CN^- (siehe auch Kapitel 10). Das Gleichgewicht (7.7) liegt eindeutig auf der Seite des Aquoions, wozu die Protonbasizität (siehe 7.8) von CN^- und die günstige Entropieänderung für (7.7) den Ausschlag geben.

$$H_{aq}^+ + CN^- \rightarrow HCN \qquad (7.8)$$

$$\left.\begin{array}{l}
\Delta H = -\,10{,}4\,\text{kcal/Mol} \\
T\Delta S = +\ 2{,}1\,\text{kcal/Mol}
\end{array}\right\} 25\,^\circ C;\ \mu \rightarrow 0\,.$$

Es ist interessant zu fragen, ob Cr(II) in Cr_{aq}^{2+} oder in $Cr(CN)_x^{2-x}$ reduzierender sei. Dabei ist zu bedenken, daß letzteres Komplexion nur in Cyanidlösungen, also in alkalischer Lösung existieren kann. Die spontane Elektronenabgabe führt jedoch im ersten Fall zum Aquokomplex und im zweiten zum Hexacyanokomplex, wenn die Halbzellen Cr(III)/Cr(II) in saurer Lösung für die Aquohüllen und in alkalischer

Lösung für die Cyanohüllen gegen eine Normalwasserstoffelektrode geschaltet werden. Für diese Potentiale gilt (bei Eliminierung von Phasengrenzpotentialen)

$$E = E^0 + s \cdot \log \frac{[\mathrm{Cr(III)}]}{[\mathrm{Cr(II)}]} \; ; \quad s = \frac{RT}{F} \cdot \ln 10 \,,$$

$$F = \text{Faradaysche Konstante}$$

wo Cr(III), Cr(II) einerseits das Paar der Aquoionen, anderseits das Paar der Hexacyanokomplexionen bezeichnen soll. Wahrscheinlich liegt in 1 M KCN $\mathrm{Cr(CN)_6^{4-}}$ vor. Die betreffenden Werte von E^0 findet man bei 25 °C zu

$$
\begin{array}{lc}
 & E^0 \\
\mathrm{Cr(H_2O)_6^{3+}/Cr_{aq}^{2+}} & -\,0{,}41\ \mathrm{V} \quad (\mu = 0) \\
\mathrm{Cr(CN)_6^{3-}/Cr(CN)_x^{2-x}} & -\,1{,}2\ \mathrm{V} \quad (1\ \mathrm{M\ KCN})\,.
\end{array}
$$

Die freie Enthalpie des Redoxprozesses (7.9)

$$\mathrm{Cr(CN)_x^{2-x}} + \mathrm{Cr(H_2O)_6^{3+}} \rightarrow \mathrm{Cr(CN)_6^{3-}} + \mathrm{Cr_{aq}^{2+}} \tag{7.9}$$
$$\text{(in 1 M KCN)}$$

würde somit $\approx -0{,}79 \cdot 23$ kcal/Mol ≈ -18 kcal/Mol betragen.

Das ist äquivalent der Aussage, die Stabilität des Hexacyanokomplexes von Cr(III) sei gegenüber $\mathrm{Cr(CN)_x^{2-x}}$ (falls $x = 6$) um etwa den Faktor 10^{+13} größer. Messungen von Redoxpotentialen stellen allgemein eine Methode dar, um relative Stabilitäten (bzw. Unterschiede von Konstanten) von $M(z)$ und $M(z')$ zu messen. Dies ergibt sich für $x = 6$ in (7.9) aus der Form des Gleichgewichtsausdruckes (7.10)

$$K = \frac{[\mathrm{Cr(CN)_6^{3-}}]\,(\mathrm{Cr_{aq}^{2+}})}{[\mathrm{Cr(OH_2)_6^{3+}}]\,[\mathrm{Cr(CN)_6^{4-}}]} = \frac{\beta_6(\mathrm{Cr(III)})}{\beta_6(\mathrm{Cr(II)})} \tag{7.10}$$
$$\Delta G = -\,RT \ln K \approx (0{,}41 - 1{,}2) \cdot 23\ \mathrm{kcal/Mol}\,.$$

Der robuste Hexacyanokomplex von Cr(III) reagiert mit Hydroxylamin unter Disproportionierung des letzteren, und dabei wird nur ein Cyanidligand ersetzt (7.11):

$$\mathrm{Cr(CN)_6^{3-}} + 2\,\mathrm{H_2NOH} \rightarrow [\mathrm{Cr(CN)_5\,(NO)}]^{3-} + \mathrm{NH_3} + \mathrm{HCN} + \mathrm{H_2O}\,. \tag{7.11}$$

Das ist eine Reaktion eines koordinierten Liganden, die denselben vom freien unterscheidet. Wir begegnen im Pentacyano-nitrosylchromkomplex einem in Kapitel 2, S. 8, angetönten Problem. Soll Cr(III) beibehalten werden, so wird der Ligand als $\mathrm{NO^-}$ zugeordnet, wird NO gewählt, so hat man Cr(II), wählt man $\mathrm{NO^+}$, so ergibt sich Cr(I). Die letzten beiden NO-Partikeln sind bekannt, so etwa $\mathrm{NO^+}$ in seinem kristallinen Perchlorat. Das Problem erhebt sich bei vielen anderen Cyanokomplexen, welche NO einbauen können, und allgemein würde ein endgültiger Kommentar eine adäquate Erfassung des Bindungssystems voraussetzen. Es steht aber fest, daß im grünen $\mathrm{Cr(CN)_5(NO)^{3-}}$ eine weitgehende Verwischung der Elektronensysteme von Cr und den Liganden erfolgt ist, welche Partner definierter Konfigurationen nicht mehr ohne weiteres erkennen läßt.

In der Vertikalreihe Cr, Mo, W soll nun noch die Frage des Verhaltens von analogen Komplexen der $\ddot{U}_1$- und $\ddot{U}_2$-Zentren angeschnitten werden. Die dem $Cr(CN)_6^{3-}$ analogen Hexacyanokomplexe von Mo(III) und W(III) sollen kürlich dargestellt worden sein, und zwar durch Oxydation der Hexacyanokomplexverbindungen $K_4[Mo(CN)_6]$ und $K_4[W(CN)_6]$ von Mo(II) bzw. W(II). Charakteristischerweise wurden jedoch diese Ausgangsprodukte durch langsame Reduktion von Mo(IV) und W(IV) in den Octacyanokomplexverbindungen $K_4Mo(CN)_8$ und $K_4W(CN)_8$ mit molekularem Wasserstoff bei ca. 350 °C nach Gleichung (7.12) erhalten.

$$K_4[Mo(CN)_8] + H_2 \rightarrow K_4Mo(CN)_6 + 2\,HCN$$
$$\downarrow \quad \text{Oxydation} \qquad (7.12)$$
$$K_3Mo(CN)_6 \;.$$

Die Octacyanokomplexe von Mo(IV) und W(IV) können mit Ce(IV) oder elektrolytisch zu den betreffenden Octacyanokomplexen von Mo(V) und W(V) oxydiert werden. Die repräsentativen Cyanokomplexe sind also eindeutig jene von Mo(IV) und W(IV) ($q = 2$) mit Koordinationszahl 8. Die Extrapolation der Redoxpotentiale in (7.13) auf ein hypothetisches Paar Cr(V)/Cr(IV) würde mit der Erfahrung übereinstimmen, wonach Cr(VI) in Gegenwart von überschüssigem Cyanid zu Cr(III) reduziert wird, d. h. die Zwischenstufen Cr(V), Cr(IV) sind immer noch zu oxydierend und werden durchlaufen.

$$\begin{aligned} Mo(CN)_8^{3-}/Mo(CN)_8^{4-} &+ 0{,}73\ V \quad (\mu \rightarrow 0{,}25\,°C) \\ W(CN)_8^{3-}/W(CN)_8^{4-} &+ 0{,}46\ V \quad (\mu \rightarrow 0{,}25\,°C)\,. \end{aligned} \qquad (7.13)$$

Die Koordinationszahl 8 ist nicht mit der ästhetisch ansprechenden kubischen Anordnung (innenzentrierter Würfel) der Liganden verbunden; im kristallinen $K_4[Mo(CN)_8]$ sind die Liganden dodekaedrisch angeordnet (7.VIII).

Tatsächlich gibt es auch für Mo(III) eine Reihe von sechsfach koordinierten Komplexen. Solche durchläuft man bei der Darstellung der erwähnten Octacyanokomplexe (7.14). In wäßriger konzentrierter Salzsäure existieren $MoCl_6^{3-}$ und $MoCl_5(H_2O)^{2-}$ von Mo(III), ganz im Gegensatz zu den analogen Cr(III)-Komplexen. Außerdem ist Mo(III) in den entsprechenden Komplexen viel stärker reduzierend als Cr(III).

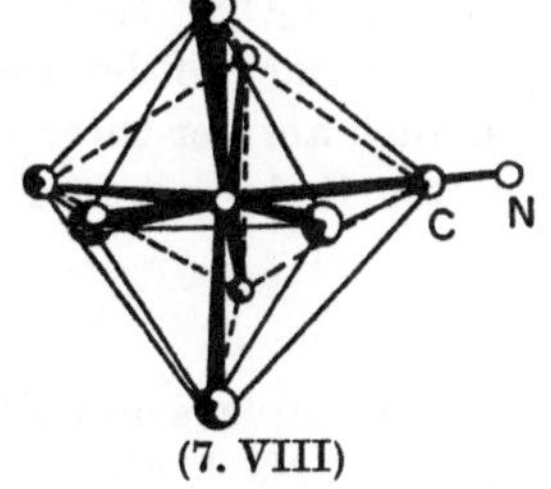

(7. VIII)

$$\begin{array}{ll} Mo(VI) & Mo(III) \\ & \\ & \overset{HCl_{konz.}}{} \\ MoO_3 \xrightarrow[\text{Red.}]{} MoCl_6^{3-} & \longrightarrow Mo(NCS)_6^{3-};\ Mo(phen)_3^{3+} \\ \quad\big\downarrow\ \text{Subst.} & \qquad\qquad\big\downarrow\ KCN;\ \text{Lösung} \qquad (7.14) \\ \quad\ \ KHF_2 & \qquad\qquad\quad\ \text{Oxyd.} \\ \qquad MoF_6^{3-} & \qquad Mo(CN)_8^{4-};\ Mo(IV) \\ & \qquad\ \big\downarrow\ \text{Oxyd.} \\ & \qquad Mo(CN)_8^{3-};\ Mo(V)\,. \end{array}$$

(Das hypothetische Mo_{aq}^{3+} würde demnach Wasser spontan reduzieren.) Die einzige binäre Cr(V)-Verbindung anderseits ist das flüchtige rote CrF_5 (Smp. 30 °C), und stabiles Cr(VI) wird nur in Gegenwart von O(−II) erreicht, so etwa im bekannten CrO_3, während CrF_6 — gebildet durch Fluorierung des Metalles bei 400 °C und 350 at. Druck — nur unterhalb −100 °C vor dem spontanen Zerfall in CrF_5 und Fluor bewahrt werden kann.

Aus der Chemie von Co, Rh, Ir

Im Gegensatz zu Cr(III) läßt sich Co(III) nur in $M(I)_3[CoF_6]$ als oktaedrischer, paramagnetischer Hexahalogenokomplex fassen, während die höheren Halogenide zu reduzierend sind und nur labile tetraedrische Co(II)-Komplexe liefern. Das diamagnetische blaue Aquoion $Co(H_2O)_6^{3+}$ kann etwa von Co_{aq}^{2+} aus elektrolytisch oder durch Eintragen von gelöstem $Co(CO_3)_3^{3-}$ in starke überschüssige Perchlorsäure gebildet werden. Allerdings oxydiert $Co(H_2O)_6^{3+}$ Wasser zu O_2 in spontaner Reaktion, und seine relativ hohe Acidität (pK $\sim$ 1) trägt dazu bei, daß es als allgemeines präparatives Ausgangsmaterial ungeeignet ist, wenn basische Liganden eingesetzt werden müssen. Der grüne Tricarbonatokomplex ist hierzu besser geeignet. Er wird durch Oxydation von Co(II) in konzentrierter wäßriger Lösung von $NaHCO_3$ mit (30%) H_2O_2 gebildet. In verhältnismäßig rascher Reaktion werden z. B. cis- und trans-$Co(NH_3)_2(CO_3)_2^-$ oder $Co(en)(CO_3)_2^-$ erhalten, wobei sie als Alkalisalze isoliert werden können. Deren Hydrolyse in saurer Lösung liefert primär Tetraquodiamminkomplexe mit $pK_1 \sim$ 4. Die Acidität von koordiniertem Wasser und viel drastischer die oxydierende Wirkung von Co(III) nehmen ab, wenn x in $Co(NH_3)_x(H_2O)_{6-x}^{3+}$ über 2 hinaus wächst. Fe(II) reduziert $Co(NH_3)_2(H_2O)_4^{3+}$ spielend, während $Co(NH_3)_6^{3+}$ nicht reduziert wird, was nicht nur auf der Inertheit gegenüber Elektronenübertragung, sondern auch auf der thermodynamischen Stabilität beruht, wie die beiden nächsten Redoxpotentiale (7.15) zeigen.

$$\begin{aligned} Co_{aq}^{3+}/Co_{aq}^{2+} &\qquad +1{,}84\,V \\ Co(NH_3)_6^{3+}/Co(NH_3)_6^{2+} &\quad +0{,}1\,V\,. \end{aligned} \qquad (7.15)$$

Die Komplexe mit ZKE CoN_5X werden allgemein von Co(II) aus dargestellt. Nach Abb. 5.3, S. 57, kann $\bar{n} = 6$ erst in der Grenze gegen flüssiges Ammoniak, $\bar{n} = 5$ jedoch bei $NH_3 \approx 1\,M$ erreicht werden. Solche Lösungen sind stark reduzierend, und molekularer Sauerstoff wird gierig aufgenommen. Dabei wird O_2^{2-} als Brücke zwischen zwei Co(III)-Zentren eingespannt. Die saure hydrolytische Spaltung von dunkelbraunem μ-Peroxodekammindikobalt(III) liefert rotes Pentamminaquocobalt(III) nach (7.16), sofern nicht ein Fremdligand L zu $Co(NH_3)_5L$ führt.

$$(H_3N)_5Co(O_2)Co(NH_3)_5^{4+} \xrightarrow{\;H_{aq}^+\;} 2\,(H_3N)_5Co(OH_2)^{3+}\; \text{u. a. Produkte mit Co(III).} \qquad (7.16)$$

Bei derselben Oxydation wird in Gegenwart von Aktivkohle direkt der eminent robuste Hexamminkobalt(III)komplex erhalten. Er zerfällt erst in heißer konzentrierter Schwefelsäure innerhalb kürzerer Zeit, während kalte Säuren über lange Zeit hinweg ohne Wirkung bleiben. Die zweifellos schnellste Methode, um die Amminhülle aufzubrechen und zu ersetzen, besteht in der Umwandlung in schwarzes Sulfid in alkalischer Alkalisulfidlösung, die nur kurze Zeit benötigt. Der primäre Angriff von S($-$II) erfolgt mit hoher Wahrscheinlichkeit am Deprotonierten, d. h. an $Co(NH_3)_5(NH_2)^{2+}$ (siehe Kapitel 8).

Wird Co(II) in ein Lösungssystem eingetragen, das nebst dem konjugierten Paar HCO_3^-/CO_3^{2-} auch eines der Paare NH_4^+/NH_3 oder enH^+/en, $trenH^+/tren$ enthält und außerdem suspendiertes Pb(IV)-Oxid, so können aus dem Reaktionsgemisch direkt die Komplexe (7.IX)

$$A_4Co\!\!\begin{array}{c}O\\[-2pt]\diagdown\\[-6pt]\diagup\\[-2pt]O\end{array}\!\!C\!=\!O; \quad 4\,A\!:\!4\,NH_3;\,2\,en;\,tren$$

(7.IX)

isoliert werden. Diese sind günstige Ausgangsprodukte für die Reihen

$$CoN_4X_2,\ CoN_4XY,\ CoN_4L$$
$$X,Y:\ \text{einzähnige Liganden}$$
$$L:\ \text{zweizähniger Ligand}$$
$$Co:\ Co(III).$$

Carbonat ist ein speziell interessanter Ligand L in (7.IX), weil Co(III) zwei Sauerstoffe desselben zu einem Chelat-4-Ring verknüpfen kann. Auch PO_4^{3-}, AsO_4^{3-}, SO_4^{2-} und SeO_4^{2-} lassen sich derart zweizähnig einbauen.

Im Kristallverband ist der Winkel $O - Co(III) - O$ (70°) wesentlich kleiner als 90° und ebenso ist der Winkel $O-C-O$ (110°) kleiner als 120°. Die Robustheit von Co(III) in diesen Komplexen reicht aus, damit Ringöffnungsgleichgewichte ermittelt werden können, wie z. B. (7.17).

$$(en)_2Co\!\!\begin{array}{c}O\\[-2pt]\diagdown\\[-6pt]\diagup\\[-2pt]O\end{array}\!\!C\!=\!O + \underset{-OH^-}{\overset{+OH^-}{\rightleftarrows}}(en)_2\,Co\!\!\begin{array}{c}O-CO_2\\[-2pt]\diagup\\[-6pt]\diagdown\\[-2pt]OH\end{array} \qquad (7.17)$$

$$Co(en)_2CO_3^+ + H_2O \rightleftarrows Co(en)_2(CO_3)(OH_2)^+; \quad K = 10^{-2}\,(20°C).$$
$$\text{cis}$$

Die offene Form des Carbonatobisäthylendiaminkomplexes kann einerseits ein Proton aufnehmen und anderseits eines abgeben (7.18).

$$\left.\begin{array}{l}(en)_2Co\!\!\begin{array}{c}OCO_2\\[-2pt]\diagup\\[-6pt]\diagdown\\[-2pt]OH\end{array} + H_{aq}^+ \rightleftarrows (en)_2Co\!\!\begin{array}{c}OCO_2\\[-2pt]\diagup\\[-6pt]\diagdown\\[-2pt]OH_2\end{array}\ ;\ pK = 8\\[20pt](en)_2Co\!\!\begin{array}{c}OCO_2\\[-2pt]\diagup\\[-6pt]\diagdown\\[-2pt]OH_2\end{array} + H_{aq}^+ \rightleftarrows (en)_2Co\!\!\begin{array}{c}OCO_3H\\[-2pt]\diagup\\[-6pt]\diagdown\\[-2pt]OH_2\end{array}\ ;\ pK = 5{,}3\end{array}\right\}\begin{array}{c}\mu = 0{,}1\\20°C\end{array}\quad (7.18)$$

Einzähnig koordiniertes Carbonat ist um 2 bis 3 Einheiten basischer als HCO_3^- (pK 3,3), wie die Angaben (7.18) sowie der pK-Wert 6,4 für die Protonierung von $Co(NH_3)_5CO_3^+$ zeigen. Der acidifierende Einfluß von Co(III) ist also geringer als jener des Protons.

Es ist nicht bekannt, ob der weiter oben erwähnte Tricarbonatokomplex $Co(CO_3)_3^{3-}$ tatsächlich drei Chelat-4-Ringe oder zum Teil geöffnete Ringe enthält (Eintritt von Wasser). Beim Konzentrieren seiner Lösungen tritt offensichtlich Verknüpfung von Co(III)-Zentren über CO_3^{2-}-Brücken ein, was die Schwerlöslichkeit von „$Na_3Co(CO_3)_3 \cdot 3\ H_2O$" verständlich machen würde. Drei einwandfreie Chelat-4-Ringe besitzen jedoch die oktaedrischen (im weiteren Sinne) Komplexe $Co(dtp)_3$ mit $Co(III)S_6$ als ZKE und Diäthyldithiophosphat (dtp^-) als Liganden (7.X).

$$\left[\begin{matrix} S \\ S \end{matrix} \!\!> P <\!\! \begin{matrix} OC_2H_5 \\ OC_2H_5 \end{matrix} \right]^{-} \quad dtp^-$$

$$(7.X)$$

$Co(dtp)_3$ gibt nun Gelegenheit, mononukleare Komplexe mit $S(-II)$ als Ligandatomen zu studieren. Die schwache Base dtp^- ($pK \sim 0$) ist in wäßriger Lösung selbst bei Konzentrationen um 0.5 M nur in unwesentlichem Maße an Co(II) koordiniert, während sich himmelblaues $Co(dtp)_2$ in mit Wasser nicht mischbare organische Lösungsmittel extrahieren läßt. Daselbst tritt an der Phasengrenze mit molekularem Sauerstoff Oxydation zum braunen $Co(dtp)_3$ unter Einbau eines dritten Liganden dtp^- ein. Die koordinativen Eigenschaften von dtp^- können im artfremden Lösungsmittel Wasser auch gegenüber Mn(II), Fe(II), Zn(II), Ga(III) nicht richtig zum Ausruck kommen, lassen sich aber in organischen Lösungsmitteln ohne weiteres zeigen.

Cyanid ist ein vielseitiger Ligand, weil die Ladung ($\rightarrow$ Madelung-Energie) gleichsam eine Komponente in Richtung allgemeine Koordinationstendenz (siehe Kapitel 4, 5, 6) verursacht, anderseits jedoch die geringe Elektronegativität von C dem Ligandatom in mononuklearen Komplexen ein selektiveres Verhalten aufpfropft. (Siehe Existenz von Cr(III)-Komplexen und Ag(I) in $Ag(CN)_2^-$.) In der Regel läßt sich Cyanid entweder nicht mit extrem harten Liganden (im Sinne von Pearson) wie F^- und OH_2 in dieselbe Koordinationssphäre bringen, oder dieselben können leicht durch weichere wie J^- ersetzt werden.

Aus wäßrigen Lösungen von Co(II) fällt Cyanid unmittelbar das ganz und gar nicht „einfache" bräunliche Cyanid $Co(CN)_2 \cdot 2\ H_2O$, das bei Entwässerung (N_2-Atmosphäre, ca. 250 °C) in das wasserfreie blaue $Co(CN)_2$ übergeht. Dieses ist befähigt, polare kleinere Molekeln wie CH_3OH, CH_3CN reversibel aufzunehmen. In der wasserhaltigen Verbindung liegen höchstwahrscheinlich verschiedene Co(II)-Zentren vor, d. h. solche mit vorwiegend C und andere mit N und O als Ligandatomen. Da die Struktur noch nicht aufgeklärt ist, sei als illustratives Beispiel für derartige Bauprinzipien jenes von $Ni(CN)_2 \cdot 1\frac{1}{2}\ H_2O$ herangezogen (7.19).

$$Ni(CN)_2 \cdot 1\tfrac{1}{2}\ H_2O \begin{cases} \tfrac{1}{2}\ Ni(CN)_{4/4}, & \text{ZKE } NiC_4 \text{ quadratisch planar} \\ \tfrac{1}{2}\ Ni(NC)_{4/4}\ (H_2O)_2, & \text{ZKE trans } NiN_4O_2 \text{ oktaedrisch} \\ \tfrac{1}{2}\ H_2O: & \text{in Hohlräumen} \end{cases} \qquad (7{,}19)$$

Der schwerlösliche Niederschlag $Co(CN)_2 \cdot 2\,H_2O$ löst sich im Überschuß von Cyanid zu $Co(CN)_5^{3-}$. Diese Erkenntnis war mit einigen Schwierigkeiten verbunden, die auf besonders interessanten Eigenschaften dieses Co(II)-Komplexes beruhen. Wenn molekularer Sauerstoff genügend rasch eingeleitet wird, so bildet sich der binukleare (7.XI), dessen Kaliumsalz auf Zusatz von Alkohol ausfällt und sich aus wäßriger KOH-Lösung umkristallisieren läßt. Bei langsamem Nachschub von Sauerstoff hingegen wird der Co(III)-Komplex (7.XII) erhalten, und bei Erhitzen in Lösung entsteht der robuste Hexacyanokomplex $Co(CN)_6^{3-}$.

$$[(NC)_5\,Co\,O_2\,Co\,(CN)_5]^{6-} \quad\quad [Co\,(CN)_5\,(H_2O)]^{2-}$$
$$(7.XI) \quad\quad\quad\quad\quad\quad (7.XII)$$

Bei Erhitzen von $Co(CN)_5{}^{3-}$ unter Luftabschluß und in Gegenwart von überschüssigem Cyanid wird molekularer Wasserstoff entwickelt (7.20).

$$Co(CN)_5^{3-} + CN^- + H_2O \rightarrow Co(CN)_6^{3-} + \tfrac{1}{2}H_2 + OH^- . \tag{7.20}$$

Anderseits kann Co(II) in $Co(CN)_5{}^{3-}$ mit Wasserstoff oxydiert werden, weil nämlich (7.XIII) als Co(III)-Komplex gesehen werden muß, indem H als H($-$I) zuzuordnen ist (siehe Kapitel 10 und 12).

$$2\,Co(CN)_5^{3-} + H_2 \rightleftarrows 2\,[Co(CN)_5\,H]^{3-} . \tag{7.21}$$
$$(7.XIII)$$

Im reversiblen Gleichgewicht (7.21) liegt im Bereich von 0 °C bis 35 °C vorwiegend der Pentacyanohydridokomplex vor ($p_{H_2} = 1$ at). Die Wasserstoffaufnahme erfolgt exotherm ($\Delta H = -11{,}2$ kcal/Mol). $Co(CN)_5^{2-}$ baut bevorzugt leicht oxydierbare und wenig elektronegative Ligandatome ein wie J^- und H^-.

Man erinnert sich, daß $CoF_3(s)$ von Wasser spontan reduziert wird und weder $CoCl_3(s)$ noch Salze von $CoCl_6^{3-}$ existieren. Das hypothetische $CoCl_6^{3-}$ müßte spontan den Redoxprozeß

$$Co(III) + Cl(-I) \rightarrow Co(II) + \tfrac{1}{2}Cl_2$$

erleiden, d. h. der Ladungsausgleich zwischen Ligandhülle und Zentralion würde in extremem Maße verlaufen. Wir finden in der Existenz von $RhCl_3$ und $IrCl_3$, sowie $RhCl_6^{3-}$ und $IrCl_6^{3-}$ einen früheren Eindruck bestätigt, wonach höhere Oxydationsstufen bei $Ü_2$- und $Ü_3$-Zentren stabiler sind als bei den entsprechenden der Kategorie $Ü_1$.

Komplexsalze von $RhCl_6^{3-}$ lassen sich etwa bei der Oxydation von metallischem Rhodium in geschmolzenem Alkalichlorid unter Einwirkung von Chlor gewinnen. Die ganze Serie der Chlorokomplexe (7.22) ist zugänglich, weil der Ligandersatz

$$RhCl_x(H_2O)_{6-x}^{3-x}$$
$$0 \leq X \leq 6 \tag{7.22}$$

genügend langsam verläuft und rosarotes $RhCl_6^{3-}$ in konzentrierter HCl auch thermodynamisch genügend stabil ist, während in 1 M HCl Tetra-

nebst Pentachlorokomplex vorliegt. In heißer starker $HClO_4$ kann das robuste gelbe Aquoion $Rh(H_2O)_6^{3+}$ erhalten werden, dessen pK-Wert ca. 3 beträgt. Die entsprechende Reihe der Ir(III)-Komplexe ist zur Zeit nur für $x \geqq 3$ identifiziert worden, und diese sind noch robuster als die analogen Rh(III)-Komplexe. So benötigt $IrCl_6^{3-}$ bei 25 °C ungefähr 8 Tage, um in stark perchlorsaurer Lösung (ca. 1 M $HClO_4$) zur Hälfte in $IrCl_5(H_2O)^{2-}$ überzugehen.

Tabelle 7.1 vereinigt bekannte Komplexe der Reihe M(III), $q = 6$:

Tabelle 7.1. *Oktaedrische Komplexe von Co(III), Rh(III), Ir(III).* x: ML_6 bzw. xx: ML_3

L	Co(III)	Rh(III)	Ir(III)
F^-	x	x	
Cl^-		x	x
H_2O	x	x	
$C_2O_4^{2-}$	xx	xx	xx
dtp^-	xx	xx	xx
NH_3	x	x	x
NO_2^-	x	x	x
CN^-	x	x	x

Isomerie

Die Isolierung von Isomeren ist stets an ein gewisses robustes Verhalten gebunden. Die folgenden historisch bedeutsamen Isomeriearten lassen sich aufgrund der Koordinationszahl 6 bzw. 4 der Zentralionen verstehen und werden durch die Beispiele selbst erläutert:

Koordinationsisomerie: $[Co(phen)_3][CrOx_3]$ und $[Cr(phen)_3][CoOx_3]$
$[Pt(NH_3)_4][CuCl_4]$ und $[Cu(NH_3)_4][PtCl_4]$
Ionisationsisomerie: $[Pt(NH_3)_3Br]NO_2$ und $[Pt(NH_3)_3(NO_2)]Br$
$[CrCl(H_2O)_5]Cl_2 \cdot H_2O$ und $[Cr(H_2O)_6]Cl_3$
Polymerisationsisometrie:

Formeleinheit und Konstitution	Anzahl „Monomere" $Co(NH_3)_3(NO_2)_3$ pro Formeleinheit
$[Co(NH_3)_3(NO_2)_3]$	1
$[Co(NH_3)_6][Co(NO_2)_6]$	2
$[Co(NH_3)_4(NO_2)_2][Co(NH_3)_2(NO_2)_4]$	2
$[Co(NH_3)_5(NO_2)][Co(NH_3)_2(NO_2)_4]_2$	3
$[Co(NH_3)_6][Co(NH_3)_2(NO_2)_4]_3$	4
$[Co(NH_3)_4(NO_2)_2]_3[Co(NO_2)_6]$	4
$[Co(NH_3)_5(NO_2)]_3[Co(NO_2)_6]_2$	5

Bindungsisomerie

Diese stellt ein interessantes Phänomen im Bereich *ambivalenter Liganden* dar, welche Ligandatome verschiedener Art enthalten. Ein bestimmtes

Metallion wählt oft eines derselben aus oder hat die Möglichkeit, das Ligandatom am selben Liganden zu wechseln. Bindungsisomere unterscheiden sich im Ligandatom bei ein und demselben Liganden.

Ambivalente Liganden sind etwa:

Liganden	Ligandatome
NO_2^-	N oder O
NCS$^-$	N oder S
SO_3^{2-}	S oder O
CN$^-$	C oder N

Das „oder" gilt natürlich nur bei einzähniger Funktion des Liganden. Ambivalente Liganden können in polynuklearen benachbarten Metallzentren je ein anderes Ligandatom anbieten, so z. B. im erwähnten Beispiel $Co(CN)_2$, oder im schwerlöslichen polynuklearen Ag(NCS), wo Ag-NCS-Ag als Strukturelement die Schwerlöslichkeit verursacht.

Beispiele für Bindungsisomerie:

$[Co(NH_3)_5(ONO)]^{2+}$ und $[Co(NH_3)_5(NO_2)]^{2+}$
Nitrito-   Nitro-
$Pd(dip)(SCN)_2$ und $Pd(dip)(NCS)_2$
$Rh(NH_3)_5(NCS)^{2+}$ und $Rh(NH_3)_5(SCN)^{2+}$
$Ir(NH_3)_5(NCS)^{2+}$ und $Ir(NH_3)_5(SCN)^{2+}$

Sulfit koordiniert in allen einwandfrei untersuchten Komplexen mit S, und CN$^-$ in den mononuklearen über C.

Stereoisomerie: geometrische und optische Isomerie

Wenn sich die Liganden innerhalb einer Koordinationssphäre in verschiedener Stellung zueinander anordnen lassen, so resultieren geometrische Isomere. Diese sind besonders verbreitet im Bereich quadratisch planarer Komplexe von Ü$_2$- und Ü$_3$-Zentren mit $q = 8$, Konfiguration n d^8 ($S = 0$), also Pd(II), Pt(II), sowie unter robusten oktaedrischen Komplexen von Cr(III), Co(III), Rh(III), Ir(III), Pt(IV).

Die möglichen Anordnungen von oktaedrischen ZKE MA_4B_2, MA_3B_3, $MA_2B_2C_2$, ..., MABCDEF, wo A, B, C, ... Ligandatome bedeuten, können systematisch aufgesucht werden. Der letzte Fall mit 6 verschiedenen Ligandatomen bzw. einzähnigen Liganden würde zu 15 geometrischen Isomeren führen, die selber je ein Paar Antipoden verursachen könnten. Ein Komplex mit solchen Veranlagungen ist

$$Pt(NH_3)(NO_2)(py)(Cl)(Br)(J).$$

Literatur

Rhodanokomplexe des Cr(III):
BJERRUM, N.: Z. anorg. Chem. 118, 131 (1921); 119, 179 (1921).

Komplexchemie des Cr(III):
Aqueous chemistry of Cr(III). J.E. EARLEY, and R.D. CANNON in: Transition metal chemistry, Vol. 1, 34. Ed. R.L. CARLIN. New York: Dekker 1965.

Cyanokomplexe:

CHADWICK, B.M., and A.G. SHARPE: Transition metal cyanides and their complexes, Adv. Inorg. Radiochem. **8**, 84 (1966).

LUDI, H. u. R. RÜGI: *Struktur von Ni(CN)₂·nH₂O.* Helv. Chim. Acta **50**, 1285 (1967).

Cyanokomplexe von Mo(II), W(II):

YOE, J.S., E. GRISWOLD, and J. KLEINBERG: Inorg. Chem. **4**, 365 (1965).

Rhodokomplexe von Cr(III):

SCHWARZENBACH, G., u. B. MAGYAR: Helv. Chim. Acta **45**, 1425 (1962).

Ringöffnungsgleichgewichte von Chelat-4-Ringen von CO_3^{2-} an Co(III):

SCHEIDEGGER, H., u. G. SCHWARZENBACH: Chimia **19**, 166 (1965).

Komplexe des Diäthyldithiophosphat:

JØRGENSEN, C.K.: Inorganic complexes. Chapter 7: Sulfur containing ligands. London: Academic Press 1963.

Präparative Anwendung von Triscarbonatocobaltat(III):

BAUER, H.F., and W.C. DRINKHARD: J. Amer. chem. Soc. **82**, 5301 (1960).

MORI, M., M. SHIBATA, E. KYONO, and K. HOSHIYAMA: Bull. Chem. Soc. Jap. **31**, 291 (1958).

Peroxokomplexe von Co(III):

CONNOR, J.A., and E.A.V. EBSWORTH: Peroxy compounds of transition metals. Adv. Inorg. Radiochem. **6**, 280 (1964).

MORI, M., J.A. WEIL, and J.K. KINNAIRD: Preparation and EPR spectroscopy of dicobalt-peroxo anions. J. Phys. Chem. **71**, 103 (1967).

Halogenoaquokomplexe von Rh(III) und Ir(III):

Ir(III):

CHANG, J.C., and C.S. GARNER: Inorg. Chem. **4**, 209 (1965).

Rh(III):

PLUMB, W., and G.M. HARRIS: Inorg. Chem. **3**, 542 (1964).

WOLSEY, W.C., C.A. REYNOLDS, and J. KLEINBERG: Inorg. Chem. **2**, 463 (1963).

Amminkomplexe von Ir(III):

SCHMIDTKE, H.: Inorg. Chem. **5**, 1682 (1966) sowie daselbst zitierte frühere Arbeiten.

Amminkomplexe aller Metalle:

JØRGENSEN, C.K.: Zitat, Kapitel 4.

Isomerie:

siehe z. B. BASOLO and PEARSON, Zitat Kap. 8.

Allgemeine Handbücher für präparative anorganische Chemie:

BRAUER, G.: Handbuch der Präparativen Anorganischen Chemie. Stuttgart: Enke I (1960), II (1962).

JOLLY, W.: Inorganic preparative chemistry. New York: Interscience 1964.

Inorganic synthesis. New York: McGraw-Hill, Vol. I (1939) bis IX (1967).

Kapitel 8

Typus und Verlauf von Reaktionen

Wenn Bromopentamminkobalt(III)bromid in überschüssiges Kaliumcyanid in wäßriger Lösung eingetragen wird, so erscheint nach erstaun-

lich kurzer Zeit (— weniger als eine Minute —) der Bromopentacyano-
komplex (8.II), dessen Kaliumsalz durch Zugabe von Alkohol gefällt
werden kann.

$$Co(NH_3)_5Br^{2+} + 5\,CN^- \rightarrow Co(CN)_5Br^{3-} + 5\,NH_3 .$$
$$\phantom{Co(NH_3)_5Br^{2+}}\text{(8.I)}\text{(8.II)}\qquad\qquad\text{(8.1)}$$

Derselbe Komplex (8.II) kann auch durch Oxydation von $Co(CN)_5^{3-}$
mit elementarem Brom dargestellt werden. Die Reaktion (8.1) benötigt
weniger Zeit als die hydrolytische Spaltung von (8.I) zu Bromid und
Aquopentamminkobalt(III)-Ion, innerhalb derselben kein Ammoniak
freigesetzt wird. Es wäre eine ganz und gar unplausible Annahme, im
Prozeß (8.1) eine Folge von fünf Substitutionsprozessen ($NH_3 \rightarrow CN^-$)
zu sehen, weil man nicht verstehen könnte, daß Br($-$I) dabei koordiniert
bleibt, während Ammoniak ersetzt werden soll.

Sinnvolle Vorstellungen vom Ablauf einer Reaktion sollten die Re-
produktion des Ablaufs als — statistisch repräsentative — Folge von
molekularen Umgruppierungen ermöglichen, also eine Quasi-Zeitlupen-
aufnahme der mikroskopischen Phänomene. Als Basis müssen Experimente dienen, welche zeitliche Veränderungen einfangen. Im empirischen
Geschwindigkeitsgesetz wird die Reaktionsgeschwindigkeit mit Konzentrationen von Partikeln verbunden, welche an der Reaktion teilnehmen,
und es stellt einen quantitativen Zusammenhang zwischen beobachtbaren
Größen her. Die Geschwindigkeitskonstanten treten darin als Proportionalitätsfaktoren von Konzentrationsausdrücken auf. Die Form des
Geschwindigkeitsgesetzes wirkt sich als eine Einschränkung auf die möglichen Schritte aus, welche mit dem gefundenen Zusammenhang verein-
bar sind. Während ein bestimmter Mechanismus (= Folge von einzelnen
Schritten) ohne weiteres zu einem korrekten Geschwindigkeitsgesetz
führt, trifft die Umkehrung nicht zu. Wenn es gelingt, plausible Vorstellungen über den Mechanismus einer Reaktion zu festigen, somit einzelne
Schritte herauszuschälen, welche als gewöhnliche chemische Gleichungen
geschrieben werden können, so sagt man, der stöchiometrische Mechanismus sei festgelegt. Im weiteren interessieren dann eine detaillierte Analyse
der einzelnen Schritte und aller ihrer Stadien und damit der eigentliche
Mechanismus (englisch: intimate mechanism)[1]. Ein Hinweis auf den
stöchiometrischen Mechanismus der eingangs erwähnten Reaktion (8.1)
geht aus der Beobachtung hervor, daß Co(II) in sehr kleinen Mengen den
Prozeß beschleunigt. In Gegenwart eines großen Überschusses an Cyanid
liegt Co(II) natürlich als $Co(CN)_5^{3-}$ vor, und der scheinbare Ersatz von
NH_3 entpuppt sich dabei als die Folge eines Redoxprozesses zwischen

---

[1] Die Ausdrücke stöchiometrischer Mechanismus und intimate mechanism sind
von LANGFORD und GRAY eingeführt worden. Siehe die im Anhang zitierte Monographie.

7*

Co(II) im Cyanokomplex und zwischen Co(III) im Bromopentammin-
komplex, eine sogenannte Elektronenübertragung (8.3).

$$\longrightarrow Co(II) + 5\,CN^- \rightleftharpoons Co(CN)_5^{3-} \qquad (8.2)$$
$$(H_3N)_5CoBr^{2+} + Co(CN)_5^{3-} \rightarrow (H_3N)_5Co^{2+} + BrCo(CN)_5^{3-}$$
$$\underset{Co(III)}{} \quad \underset{Co(II)}{} \quad \underset{Co(II)}{} \quad \underset{Co(III)}{} \qquad (8.3)$$
$$\text{rasche Equilibrierung (8.4)}$$

Die rasche Ligandsubstitution im labilen Co(II)-Komplex liefert
wieder den benötigten Partner in (8.2). Die Tatsache, daß andere Halogenidionen in der Lösung im Produkt nicht anstelle von Brom erscheinen
können, wird auf einen Brückenmechanismus der Elektronenübertragung
zurückgeführt. Dies bedeutet, im Moment der Übertragung liege eine
binukleare Struktur (8.III) vor.

$$[(H_3N)_5Co..Br..Co(CN)_5]^{1-}$$
$$(8.III)$$

Der Komplex $Co(NH_3)_5(CN)^{2+}$, welcher formal aus der Substitution
von $Br(-I)$ in $Co(NH_3)_5Br^{2+}$ durch CN^- hervorgeht, läßt sich auf anderem Wege darstellen (ausgehend von $[Co(NH_3)_4(SO_3)(CN)]$). Bei seiner
Reaktion mit $Co(CN)_5^{3-}$ wird $Co(CN)_6^{3-}$ gebildet, und es wurde Evidenz
dafür erbracht, daß primär $CN—Co(CN)_5^{3-}$ entsteht, das sich innerhalb
von Sekunden ins C-gebundene Isomere (Bindungsisomerie) umwandelt.

In den erwähnten Prozessen (8.2, 3, 4) stecken also mehrere Schritte
verschiedener Art, und offensichtlich müssen solche Kombinationen besonders schwierig zu entwirren sein. Man findet darin die raschen Equilibrierungen (8.2) und (8.4), die selber komplexe Folgen von Substitutionen
sein müssen, welche viel rascher ablaufen als das Mischen von Lösungen.
Dies trifft für mannigfache Ligandsubstitutionsreaktionen zu, welche
sich an Zentren abspielen, die schon in Abb. 4.1, S. 40, durch raschen
Wasseraustausch aufgefallen sind, und die auch (Kapitel 5) zu raschen
Equilibrierungen führen. Langsamere Prozesse sind anderseits typisch
für die in Kapitel 7 erwähnten Metallionen, welche wir in robusten Komplexen angetroffen haben. Schritte wie (8.3), die Elektronenübertragung
bzw. der Elektronenaustausch zwischen verschiedenen Oxydationsstufen
desselben Elementes, sind bisweilen mit koordinativen Änderungen verknüpft. Dem ist nicht so für die in Kapitel 7 erwähnten Octacyanokomplexe von Mo(V)/Mo(IV), W(V)/W(IV). Als den einfachsten der erwähnten Prozesse empfindet man wohl die Hydrolyse von $Co(NH_3)_5Br^{2+}$,
die nach dem Lösen des Komplexes in Wasser einsetzt und mit konven-
tionellen Mitteln verfolgt werden kann, so z. B. die argentometrische Bestimmung von freigesetztem Bromid. Man versteht, daß diese Substitution als eine einfache Reaktion besonderes Interesse gefunden hat. Doch
selbst solche Prozesse haben dem Verständnis einigen Widerstand ent-
gegengesetzt und zu weitschweifigen Diskussionen Anlaß gegeben.

Zum ganzen Gebiet ist überhaupt eine grundsätzliche Bemerkung angebracht. Wir erkennen die Eigenart einer chemischen Verbindung mit

Vorteil als Ausdruck in ihrem Unterschied oder in ihrer Verwandtschaft zu analogen oder ähnlichen. Man denke etwa an die entsprechenden Komplexe in der Cr(III)- und Co(III)-Reihe. Das spezifisch Individuelle muß eindeutig im Gebiet des dynamischen Verhaltens (im Gegensatz etwa zu der Zusammensetzung) liegen. Die gesunde Klassifizierung chemischer Reaktionen aufgrund mechanistischer Kriterien ist in hohem Maße davon abhängig, daß individuelle Systeme gründlich genug erfaßt worden sind. Im folgenden berühren wir ausgewählte Beispiele, welche den Charakter dieser Probleme im Bereich von Komplexverbindungen erahnen lassen.

Ligandsubstitution an oktaedrischen Komplexen

Die Substitutionsreaktionen (8.5) und (8.6) sind in verdünnten wäßrigen Lösungen durch besonders einfache Geschwindigkeitsgesetze ausgezeichnet.

$$\text{Hydrolyse:} \qquad Co(NH_3)_5X^{2+} + H_2O \rightarrow Co(NH_3)_5(H_2O)^{3+} + X^-, \qquad (8.5)$$

$$\text{Anioneintritt:} \quad Co(NH_3)_5(H_2O)^{3+} + X^- \rightarrow Co(NH_3)_5X^{2+} + H_2O, \qquad (8.6)$$

$$\text{Substitution:} \qquad Co(NH_3)_5X^{2+} + Y^- \rightarrow Co(NH_3)Y^{2+} + X^-. \qquad (8.7)$$
$$\text{(einzähnig-einzähnig)}$$

Sie sind Spezialfälle der allgemeinen Substitution (8.7). Einfach negativ geladene Ionen der Reihe (8.8) sind besonders häufig

$$X^-,\ Y^-:\ F^-,\ Cl^-,\ Br^-,\ J^-;\ OH^-,\ CH_3CO_2^-,\ NO_3^-,\ NO_2^-,\ NCS^- \qquad (8.8)$$

eingesetzt worden.

Das Geschwindigkeitsgesetz für (8.5) ist besonders einfach, nämlich (8.9):

$$- \frac{d\,[Co(NH_3)_5\,X^{2+}]}{dt} = k[Co(NH_3)_5X^{2+}]. \qquad (8.9)$$

Diese Abhängigkeit 1. Ordnung hat aber nicht notwendigerweise denselben Hintergrund wie die 1. Ordnung und Monomolekularität eines radioaktiven Zerfallprozesses. Die Reaktion (8.5) spielt sich ja in Lösung ab, und die Aktivität des Lösungsmittels erleidet keine erfaßbare Änderung, wenn verdünnte Lösungen und speziell solche konstanter ionaler Stärke gewählt werden. Der Mechanismus kann also durchaus Lösungsmittel als aktiven Partner einschließen (siehe unten). Die Frage stellt sich, welche Akzentuierung im kombinierten Austritt (von X^-)-Eintritt (von OH_2) gesetzt werden muß, d. h. ob eine Bewegung von X in (8.IV) den Platz für H_2O freimacht oder ob sich H_2O den Platz am Co(III) durch „Wegstoßen" von X erobert. Dies ist mit anderen Worten das Problem, ob eine Erweiterung oder eine Entblößung der Ligandhülle mit KZ 6 günstiger sei. Die Erweiterung würde voraussetzen, daß H_2O eine

Möglichkeit besitze, in einem gewissen Grade in die Ligandsphäre einzudringen. In ausgeprägtem Maße kann dies nicht möglich sein, weil ja Co(III) niemals sieben einzähnige Liganden in äquivalenter Art und Weise bindet. Aber auch fünffach koordinierte Co(III)-Komplexe gehören durchaus nicht zu üblichen Phänomenen. Stellen wir uns die Entblößung als den einleitenden Vorgang vor, so ist zu bedenken, daß ein Entfernen von X kaum rascher erfolgen kann, als das Nachdringen von umgebendem Lösungswasser. Es bleibt die Frage des Akzentes in der relativen Wechselwirkung von X und H_2O im Stadium Austritt-Eintritt (8.IV)

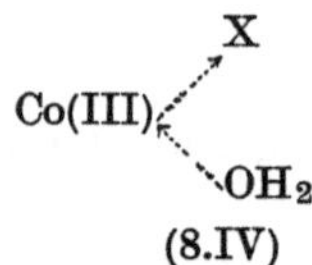

$$(8.\text{IV})$$

Diese Wechselwirkungen sind nun ein typisches Problem des eigentlichen Mechanismus und müssen die individuelle Rolle jedes X^- betreffen. Man darf vorerst drei Rangfolgen ins Auge fassen:

(i) Der Austritt von X^- ist praktisch vollzogen (d. h. es wird keine wesentliche Arbeit mehr benötigt, um X^- noch weiter zu entfernen), wenn H_2O sich auf das Zentrum zubewegt. Die Wechselwirkung desselben mit H_2O setzt erst richtig ein, wenn X^- schon ausgestoßen ist.

(ii) Die Wechselwirkung Co ... OH_2 setzt ein, bevor Co ... X^- unwesentlich geworden ist. Beide Wechselwirkungen sind im Stadium eines Platzwechsels (8.IV) klein gegenüber derjenigen im sechsfach koordinierten Komplex.

(iii) Die wesentliche Wechselwirkung Co ... OH_2 setzt schon ein, bevor Co ... X spürbar abgenommen hat.

Die Punkte (i)—(iii) machen sofort klar, daß man sich eigentlich eine gleitende Skala von Situationen ausdenken kann, welche durch z. B. absolute und relative Wechselwirkungen in Stadien wie (8.IV) charakterisiert wären. Die vorgenommene Sortierung scheint einfach gewissermaßen natürlich, wenn man annimmt, die Einheit $Co(NH_3)_5^{3+}$ sei vom Substitutionsprozeß nicht wesentlich berührt.

LANGFORD und GRAY haben für solche natürlichen Bezugssituationen Symbole eingeführt, welche Umschreibungen wie (i) bis (iii) abkürzen.

Eigentlicher Mechanismus	Stöchiometrischer Mechanismus		
	Zwischenstufe $KZ = 7$	Synchroner Eintritt-Austritt	Zwischenstufe $KZ = 5$
Dissoziativ		I_d	D
Assoziativ	A	I_a	

Das Symbol I steht für Austausch, Platzwechsel („interchange") im Stadium weitgehend gelöster bzw. noch nicht gebildeter Bindungen. Der

Index d bzw. a setzt einfach einen Akzent in bezug auf den eigentlichen Mechanismus; a soll ausdrücken, die Wechselwirkung von Y mit dem Zentrum sei wesentlich für den endgültigen Austritt von X während d auf eine dissoziative Aktivierung anspielt, d. h. der austretende Ligand dirigiert den endgültigen Zutritt von Y. Es ist kein triviales Problem, nach experimentellen Kriterien suchen, welche diese subtileren Unterschiede herausfinden lassen.

Die Beispiele (8.5) bis (8.7) zeigen die unten angegebenen Geschwindigkeitsgesetze, und die mit manchen Argumenten vertretbaren Interpretationen sind beigefügt.

Tabelle 8.1. *Substitutionsreaktionen an* $Co(NH_3)_5X^{2+}$ *in wäßriger Lösung. Reaktionsordnung und Typus des Mechanismus*

Substitutionsprozeß	Geschwindigkeitsgesetz	Typus des eigentlichen Mechanismus
saure Hydrolyse (8.5)	1. Ordnung	dissoziativ
Anioneneintritt (8.6)	2. Ordnung	dissoziativ
alkalische Hydrolyse (8.5)	2. Ordnung	siehe Text
einzähnig-einzähnig (8.7) (excl. $OH^- = Y^-$)	1. oder 2. Ordnung	siehe Text

Die Tabelle 8.2 enthält eine Reihe von experimentellen Daten einschließlich des Arrheniusparameters E_A, der die Temperaturabhängigkeit von Geschwindigkeitskonstanten im angegebenen Intervall beschreibt.

In Tabelle 8.1 sind saure und alkalische Hydrolyse auseinandergehalten worden. Dies ist notwendig, weil der Pentamminaquokomplex ein acides Proton enthält und weil oberhalb pH $\approx$ 5 (pK $\approx$ 7) der Hydroxokomplex in der Lösung erscheint. Der Austritt von X erfolgt in diesem Gebiet mit steigendem pH-Wert rascher, und die erste Ordnung geht in die zweite über; wenn nur noch Hydroxokomplex vorliegen kann, so lautet das entsprechende Gesetz:

$$\text{pH} \geqq 9: \quad -\frac{d\,[Co(NH_3)_5X^{2+}]}{dt} = k_{OH}[Co(NH_3)_5X^{2+}][OH^-]. \quad (8.10)$$

Eine ganze Reihe von Argumenten weisen darauf hin, daß die entscheidende Rolle im beschleunigten Austritt von X^- der vorangehenden Deprotonierung eines koordinierten Ammins zukommen könnte. Der zugeordnete Mechanismus ist durch gegenüber (8.12) rasche Protonenübertragungen (8.11) gekennzeichnet, also durch ein dem geschwindigkeitsbestimmenden Schritt (8.12) vorgelagertes Gleichgewicht.

$$Co(NH_3)_5X^{2+} + OH^- \overset{K}{\rightleftarrows} Co(NH_3)_4(NH_2)X^+ + H_2O, \quad (8.11)$$

$$Co(NH_3)_4(NH_2)X^+ + H_2O \overset{k}{\rightarrow} Co(NH_3)_5(OH)^{2+} + X^-, \quad (8.12)$$

$$[Co(NH_3)_4(NH_2)X^{2+}] = K\,[Co(NH_3)_5X^{2+}][OH^-]. \quad (8.13)$$

Tabelle 8.2. *Kinetische Daten von Substitutionsprozessen, gültig für 25 °C, wässerige Lösungen. Substituierter Ligand hervorgehoben.*
$M = \text{Mol} \cdot 1^{-1}$; $E_A = $ Arrheniusparameter, $k = \text{A. exp}(-E_A/RT)$

	k sec^{-1}	k $\text{M}^{-1} \cdot \text{sec}^{-1}$	E_A kcal/Mol
saure Lösung:			
$\text{Co(NH}_3)_5\text{Cl}^{2+} + \text{H}_2\text{O}$	$1{,}7 \cdot 10^{-6}$		23
$\text{Co(NH}_3)_5\text{Br}^{2+} + \text{H}_2\text{O}$	$6{,}3 \cdot 10^{-6}$		24
trans-$\text{Co(en)}_2(\text{NO}_2)\text{Cl}^{+} + \text{H}_2\text{O}$	$1{,}1 \cdot 10^{-4}$		22
$\text{Cr(NH}_3)_5\text{Cl}^{2+} + \text{H}_2\text{O}$	$8{,}3 \cdot 10^{-6}$		22
alkalische Lösung:			
$\text{Co(NH}_3)_5\text{Cl}^{2+} + \text{OH}^{-}$		$8{,}5 \cdot 10^{-1}$	
$\text{Cr(NH}_3)_5\text{Cl}^{2+} + \text{OH}^{-}$		$1{,}7 \cdot 10^{-3}$	29
$\text{Co(NH}_3)_5(\text{H}_2\text{O})^{3+} + \text{SO}_4^{2-}$	$2 \cdot 10^{-6}$		24 (31 °C)
$\text{Co(NH}_3)_5(\text{H}_2\text{O})^{3+} + \text{H}_2\text{O}$	$6 \cdot 10^{-6}$		27

Deshalb ist (8.13) stets erfüllt, und mit dem Gesetz 1. Ordnung für Schritt (8.12) wird die beobachtete Ordnung zwei im empirischen Gesetz (8.10); dabei ist vorausgesetzt, die geringfügige Konzentration am deprotonierten Amminkomplex sei stationär, also $\text{d}[\text{Co(NH}_3)_5(\text{NH}_2)\,X^{2-}]/\text{d}t = 0$.

Es ist eine Frage an die Bindungstheorie, ob NH_2^- als Ligand den Ausstoß von X^- einleiten kann, indem $\text{Co(NH}_3)_4(\text{NH}_2)^{2+}$ gegenüber $\text{Co(NH}_3)_5^{3+}$ begünstigt sei.

Die Prozesse der Art (8.7) müssen nach eingehenden Studien allgemein als Folge von einem Schritt (8.5), der Hydrolyse, und einem Anioneneintritt (8.6) interpretiert werden. Deshalb erhält das Verständnis solcher einfacher Reaktionen wie (8.5) eine zentrale Bedeutung für alle $(X^-, Y^- \neq \text{OH}^-)$. Dabei kann durchaus ein Gesetz erster Ordnung resultieren, nämlich wenn die Hydrolyse viel langsamer verläuft als der nachfolgende Anioneneintritt. Der Bruttoersatz $X \to Y$ kann dann in der Geschwindigkeit unabhängig von der Konzentration des eintretenden Liganden Y sein. Dies ist der Fall für die Reaktionen (8.14), welche alle einen Aquokomplex als Zwischenprodukt einschließen müssen.

$$\begin{array}{l} \text{Co(NH}_3)_5(\text{NO}_3)^{2+} + \text{NCS}^- \;\rightarrow \\ \text{Co(NH}_3)_5\text{Br}^{2+} + \text{NCS}^- \;\rightarrow \end{array} \Big\} \text{Co(NH}_3)_5(\underline{\text{NCS}})^{2+} + \begin{cases} \text{NO}_3^- \\ \text{Br}^- \end{cases}$$
$$\text{cis-Coen}_2(\text{NCS})_2^+ + {}^*\text{NCS}^- \rightarrow \text{Coen}_2(\text{NCS})({}^*\text{NCS})^+ + \text{NCS}^-$$
$$\text{cis-Coen}_2\text{Cl}_2^+ + {}^*\text{Cl}^- \rightarrow \text{cis-Coen}_2(\text{Cl})({}^*\text{Cl}) + \text{Cl}^- \tag{8.14}$$

* radioaktive Isotope von S bzw. Cl zur Markierung.

Während für Co(III)-Komplexe, sowie Cr(III), Rh(III), nie ein klarer Fall eines A-Mechanismus verifiziert worden ist, stand der Fall eines klaren D-Mechanismus eher zur Diskussion. Interessanterweise war dies für Reaktion (8.15) der Fall, in denen das

$$\text{Co(CN)}_5 X^{3-} + Y^- \rightarrow \text{Co(CN)}_5 Y^{3-} + X^- \tag{8.15}$$
$$(8.\text{V})$$

„übliche" Zwischenstadium, hier nun $Co(CN)_5(OH_2)^{2-}$, keinesfalls den allein geschwindigkeitsbestimmenden Schritt verursacht. Wir stellen fest, daß in $Co(CN)_5(H_2O)^{2-}$ Liganden in derselben Hülle untergebracht sind, welche (siehe Kapitel 6) sich drastischer unterscheiden als etwa H_2O und NH_3. (In der Oktettformel steckt dieser Unterschied in der Tripelbindung.) Bei der Analyse experimenteller Daten muß denn auch die Konkurrenz von drei Liganden an $Co(CN)_5^{2-}$ berücksichtigt werden, wenn X in (8.V) ausgestoßen worden ist:

$$Co(CN)_5 X^{3-} \xrightarrow{k_1} Co(CN)_5{}^{2-} + X^-, \qquad (8.16)$$

$$Co(CN)_5^{2-} + \begin{cases} H_2O \xrightarrow{k} Co(CN)_5(H_2O)^{2-} \\ X^- \xrightarrow{k_{-1}} Co(CN)_5 X^{3-} \\ Y^- \xrightarrow{} Co(CN)_5 Y^{3-} \end{cases} \qquad (8.17)$$

Der Schritt (8.16) führt dann zu einem echten 5-fach koordinierten Komplex, einem Zwischenprodukt kurzer Lebensdauer, wenn $Co(CN)_5^{2-}$ nicht einfach eine Lücke am Oktaeder enthält, sondern wenn durch Nachrücken der Cyanide eine Anordnung entstanden ist, welche erst wieder rückgängig gemacht werden muß, bevor Wasser eintreten kann. Experimentell ließ sich der Quotient k/k_{-1} für die in Tabelle 8.3 eingetragenen Liganden ermitteln:

Substitutionsreaktionen an Komplexen MA_4X_2 oder MA_4XY (M = Co(III), Cr(III), A = Amin) sind allgemein mit vielschichtigeren stöchiometrischen Mechanismen verbunden als jene an MN_5X. Wenn A ein einzähniger Aminligand ist, so hat man auf cis- und trans-Isomere zu achten. Wenn Chelatliganden wie *en* eingeschlossen sind, kann optische Isomerie hinzutreten. Letzteres Phänomen liefert ein wertvolles experimentelles Kriterium, indem die optische Drehung während eines Substitutionsprozesses an einem Enantiomeren verfolgt werden kann. Wenn die Konfiguration von (8.VI) im Prozeß (8.18)

Tabelle 8.3. *Verhältnisse von Geschwindigkeitskonstanten in (8.16, 8.17). 40°C, $\mu = 1,0$; $pH = 6,4$ nach* Wilmarth

X^-	k/k_{-1}
N_3^-	~ 2
NCS$^-$	~ 3
J$^-$	~ 5
Br$^-$	~ 10

$$\text{cis-}Coen_2(NO_2)(Cl)^+ + H_2O \rightarrow Coen_2(NO_2)(H_2O)^{2+} + Cl^-$$
$$\text{(8.VI)} \qquad\qquad\qquad \text{(8.VII)} \qquad\qquad (8.18)$$
$$D \text{ oder } L$$

erhalten bleibt, muß auch (8.VII) optisch aktiv sein; wenn anderseits Razemisierung und/oder Umwandlung ins trans-Isomere erfolgt, verschwindet die optische Drehung im Verlauf der Umwandlung VI → VII. Im speziellen Beispiel (8.18) bleibt sie vollkommen erhalten; (8.VII) ist ausschließlich das cis-Produkt, und seine Konfiguration entspricht derjenigen von (8.VI) mit H_2O anstelle von Cl. Während dem Ligandersatz konnten also *en* und NO_2^- nicht Zeit finden, um ihre Positionen zu ändern.

Ligandsubstitution an quadratisch planaren Komplexen

Die prominenten Zentralionen in quadratisch planaren Komplexen sind weitgehend solche mit $q = 8$, resp. Konfiguration nd^8, nämlich

Ni(II)

Rh(I)Pd(II)

Ir(I)Pt(II)Au(III)

Die Pt(II)-Komplexe sind die bestuntersuchten und robustesten in der Reihe Ni(II), Pd(II), Pt(II), während Ni(II) stereochemisch so vielseitig ist, daß es oktaedrische, tetragonal-pyramidale, trigonal-bipyramidale und tetraedrische Komplexe nebst quadratisch planaren liefern kann. Die quadratisch planare Koordinationssphäre fällt durch eigenartige Entblößung des Zentralions abseits der Ebene MABCD auf. Wenn etwa das sog. freie Elektronenpaar von NH_3 für dessen starke Bindung an Pt(II) im Tetramminkomplex verantwortlich ist, so muß das Zentrum

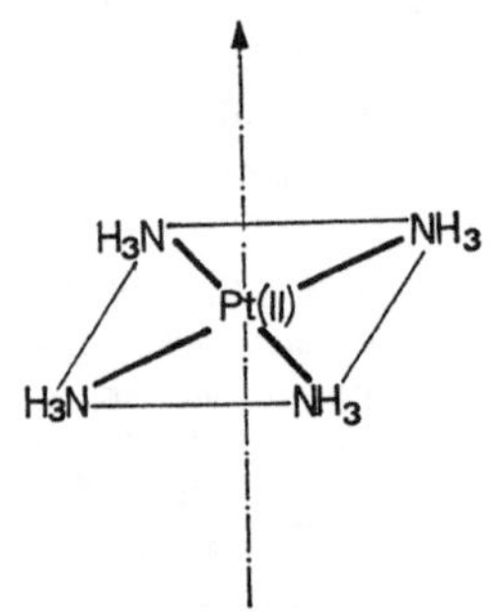

Pt(II) unbedingt in der Richtung der tetragonalen Achse abgeschirmt sein.

Mit der Platzbeanspruchung von Pt(II) allein, wie sie in einem Kristallionenradius zum Ausdruck kommen würde, kann die Entblößung nicht verstanden werden, denn Pt(IV) liefert ja den robusten Hexamminkomplex und nicht etwa einen tetraedrischen Tetramminkomplex. Man würde hingegen diese Geometrie verstehen, wenn das d^8-System eine Verformungsmöglichkeit im Rahmen von Modellen wie in Kapitel 2 aufweisen würde, welche einer Einschnürung in einer Ebene und Ausweichen der superponierten Elektronenwolken beidseits der Ebene gleichkäme (Konfiguration $d_z^2, d_{xz}^2, d_{yz}^2, d_{xy}^2$, siehe 2.3b und Abb. 2.1b).

Eine ähnliche Rolle wie MA_5X innerhalb der oktaedrischen Komplexe spielt MA_3X bei den quadratisch planaren, wenn die Substitution von X die restlichen Liganden im koordinierten Zustand beläßt. Die Substitutionen (8.19) sind in wäßriger Lösung eingehend untersucht worden[1].

$$Pt(den)Br^+ + Y \rightarrow Pt(den)Y + Br^- \qquad (8.19)$$

$$den : H_2N-CH_2-CH_2-NH-CH_2-CH_2-NH_2 .$$

Die Abb. 8.1 veranschaulicht das empirische Geschwindigkeitsgesetz (8.21) für Y in (8.20).

$$Y = SC(NH_2)_2, \ SCN^-, \ J^-, \ N_3^-, \ NO_2^-, \ py, \ Cl^-, \ OH^- \qquad (8.20)$$

$$-\frac{d\,[Pt\,(den)\,Br^+]}{dt} = k_{obs}[Pt(den)Br^+] = \qquad (8.21\,a)$$

$$= (k_1 + k_2 \cdot [Y])[Pt(den)Br^+] \qquad (8.21\,b)$$

---

[1] Siehe H. GRAY, Kapitel 2 der im Anhang zitierten Monographie.

Man entnimmt Abb. 8.1, daß $k_2 \approx 0$ wird für $Y = OH^-$; k_2 variiert von $Y = Cl^-$ bis $SC(NH_2)_2$ um etwa einen Faktor 1000. Der eintretende Ligand bestimmt also in dieser Reihe den Koeffizienten k_2, und diese wichtige Rolle des eintretenden Liganden steht im Gegensatz zu Beobachtungen an manchen Co(III)- und Cr(III)-Komplexen.

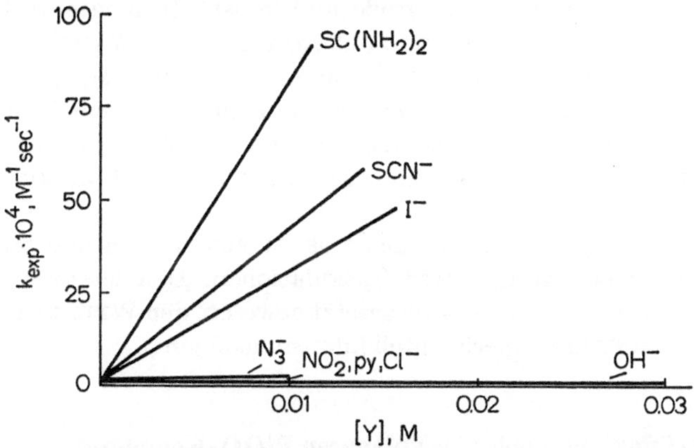

Abb. 8.1 Geschwindigkeit der Substitution von Br (-I) in Pt (dien) Br$^+$ durch eintretende Liganden Y in wässeriger Lösung bei 25°C. k_{exp} nach (21.a). Die Werte von k_2 in (21b) sinken in der Reihe $N_3^- > NO_2^- \approx py > Cl^-$ von ca. $80 \cdot 10^{-4}$ auf $9 \cdot 10^{-4}$ M^{-1} sec^{-1}. (H. GRAY, J. Amer. Chem. Soc. 84, 1548 (1962); s.a. LANGFORD u. GRAY, Zitat im Anhang)

Intuitiv erscheint die Hypothese der Erweiterung der Ligandsphäre im Zwischenstadium Eintritt/Austritt viel einleuchtender als die Reduktion der KZ auf drei. Ein Gebilde mit Koordinationszahl fünf, in welchem die ZKE nunmehr dreidimensional ist, muß Beziehung zu einer Pyramide mit viereckiger Basisfläche oder zu einer trigonalen Bipyramide aufweisen.

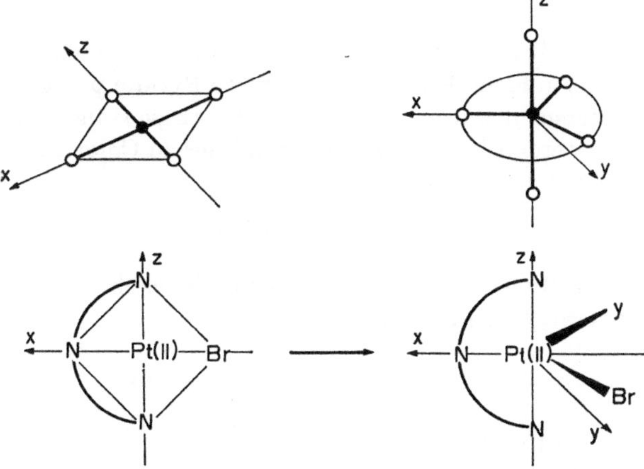

Abb. 8.2. Koordinative Erweiterung im assoziativen Mechanismus der Ligandsubstitution an Pt(II) nach GRAY

Wir überspringen eine ausgedehnte Argumentation, wenn wir als ultima ratio neuerer Arbeiten die Adäquatheit des Schemas der Abb. 8.2 festhalten, d. h. den assoziativen Mechanismus und ein Zwischenstadium mit KZ = 5 von Pt(II) in der skizzierten Anordnung. Der erste Term im Geschwindigkeitsgesetz (8.21) verdeckt darin einfach die Assoziation des Lösungsmittels, dessen relativ große und konstante Konzentration die erste Ordnung im ersten Term von (8.21 b) verursacht. Man findet in der Reihe (8.20) die typischen Ligandatome, welche von Ag(I) bevorzugt werden und allgemein von den Zentren mit ausgeprägtem b-Charakter (siehe Kapitel 6). Es ist interessant, daß eine Charakteristik, wie wir sie durchaus für Gleichgewichtsdaten erwarten würden, sich im kinetischen Verhalten widerspiegelt.

Dieser knapp umrissene Fragenkreis ist eine Fundgrube bindungstheoretischer Überlegungen und Spekulationen. Den letzteren ist vor allem ein spektakulärer Effekt ausgesetzt gewesen, den WERNER erkannte und dem CHERNYAEV experimentell intensiv nachging.

Der Trans-Effekt an quadratisch planaren Pt(II)-Komplexen

Von kinetischen Daten her beurteilt, müssen gegenüberstehende Liganden in einer quadratisch planaren Koordinationssphäre von Pt(II) einen auffallend drastischeren Einfluß aufeinander ausüben als benachbarte.

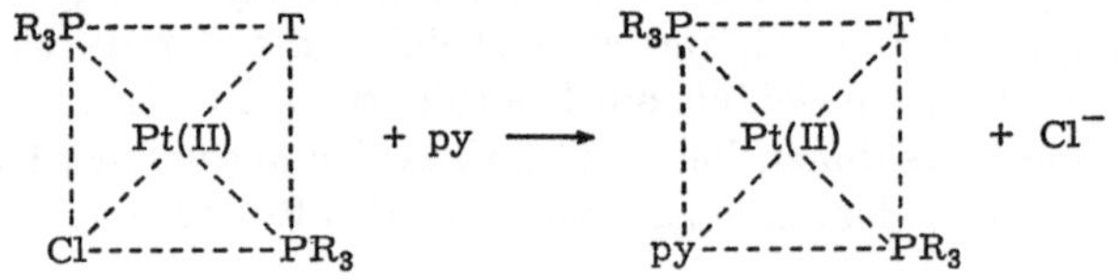

$$
\begin{array}{ccc}
\begin{bmatrix} R_3P \cdots T \\ \quad Pt(II) \\ Cl \cdots PR_3 \end{bmatrix} + py \longrightarrow \begin{bmatrix} R_3P \cdots T \\ \quad Pt(II) \\ py \cdots PR_3 \end{bmatrix} + Cl^-
\end{array}
\tag{8.22}
$$

Als Beispiel sollen Substitutionen (8.22) ein und desselben Liganden Cl(−I) an Pt(II) in Komplexen PtL_2TCl durch Pyridin py dienen, welche in Äthanol untersucht worden sind. Die beiden trans-ständigen Liganden $L = P(C_2H_5)_3$ werden beibehalten, während der zu Chlor trans-ständige T die Reihe (8.23) durchläuft.

$$
T:\ H(-I),\ CH_3^-,\ C_6H_5^-,\ Cl^-.
\tag{8.23}
$$

Ähnliche Substitutionen in trans-Stellung zu PR_3 nach (8.24) sollen auch als Beispiele herangezogen werden.

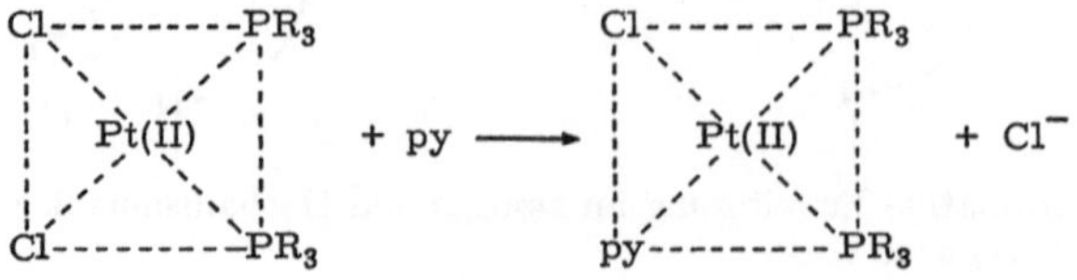

$$
\begin{array}{ccc}
\begin{bmatrix} Cl \cdots PR_3 \\ \quad Pt(II) \\ Cl \cdots PR_3 \end{bmatrix} + py \longrightarrow \begin{bmatrix} Cl \cdots PR_3 \\ \quad Pt(II) \\ py \cdots PR_3 \end{bmatrix} + Cl^-
\end{array}
\tag{8.24}
$$

Wir finden in der Reihe (8.23) Liganden, die in wäßriger Lösung nicht solvatisiert auftreten können und deren koordinatives Verhalten in Kapitel 10 zur Sprache kommt. Die Geschwindigkeit der Substitution wird über die Konstante k_{obs} im Gesetz (8.21a) angegeben, wobei natürlich alle Daten für dieselbe Konzentration [py], nämlich 0,006 M gelten.

Tabelle 8.4. *Geschwindigkeit von Reaktionen (8.22) und (8.24); k_{obs} nach Gesetz (8.21a). T = zum substituierten Cl(−I) trans-ständiger Ligand*

T	k_{obs}, sec^{-1}	Temp., °C
$P(CH_3)_3$	$2 \cdot 10^{-1}$	0
H^-	$4,7 \cdot 10^{-2}$	0
$P(C_2H_5)_3$	$4,1 \cdot 10^{-2}$	0
CH_3^-	$6,0 \cdot 10^{-4}$	25
$C_6H_5^-$	$1,2 \cdot 10^{-4}$	25
Cl^-	$3,5 \cdot 10^{-6}$	25

Der empirische Faktor k_{obs} sinkt in Tabelle 8.4 von oben nach unten über 5 Zehnerpotenzen von ca. 10^{-1} auf 10^{-6} ab. Die Halbwertzeiten variieren zwischen Sekunden und mehreren Tagen. Wenn andere Liganden anstelle von $L = PR_3$ treten, so wird dieselbe Reihenfolge der Reaktionsgeschwindigkeit gefunden. Viele experimentelle Daten dieser Art haben zum Befund geführt, daß sich eine Reihe der Liganden abstrahieren läßt, welche den Einfluß derselben auf die relative Substitutionsgeschwindigkeit eines dazu trans-ständigen einfängt. Ein Ligand mit höherem trans-Effekt bewirkt raschere Substitution eines dazu transständigen, als ein Ligand mit kleinerem trans-Effekt, wenn die restlichen Liganden beibehalten werden. Die Reihe des abnehmenden Trans-Effektes von Liganden in der Funktion T in einem Pt(II)-Komplex PtL_1L_2TX, wo X substituiert werde, ist mit (8.25) zusammengefaßt.

extrem	groß	mäßig	gering
CN^-, $P(CH_3)_3$, $H(-I)$	$SC(NH_2)_2$, NO_2^-, J^- SCN$^-$,	Br^-, Cl^-	py, NH_3, OH^-
$>C=C<$	CH_3^-, $C_6H_5^-$		(8.25)

$$\text{abnehmende Substitutions-}$$
$$\text{geschwindigkeit}$$
$$\text{abnehmender Trans-Effekt} \longrightarrow$$

| k_{obs}(rel): | $\sim 10^{+5}$ | $\sim 10^{+2}$ | ~ 1 | $\sim 10^{-1}$ |

Diese Reihe (8.25) muß also eine wichtige Eigenschaft der Liganden selbst zum Ausdruck bringen, die in dem Zustand als Liganden an Pt(II) besonders spektakulär hervortritt.

Präparative Chemie von Pt(II) und Pt(IV)

Die Reihenfolge des Trans-Effektes $NO_2^- > Cl^- > NH_3$, in Kombination mit dem Stabilitätsgewinn durch den Ersatz $Cl^- \rightarrow NH_3$, NO_2^-, ermöglicht es, die präparativen Wege von $PtCl_4^{2-}$ zu cis- und trans-$PtCl_2(NO_2)$-(NH_3) in einem Zusammenhang zu sehen:

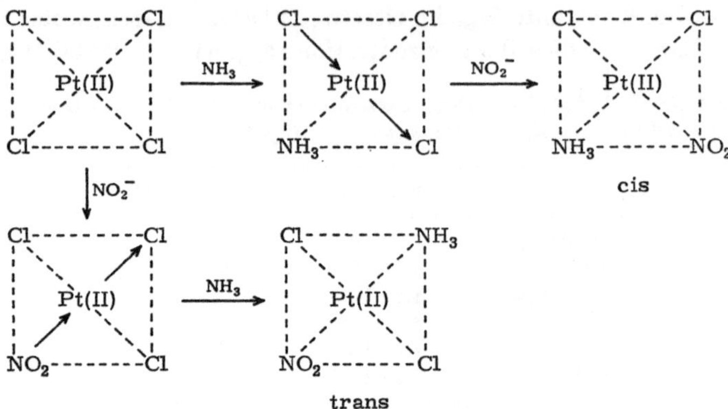

Gezielte synthetische Wege zu Pt(II)-Verbindungen sind auch die Basis für solche zu Pt(IV)-Verbindungen. Eine wichtige Methode stellt die Oxydation von Pt(II) durch z. B. Halogene Cl_2, Br_2, J_2 dar, welche zugleich zwei trans-ständige Liganden X(−I) an Pt(IV) liefern, wobei das Koordinationsquadrat zum Oktaeder ergänzt wird. Von PtABCD aus wird also $PtABCDX_2$ aufgebaut, an dem weitere Substitutionen vorgenommen werden können, so zum Beispiel $Cl \rightarrow Br$, $Br \rightarrow J$, $Cl \rightarrow NH_3$.

Redoxreaktionen

Die denkbar einfachsten Redoxprozesse in Lösungsphase verlaufen ohne makroskopische Änderung. In makroskopisch stationären Metallaquoionenlösungen sind die einzelnen Komplexe dem ständigen Wasseraustausch mit dem Lösungsmittel ausgesetzt. In einer Lösung, welche Fe_{aq}^{2+} und Fe_{aq}^{3+} enthält, laufen nicht nur ständig solche raschen Substitutionen ab, sondern es erfolgt auch die Wertigkeitsänderung (8.26).

$$Fe_{aq}^{3+} + {}^*Fe_{aq}^{2+} \overset{k_{ex}}{\rightarrow} Fe_{aq}^{2+} + {}^*Fe_{aq}^{3+}. \tag{8.26}$$

Die charakteristische Häufigkeit, mit der dieser Redoxprozeß erfolgt, verleiht also jedem Fe(II) und Fe(III)-Teilchen nur eine bestimmte mittlere Lebensdauer in einem der beiden Oxydationszustände. Die radioaktive Markierung eines Partners in (8.26) kann zur Verfolgung dieses Prozesses benützt werden, wenn ein Trennprozeß gefunden werden kann, der gegenüber dem Elektronenaustausch rasch genug verläuft. Werde etwa Fe(II) markiert, während Fe(III) inaktiv sei, so erscheint nach gewisser Zeit markiertes Fe(III). Wir behandeln die empirischen Geschwindigkeitsgesetze nicht, welche das Erscheinen bzw. Abklingen des

Anteils an markierten Spezies in solchen Prozessen beschreiben. Man interessiert sich natürlich für die Geschwindigkeitskonstante k_{ex}, welche im erwähnten Falle (8.26) im einfachen Gesetz (8.27) auftritt.

$$\frac{d\,[\text{übertragene Elektronen}]}{dt} = k_{ex} \cdot [Fe_{aq}^{3+}][Fe_{aq}^{2+}] \,. \tag{8.27}$$

Elektronenübertragungsprozesse spielen sich auch an der Grenzfläche einer Platinelektrode ab, welche auf das Paar Fe(II)/Fe(III) anspricht. Das Ansprechen einer solchen Elektrode hängt gerade davon ab, daß die Elektronenübertragung zwischen den Partnern des Redoxpaares und der Elektrode leicht vonstatten geht. Im Beispiel (8.26) erfolgt der Austausch bei 0 °C für $[Fe_{aq}^{3+}] = [Fe_{aq}^{2+}] = 1$ M mit einer Häufigkeit von etwa $5 \cdot 10^{23}$ pro Sekunde ($k_{ex} \approx 0{,}9$ M^{-1} sec^{-1}) im Liter, und zwischen Komplexen $Fe(phen)_3^{3+}$ und $Fe(phen)_3^{2+}$ ist sie noch etwa 10^{+4}-mal größer! Anderseits kann sie enorm langsamer verlaufen, wie etwa zwischen $Co(en)_3^{3+}$ und $Co(en)_3^{2+}$, $k_{ex} = 5 \cdot 10^{-5}$ M^{-1} sec^{-1} (25 °C).

Die Tabelle 8.5 umfaßt eine Reihe charakteristischer Austauschpaare, bei denen homogene Ligandsphäre vorliegt.

Tabelle 8.5. *Geschwindigkeit von Elektronenaustauschreaktionen von Übergangsmetallkomplexen. $M\,(z)$ Konfiguration nd^q. $M = Mol \cdot l^{-1}$*

q	Zentren	Komplexe	k M^{-1} sec^{-1}	Temp. °C
0,1	Mn(VII), Mn(VI)	$MnO_4^{1-,2-}$	$7 \cdot 10^{+2}$	0
1,2	W(V), W(IV)	$W(CN)_8^{3-,4-}$	$> 10^{+5}$	0
2,3	V(III), V(II)	$V_{aq}^{3+,2+}$	$1 \cdot 10^{-2}$	25
3,4	Cr(III), Cr(II)	$Cr_{aq}^{3+,2+}$	$\sim 2 \cdot 10^{-5}$	25
5,6	Fe(III), Fe(II)	$Fe_{aq}^{3+,2+}$	0,9	0
		$Fe(phen)_3^{3+,2+}$	$> 10^{+5}$	0
6,7	Co(III), Co(II)	$Co(C_2O_4)_3^{3-}$, $Co(C_2O_4)_2^{2-}$	$2 \cdot 10^{-6}$	25
		$Co(phen)_3^{3+,2+}$	1	0

Im Rahmen von Fragestellungen, welche vorwiegend den stöchiometrischen Mechanismus angehen, interessiert vor allem, ob mit der Elektronenübertragung auch irgend ein Substitutionsprozeß verbunden sei. Es ist ganz evident, daß in den robusten Hexacyanokomplexen von Fe(II, III) und den Octacyanokomplexen von W(IV, V) die Elektronenübertragung enorm viel schneller abläuft als irgendeine Ligandsubstitution. Somit bekommt man den Eindruck, Elektronen würden von Peripherie zu Peripherie der Komplexe übergeben. Im Gegensatz zu einem solchen Mechanismus drängen die folgenden Befunde den Gedanken auf, zwischen zwei Austauschzentren könne sich nur *ein* Ligand befinden (Brückenmechanismus).

Reines $CrCl_3(s)$ geht in heißer verdünnter Mineralsäure äußerst langsam in Lösung. Der Löseprozeß wird ganz erheblich beschleunigt, wenn der Lösung Cr_{aq}^{2+} zugefügt wird. Dabei erscheint $CrCl^{2+}$ selbst unter Bedingungen, die Cr_{aq}^{3+} als vorherrschenden Gleichgewichtspartner in (8.28) erfordern würden (siehe auch die Daten der Tabelle 6.1).

$$CrCl_{aq}^{2+} + H_2O \rightleftarrows Cr_{aq}^{3+} + Cl^-. \qquad (8.28)$$

Radioaktiv markiertes Cr(II) wird im selben Vorgang Cr(III) und erscheint als $CrCl(H_2O)_5^{2+}$ in der Lösung. Der katalytische Beschleunigungsprozeß kann somit in der Gleichung (8.29) ausgedrückt werden.

$$CrCl_3(s) + {}^*Cr_{aq}^{2+} \rightarrow Cr_{aq}^{2+} + {}^*CrCl(H_2O)_5^{2+} + 2\,Cl^-. \qquad (8.29)$$

Wenn $CrCl_3(s)$ in eine saure Lösung eingetragen wird, welche Cr_{aq}^{2+} nebst radioaktiv markiertem Cl^- enthält, so erscheint in $CrCl^{2+}$ kein markiertes Chlorid, d. h. Chlor in $CrCl^{2+}$ stammt aus dem Festkörper und koordiniert in Reaktion (8.29) an Cr_{aq}^{2+} unter Substitution von Wasser der Koordinationshülle. Nach erfolgter Elektronabgabe bleibt das Brückenchlor am Elektronendonator haften. Im Moment des Elektronensprunges muß das nebenstehende Strukturelement (8.VIII) vorliegen.

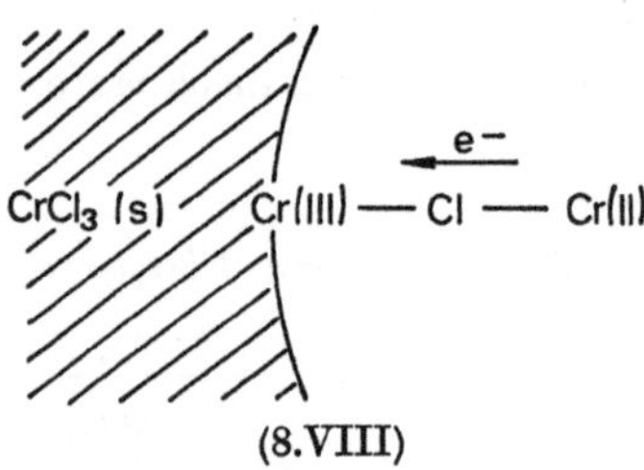

(8.VIII)

Als grundlegende Experimente in homogener Phase müssen TAUBEs Untersuchungen von Reduktionen von Cr(III) und Co(III) in robusten Komplexen gesehen werden. Wenn $(H_3N)_5CrCl^{2+}$ in wäßriger Perchlorsäure equilibriert wird, so wird natürlich $(H_3N)_5Cr(H_2O)^{3+}$ gebildet. In Gegenwart von Cr_{aq}^{2+} erfolgt jedoch quantitativ der Komplexzerfall in Verbindung mit dem Redoxprozeß (8.30).

$$(H_3N)_5CrCl^{2+} + {}^*Cr_{aq}^{2+} + 5\,H^+ \rightarrow Cr_{aq}^{2+} + 5\,NH_4^+ + {}^*CrCl_{aq}^{2+}. \qquad (8.30)$$

Stöchiometrisch ganz analog verläuft auch (8.31).

$$(H_3N)_5CoCl^{2+} + Cr_{aq}^{2+} + 5\,H^+ \rightarrow Co_{aq}^{2+} + 5\,NH_4^+ + CrCl_{aq}^{2+}. \qquad (8.31)$$

Dies sind ganz überzeugende Belege dafür, daß ein Brückenelement

$$M(III){-}Cl{-}Cr(II)$$
$$(8.IX)$$

(8.IX) im Zuge des Elektronenübergangs zustande kommt.

Die Interpretation von katalysierten Elektronaustauschprozessen sowie Redoxprozessen zwischen Komplexen mit verschiedenen Zentralmetallen ist weitgehend der Zuordnung zu einem der erwähnten Mechanismen gewidmet. Der zu Beginn dieses Abschnittes erwähnte Elektronaustausch zwischen Fe_{aq}^{2+} und Fe_{aq}^{3+} wird durch Zusatz von Fremdliganden X beschleunigt, und die Wirksamkeit der Liganden nimmt von links nach rechts in (8.32) zu.

$$X: (OH_2) < Br^- < F^- \sim Cl^- < NCS^- < C_2O_4^{2-} < OH^- < N_3^-. \qquad (8.32)$$

Die Wirksamkeit wird verglichen anhand der Konstante k im empirischen Gesetz (8.33).

$$\frac{d[e_{ex}^-]}{dt} = k[Fe_{aq}^{2+}][Fe(III)X].$$ (8.33)

Es ist aber nicht zu beweisen, daß der eigentliche Mechanismus für die ganze Reihe (8.32) derselben Art ist, wie ihn Skizze (8.IX) ausdrückt. Die Fe(II)- und Fe(III)-Komplexe dieser Austauschpaare sind nicht robust, so daß der Einsatz von markierten Liganden ungeeignet wäre. Das Problem der eigentlichen Mechanismen dieser Prozesse kann noch nicht als gelöst betrachtet werden.

Literatur

Umfassendstes Werk zum ganzen Gebiet:
BASOLO, F., and R.G. PEARSON: Mechanisms of inorganic reactions. 2nd Edition. New York: Wiley 1967.

Substitutionsprozesse an oktaedrischen und quadratisch planaren Komplexen:
LANGFORD, C.H., and H.B. GRAY: Ligand substitution processes. New York: Benjamin 1965.
STRANKS, D.R.: The reaction rates of transition metal Complexes. In: Modern coordination chemistry. Ed. J. LEWIS and R.G. WILKINS. London: Interscience 1960.

Substitutionsreaktionen an $Co(CN)_5X^{3-}$ und $Co(CN)_5H_2O^{2-}$:
WILMARTH, W. K., A. HAIM, and R.J. GRASSI: In: Mechanisms of inorganic reactions. Advances in Chemistry Series No. 49, American Chemical Society, Washington 1965, p. 31.

Daten über rasche Substitutionsreaktionen (Bildung labiler Komplexe, im Kapitel 8 nicht besprochen):
WILKINS, R.G., and M. EIGEN: In: Mechanisms of inorganic reactions. Advances in Chemistry Series No. 49, American Chemical Society, Washington 1965, p. 55.

Elektronübertragungen:
HALPERN, J.: Mechanisms of electron transfer and related processes in solution. Quart. Rev. 15, 207 (1961).
TAUBE, H.: Mechanisms of redox processes in simple inorganic reactions. Adv. inorg. Radiochem. 1, 1 (1959).

Kapitel 9

Anorganische Chromophore

Gegenstand dieses Kapitels ist das Lichtabsorptionsverhalten von ausgewählten Komplexen im Wellenlängenbereich vom langwelligen Ultraviolett bis zum kurzwelligen Infrarot. Dies schließt den Bereich ein, in

dem unser Auge Farbempfinden zeigt. Die Beziehung zwischen Wellenlänge (in nm) und Farbe ist in der folgenden Tabelle angegeben.

Ultraviolett	Wellenlänge
↑	in nm ($=$mμ)
violett	
blau	400—470
grün	470—570
gelb	570—590
orange	590—630
rot	630—800
↓	
Infrarot	

Die Farbe eines Materials gibt bekanntlich eine indirekte Auskunft
über seine Lichtabsorption im Sichtbaren, während eine direkte erhalten
wird, wenn die Absorption von monochromatischem Licht in Abhängigkeit der Wellenlänge gemessen wird. Seit 1946 stehen kommerziell er-
hältliche Spektralphotometer zur Verfügung, welche solche Messungen
an Lösungen, Kristallen oder Kristallpulvern erlauben. Im Standard-
bereich 200 bis ca. 1000 nm ist die Lichtabsorption mit Anregungen im
Elektronensystem verbunden. Zur Aufnahme der Absorptionsspektren
von Lösungen wird ein monochromatisches Lichtbündel durch eine
Küvette (Quarzgefäß mit planparallelen Platten) geschickt, welche die zu
untersuchende Substanz in Lösung enthält. Die Intensität I des austre-
tenden Lichtstrahles wird verglichen mit der Intensität I_0, welche derselbe Strahl nach Durchtritt durch eine Küvette besitzt, die nur Lösungsmittel enthält (Referenzlösung). Registrierende Apparate zeichnen fort-
laufend die optische Dichte (9.1) in Abhängigkeit der Wellenlänge auf.

$$D = \log \frac{I_0}{I} \qquad (9.1)$$

Tritt nur eine absorbierende Partikelsorte auf, deren Zustand nicht
von der Konzentration abhängt, so ist das Beersche Gesetz (9.2) erfüllt.

$$D = \varepsilon \cdot c \cdot d \qquad (9.2)$$

c Konzentration in Mol $\cdot$ l^{-1},
d Schichtdicke der Küvette in cm,
ε dekadischer molarer Extinktionskoeffizient.

Liegen in einer Lösung mehrere absorbierende Spezies vor, so mißt D
eine Summe von Ausdrücken wie (9.3):

$$D = d \sum_i c_i \cdot \varepsilon_i. \qquad (9.3)$$

Das für eine gelöste Spezies charakteristische Absorptionsspektrum wird
also nur dann erhalten, wenn diese mit Sicherheit die allein absorbierende
darstellt.

Abb. 9.1a gibt das Absorptionsspektrum einer wäßrigen Lösung von
$Cr(H_2O)_6(ClO_4)_3$, wie es direkt von einem Standardapparat aufgezeichnet

wird. Die Abszisse gibt die Wellenlänge in nm, die Ordinate den Wert von
D nach (9.2), der sich bei bekannter Konzentration unmittelbar als ε
angeben läßt.

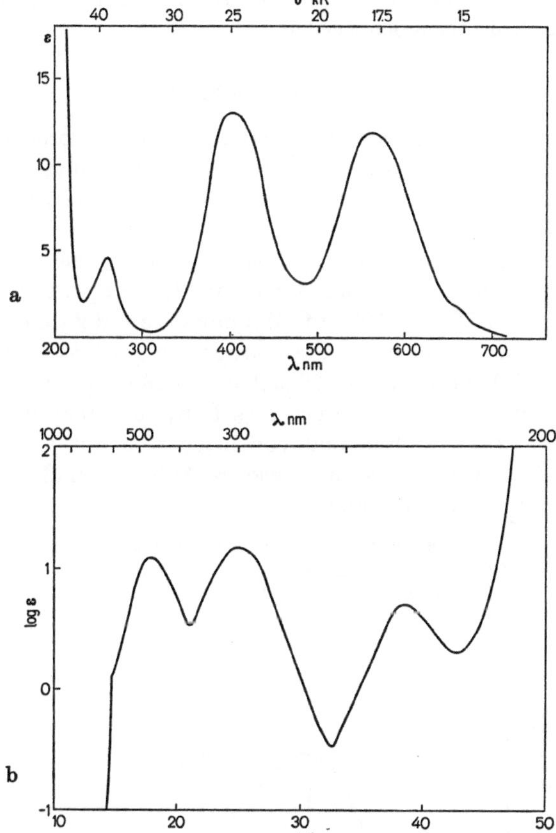

Abb. 9.1a, b. Absorptionsspektrum von $Cr(H_2O)_6^{3+}$ in wäßriger Lösung; Cr(III):
$3d^3$. a: ε vs. λ; b: $\log \varepsilon$ vs. σ

Die Wellenlänge des Lichtes wird gewöhnlich in einer der folgenden
Einheiten angegeben:

Angström	$1\,A = 10^{-8}$ cm
Nanometer	$1\,nm = 10^{-9}$ m $= 10$ A
(= Millimicron mµ)	
Wellenzahl	$1\,cm^{-1}$: 1 Kayser, K
	$1000\,cm^{-1}$: 1 Kilokayser, kK.

Die letztere Einheit mißt die reziproke Wellenlänge über die Beziehung
zwischen Frequenz ν des Lichtes und Photonenenergie

$$h \cdot \nu = hc\,\lambda^{-1} = h \cdot c \cdot \sigma$$
$$\sigma: \text{Wellenzahl.}$$

8*

Sie interessiert deshalb, weil sie proportional zur Photonenenergie ist. Die Energie des absorbierten Photons und damit die Energiezunahme des absorbierenden Systems, d. h. die Differenz zweier Energieniveaus, können über die äquivalenten Beträge (9.4) in anderen Standardeinheiten wie eV und kcal/Mol angegeben werden.

$$1 \text{ kK} = 0{,}124 \text{ eV}$$
$$1 \text{ kK/Molekel} = 2{,}86 \text{ kcal/Mol}. \tag{9.4}$$

In Abb. 9.1 b ist dasselbe Spektrum in anderer Weise eingezeichnet, nämlich als log ε vs. σ, eine Möglichkeit, die vor allem dann nützlich ist, wenn die Werte einen Bereich durchlaufen, der mehrere Größenordnungen von ε umfaßt.

Die Absorptionsmaxima von organischen Farbstoffen, wie sie etwa auch als Indikatoren in der Säure-Basen-Titration angewendet werden, weisen ε-Werte von 10^4 bis 10^5 auf. Mononukleare Metallkomplexe ergeben im erwähnten Bereich der Standardgeräte Extinktionskoeffizienten, die sich von 0,01 bis gegen 70000 erstrecken. Man spricht gewöhnlich von Banden geringer Intensität, wenn $\varepsilon \leqq 1$ ist, von mittelstarken Banden im Bereich $10 < \varepsilon < 100$, und von intensiven mit $\varepsilon \geqq 1000$. Die Banden eines Absorptionsspektrums wie in Abb. 9.1 sind unmittelbar durch drei Größen zu kennzeichnen:

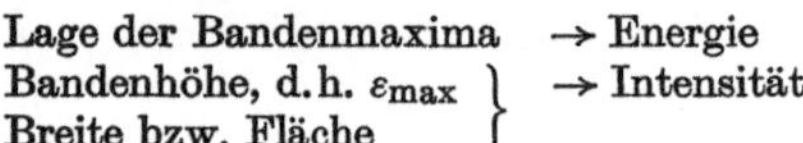

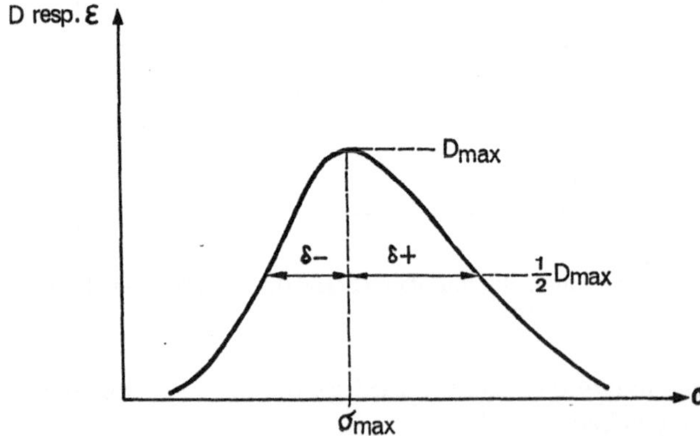

Anstelle der Fläche gibt man meist als Breitenparameter die Werte δ_+ δ_- an, welche für symmetrische Banden dieselben Werte besitzen; die Summe $(\delta_+ + \delta_-)$ mißt stets die Breite in halber Höhe $\frac{1}{2} D_{max}$.

Die Banden in Abb. 9.1 sind enorm breit gegenüber der spektralen Breite des Lichtbündels. Geben zwei Energieniveaus E_a (angeregter Zustand) und E_0 (Grundzustand) Anlaß zur Absorptionsbande mit dem Maximum bei σ, d. h.

$$h \cdot c \cdot \sigma = E_a - E_0$$

so macht nach der Theorie die Fläche der Bande eine Aussage über die Übergangswahrscheinlichkeit, d. h. die Wahrscheinlichkeit der Aufnahme von Photonen. Die breiten Banden der Abb. 9.1 stehen in scharfem Gegensatz zu den Absorptionslinien gasförmiger Atome. In Festkörpern und Lösungen kann sich eine Differenz $E_a - E_0$ zwischen Zuständen derselben Art z. B. durch thermische Bewegungen über ein breiteres Intervall erstrecken, so daß eine chemische Spezies eine statistische Gesamtheit von absorbierenden molekularen Systemen liefert, welche sich zufolge der gegenüber Kernbewegungen raschen Photonenaufnahme im Spektrum abbilden kann.

Zweifellos ist die violette Farbe der Lösung, welche den Aquokomplex von Cr(III) und Perchloration enthält, dem Komplex $Cr(H_2O)_6^{3+}$ zuzuschreiben. Die Banden in Abb. 9.1 entsprechen nicht einfach verbreiterten Absorptionsbanden eines $Cr^{3+}(g)$. Der Vergleich mit Atomspektren erlaubt diesen Schluß ohne weiteres. Außerdem ändert ja die Farbe bei Ligandersatz in der Hülle.

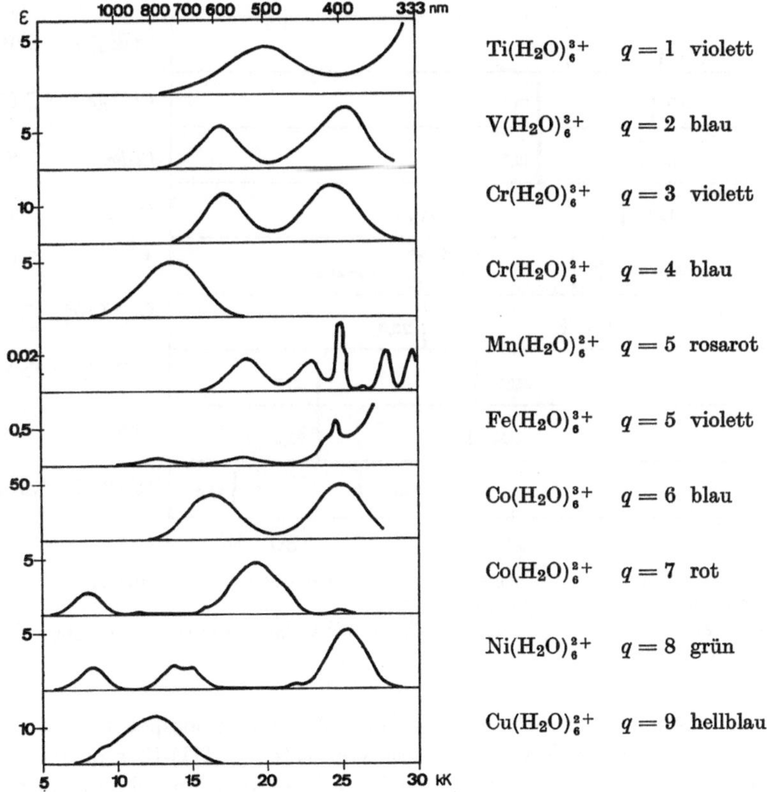

Abb. 9.2. Absorptionsspektren von Aquoionen der $Ü_1$-Reihe, Konfiguration $3\,d^q$

In der Reihe der Metallaquoionen (9.5) sind nur die Ü-Vertreter gefärbt ($0 < q < 10$), während die Aquoionen von K(I), Ca(II), Sc(III) und von Zn(II) im Sichtbaren ebensowenig wie ClO_4^- absorbieren; dies trifft auch für die höheren Analogen wie Y(III), La(III) und Cd(II), Hg(II) zu.

$$K^+ \quad Ca^{2+} \quad Sc^{3+} \quad Ti^{3+} \quad V^{3+} \quad Cr^{3+} \quad Cr^{2+} \quad Mn^{2+} \quad Fe^{3+} \quad Co^{3+} \quad Co^{2+} \quad Ni^{2+} \quad Cu^{2+} \quad Zn^{2+} \quad Ga^{3+}$$
$$q \quad 0 \quad\ 0 \quad\ 0 \quad\ 1 \quad\ 2 \quad\ 3 \quad\ 4 \quad\ 5 \quad\ 5 \quad\ 6 \quad\ 7 \quad\ 8 \quad\ 9 \quad\ 10 \quad\ 10$$

$$(9.5)$$

Abb. 9.2 gibt die Spektren der gefärbten Lösungen wieder.

Zahlreiche farblose Liganden, welche mit A- und B-Kationen farblose Komplexe bilden, führen zu farbigen Ü-Komplexen. Deshalb ist es gegeben, die Elektronenkonfiguration nd^q bzw. den Parameter q mit dem Lichtabsorptionsverhalten in Beziehung zu bringen. Allerdings kann eine solche Hypothese erst untermauert werden, wenn Größen wie Bandenzahl, Abstände und Intensität der Banden innerhalb einer Theorie wiedergegeben werden können, welche auf etablierten physikalischen Prinzipien aufgebaut ist. Im folgenden seien einige Tatsachen herausgegriffen, welche die Eigenart der Spektren von Ü-Komplexen beleuchten.

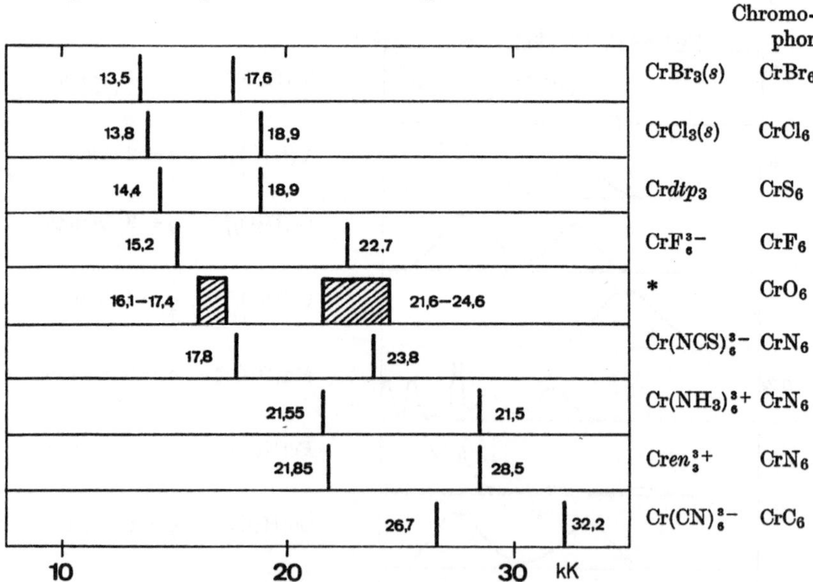

Abb. 9.3. Position der zwei langwelligsten Hauptbanden von oktaedrischen Cr(III)-Komplexen. dtp^- = Diäthyldithiophosphat
* Intervall für die O-Liganden $OC(NH_2)_2$, $OS(CH_3)_2$, $O(-II)$ in $Cr_2O_3(s)$, H_2O, $C_2O_4^{2-}$, $OCHN(CH_3)_2$.

In schematischer Art sind in Abb. 9.3 Absorptionsspektren von gelösten und diffuse Reflexionsspektren von festen Cr(III)-Komplexen vereinigt, die alle nachweisbar oktaedrische Koordinationssphären aufweisen. Als gemeinsames Merkmal sticht im berücksichtigten Bereich die gleiche Anzahl von Hauptbanden vergleichbarer Intensität bzw. Breite hervor. Die Spektren sind derart angeordnet, daß sich die langwelligste Bande von oben nach unten in Abb. 9.3 gegen kürzere Wellen verschiebt.

Die zentralen Koordinationseinheiten CrX_6 (X = Ligandatom) sind CrO_6 für die Liganden $O(-II)$ im Oxid, $OC(NH_2)_2$, $C_2O_4^{2-}$, $OCHN(CH_3)_2$, $OS(CH_3)_2$, und CrN_6 für NH_3, *en* und NCS^-. Alle einbezogenen Ligandpartikeln sind in freiem solvatisierten Zustand farblos. Setzt man voraus, die optische Anregung erfasse praktisch nur das Elektronensystem im Bereich der zentralen Koordinationseinheiten, so muß diese als farbbestimmende Einheit, also als *chromophore Gruppe* bezeichnet werden. Diese Voraussetzung, nämlich von der Anregung weitgehend unbeeinflußte Elektronensysteme des Liganden, würde aber implizite bedeuten, zur Interpretation im Rahmen einer Theorie sei primär von einfacheren Systemen CrX_6 auszugehen, wenn der Ligand mehratomig ist. Die farblosen Komplexe von A- und B-Kationen mit den erwähnten Liganden beweisen, daß auch die von einem geladenen Zentrum $M(z)$, $z > 0$ beeinflußten Liganden im Sichtbaren nicht notwendigerweise absorbieren. Von besonderem Interesse sind in Abb. 9.3 die Spektren von polynuklearen Komplexen $CrBr_3(s)$, $CrCl_3(s)$ und $Cr_2O_3(s)$, die sich ins Bild fügen, welche die mononuklearen Komplexe liefern. In diesen Polynuklearen weist Cr(III) stets die KZ sechs auf. Tatsächlich gibt auch die Theorie (siehe Kapitel 12) Gründe, welche das Konzept von chromophoren Gruppen $CrBr_6$, $CrCl_6$ und CrO_6 in diesen Polynuklearen stützen. Aus dem Vergleich von Spektren von Mononuklearen und Polynuklearen, welche dieselben zentralen Koordinationseinheiten aufweisen, lassen sich anderseits wichtige Schlüsse über die Wechselwirkung zwischen lokalen Einheiten in Polynuklearen ziehen.

Abb. 9.3 regt in Kombination mit Abb. 9.2 zum Postulat an, die Topologie des Spektrums sei durch die Parameter q und die Anordnung der Liganden festgelegt, während die quantitativen Verhältnisse (Bandenlage und -Abstände) vorwiegend durch die Natur des Ligandatomes gegeben seien und durch dessen nächste Umgebung im Liganden selbst modifiziert würde. Dieses Postulat ließe sich auch für die Ni(II)-Komplexe in Abb. 9.4 aufrecht erhalten, sowie auch für die Co(III)-Komplexe in Abb. 9.5. Die Bedeutung der Anordnung, d. h. Mikrosymmetrie, ließe sich empirisch ohne weiteres zeigen. Ganz besonders weichen etwa Termlagen und-Folgen in gasförmigen Halogeniden $MX_2(g)$ von denen der Halogenokomplexe MX_4 oder MX_6 ab. Man vergleiche auch CoN_6 mit CoN_5X und CoN_4X_2 in Abb. 9.5 und 9.6.

Als ganz bemerkenswerte Regelmäßigkeit tritt nun hervor, daß die Reihe der Liganden, nach der die Bandensysteme im wesentlichen gegen kürzere Wellen hin verschoben werden, für alle drei Spektrengruppen (Abb. 9.3, 4, 5) dieselbe ist und offenbar eine grundlegende Eigenschaft der Liganden wiederspiegelt. Historisch gesehen ist diese *spektrochemische Reihe der Liganden* tatsächlich nicht an den vorgeführten Bei-

spielen aufgefunden worden, sondern an mononuklearen Komplexen mit
den Chromophoren CrN_5X und CoN_5X. TSUCHIDA machte erstmals
darauf aufmerksam, daß die langwelligste Bande der Lösungsspektren

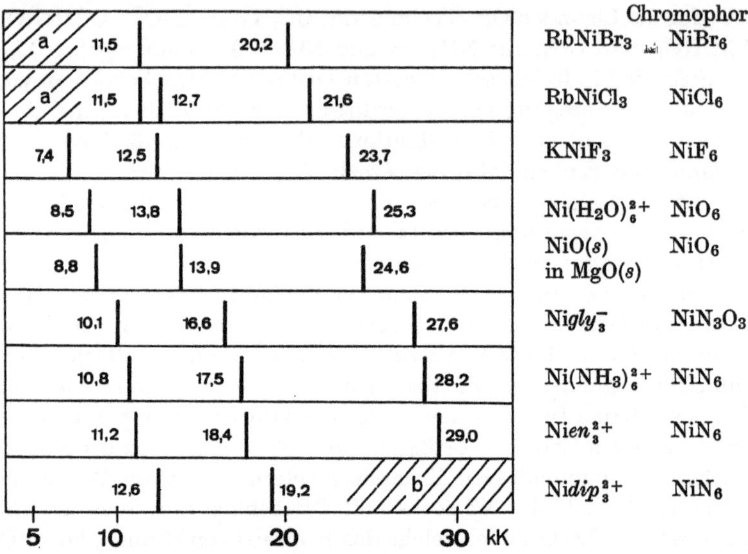

Abb. 9.4. Position der Banden vergleichbarer Intensität von oktaedrischen Ni(II)-
Komplexen. dip = α,α′-Dipyridyl. Schraffierte Bereiche: a nicht untersucht,
b Banden viel höherer Intensität

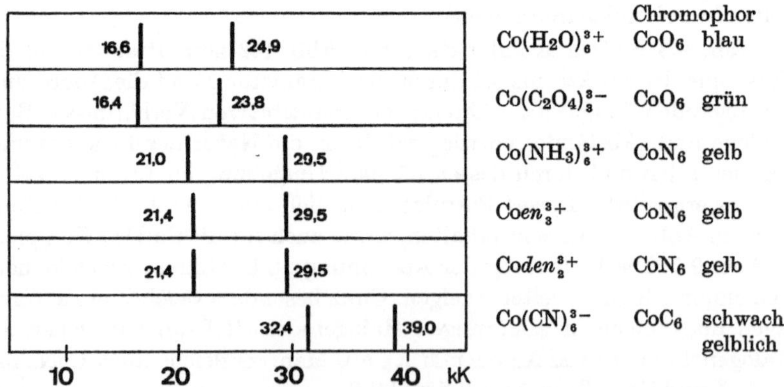

Abb. 9.5. Position der langwelligsten Hauptbanden von oktaedrischen Co(III)-Kom-
plexen

solcher Komplexe mit X in der Reihe (9.6) nach kürzeren Wellen verschoben wird.

$$J^- < Br^- < Cl^- < F^- < H_2O < NH_3 < NO_2. \tag{9.6}$$

Für $X =$ Halogen ist diese Tatsache in Abb. 9.6 illustriert, welche zudem einen neuen Aspekt gegenüber Abb. 9.5 zeigt. Im kurzwelligen Teil treten viel intensivere Banden hervor, als sie im selben Bereich in Abb. 9.1—9.5 enthalten sind. Die Bande höchster Intensität rückt in der Reihe F → Cl → Br → J gegen das Sichtbare, also mit zunehmend reduzierendem Charakter des Halogenids und abnehmender Elektronegativität des Halogens. Die Chromophoren CoN_5O und CrN_5O ergeben anderseits im selben Bereich nur die zwei „normalen" Hauptbanden, d.h. die intensiveren Banden der Halogenokomplexe können nicht damit zusammenhängen, daß die Mikrosymmetrie der chromophoren Gruppe von MN_6 (höchstens O_h) zu MN_5X (höchstens C_{2v}) niedriger werden muß. Der schon von WERNER angewandte Unterschied der Farbe der cis- und trans-Isomeren von MN_4X_2 findet seinen Ausdruck im Spektrum, indem die langwelligste Doppelbande des trans-Isomeren im Gebiet einer breiten Bande des cis-Komplexes liegt. Intensivere Banden treten allgemein im kurzwelligeren Bereich auf, wenn statt der Ligandatome wie $O(-II)$ in H_2O, ROH, R_2O und R_2CO, N in aliphatischen Aminen oder F^-, reduzierendere wie Br^-, J^-, $S(-II)$ in Sulfid oder Mercaptolen in Komplexen mit Ü-Zentren vertreten sind. Die freien, gelösten Partikeln der erwähnten Art sind hingegen farblos.

Die charakteristischen Banden mit Werten von ε im Bereich 1 bis 100, wie sie in Abb. 9.1 bis 9.6 auftreten, kommen natürlich auch dann nicht mehr

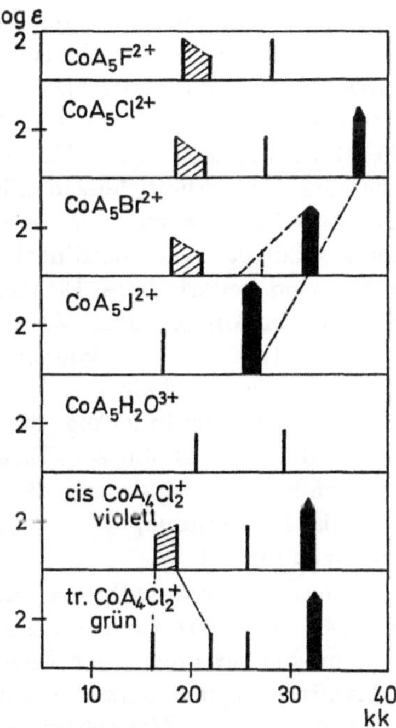

Abb. 9.6. Banden mittlerer und hoher Intensität von Co(III)-Komplexen mit gemischter Ligandsphäre. Man beachte die logarithmische Angabe von ε_{max}. $A = NH_3$

zum Ausdruck, wenn die freien Liganden selber im Sichtbaren absorbieren und Chromophore sind oder enthalten. In diesem Falle würde vor allem die Änderung des Spektrums durch die Koordination interessieren. Wird von solchen Systemen abgesehen, so läßt sich aufgrund der Tatsachen allein schon einsehen, daß in mononuklearen Ü-Komplexen

der Parameter q,

die Symmetrie der zentralen Koordinationseinheit,

der reduzierende Charakter des Ligandatoms,

dominante Faktoren für die Spektren im betrachteten Bereich sind. Eine Klassifizierung der Banden und die Interpretation der empirischen Kenngrößen ist deshalb von größtem Interesse, weil die Spektren eine Aussage über das Elektronensystem des absorbierenden Systems machen. Dieses spiegelt aber wiederum die Effekte wider, welche die chemische Bindung hervorruft. Man interessiert sich speziell dafür, inwiefern Zustände eines gebundenen Systems noch Beziehung zu Zuständen der getrennten Partner haben. Setzen wir einatomige Liganden in mononuklearen Komplexen voraus, so bedeutet dies, es sei die Beziehung zu suchen zwischen den Grundzuständen und angeregten Zuständen in den einatomigen isolierten Partnern und denjenigen im Komplex. Die Zustände der Einzentrensysteme lassen sich nach Konfigurationen und damit die Anregungen nach Konfigurationsänderungen klassifizieren. Die langwelligeren Banden von Ü-Ionen M^{z+}, $z \geqq 2$, müssen im speziellen im Bereich 10—50 kK Anregungen in der Valenzschale zugeordnet werden, d. h. Termübergängen innerhalb derselben Konfiguration nd^q. Dabei ändern sich die Drehimpulseigenwerte und somit die interelektronische Repulsionsenergie. Solange das Koordinationszentrum $M(z)$ und die Liganden noch weitgehend separierbare Elektronensysteme aufweisen, sollten in $Ü_2$-Komplexen Konfigurationsänderungen bzw. Übergänge innerhalb einer Konfiguration auftreten können, welche der folgenden Art entsprechen:

Anregung innerhalb von $M(z)$; sog. $d—d$-Übergänge.

Konfigurationsänderung $d^q \rightarrow d^{q+1}$ unter Verlust eines Elektrons seitens der Ligandhülle, sog. Elektronübergänge von Ligand zu Metall.

Konfigurationsänderung $d^q \rightarrow d^{q-1}$ unter Übergang eines Elektrons auf die Ligandhülle, sog. umgekehrter Elektronübergang, d. h. von Metall zu Ligand.

Anregung innerhalb des Elektronensystems des Liganden, z. B. $ns^2np^6 \rightarrow ns^2np^5nd$ für Halogenidionen.

Zunehmend kovalenter Charakter der Bindungen muß eine solche Klassifizierung im Grenzfall verunmöglichen, und Einelektronenschemata solcher Systeme (MO-Schemata) können keine einfache Beziehung zu AO-Schemata der Partner aufweisen.

Die Bandensysteme mittlerer und geringer Intensität in den Abb. 9.2 bis 9.6 lassen sich nach Übergängen der zwei ersten Kategorien klassifizieren. Im Zuge solcher Analysen der Spektren im Rahmen der Ligandfeldtheorie sind Belege dafür aufgefunden worden, daß die Separierung der Elektronensysteme grundsätzlich in keinem Falle erfüllt ist. Aus Parametern, welche die Abweichung des realen Systems vom idealen mit Partnern beschreiben, die sich nur über elektrostatische Felder beeinflussen, ließen sich Schlüsse ziehen über den relativen Grad der Delokalisierung, welche bei konstantem $M(z)$ in Abhängigkeit der Ligandhülle bzw. bei konstanter Ligandhülle in Abhängigkeit des Metalles $M(z)$ eintritt. Für die vergleichende Chemie sind solche Informationen außerordentlich wertvoll, weil sie zu einer Charakterisierung der Zentren $M(z)$ einerseits und der Liganden anderseits im Rahmen von spektroskopischen Daten führen.

Für polynukleare Komplexe tritt nebst der Frage nach der Wechselwirkung innerhalb der ZKE auch jene der Wechselwirkung zwischen den ZKE auf, mit anderen Worten die Frage, ob eine ZKE wirklich als chromophore Gruppe bezeichnet werden dürfe. Dies ist etwa für den binuklearen Chrom(III)komplex (9.I) der Fall, dessen Spektrum (Abb. 9.7) die chromophore Gruppe CrN_5O verrät, wie der Vergleich mit dem mononuklearen $Cr(NH_3)_5(OH)$ (9.II) zeigt. Anderseits weichen die Spektren des deprotonierten (9.III) und von (9.I) ganz drastisch voneinander ab, und man muß daraus schließen, nach der Deprotonierung setze eine signifikante Wechselwirkung zwischen den beiden äquivalenten Cr(III)-Zentren über die Sauerstoffbrücke ein. Eine solche Wechselwirkung zeichnet sich auch in den magnetischen Eigenschaften ab, denn die paramagnetische Suszeptibilität pro Cr(III) von (9.III) ist wesentlich geringer als jene von (9.I), welche anderseits praktisch mit jener von (9.II) übereinstimmt.

$$(H_3N)_5\,Cr\,(OH)\,Cr\,(NH_3)_5^{5+} \qquad (H_3N)_5\,Cr\,O\,Cr\,(NH_3)_5^{4+}$$

(9.I)   (9.III)

μ-Hydroxo-bis(pentamminchrom-III)   μ-Oxo-bis-(pentamminchrom-III)

$(H_3N)_5Cr\,(OH_2)^{3+}$

(9.II)

Aquopentamminchrom (III)

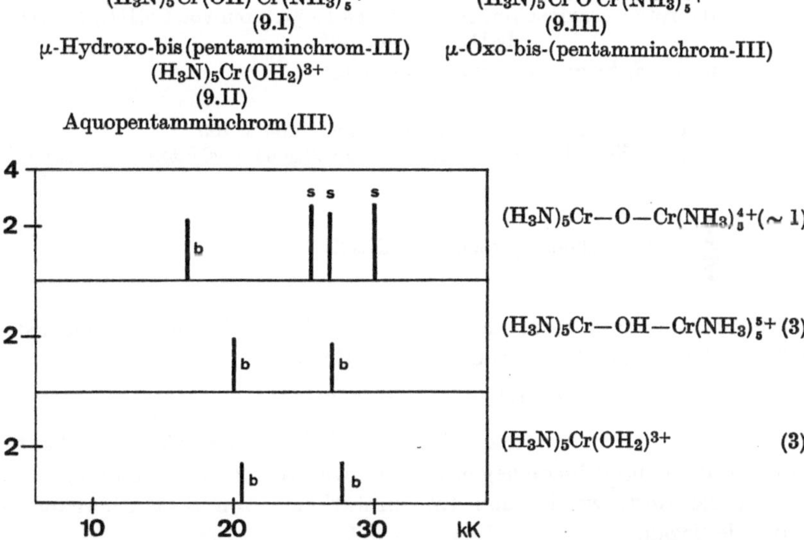

Abb. 9.7 Spektroskopischer Beleg für die Wechselwirkung von 2 Cr (III) über -0-Brücke im basischen Rhodo-Chrom (III). Die Zahlen in Klammern geben die Zahl der ungepaarten Elektronen pro Cr (III) aus der magnetischen Suszeptibilität. s schmale Bande, Breite < 1 kK; b breite Bande, Breite ~ 4 kK.

In den oben erwähnten Daten sind vor allem Ü₁-Komplexe herangezogen worden. Bei gleicher Koordinationsgeometrie (Mikrosymmetrie), gleichem Parameter q und denselben Spinpaarungsverhältnissen läßt sich jedoch eine qualitative Analogie zwischen den drei Ü-Reihen auffinden. Zur Illustration seien nur einige Komplexe der Reihe Co(III), Rh(III), Ir(III) berücksichtigt. In Abb. 9.8 ist auch angegeben, welchem Typus von Übergängen die Bandengruppen zugeordnet werden müssen.

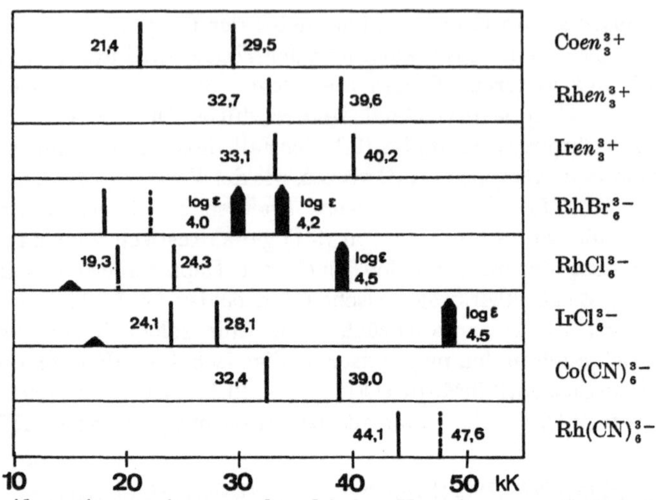

Abb. 9.8. Absorptionsmaxima von oktaedrischen Komplexen von Co(III), Rh(III), Ir(III); $q = 6$, nd^6.

▲ $d - d$, Singlett → Tripplett, $\varepsilon \leqq 10$

$d - d$, Singlett → Singlett, ε Größenordnung 100
gebrochene Linie: Schulter am kurzwelligen Flügel intensiverer Banden

Elektronübergang Ligand → Metall

Die einander entsprechenden Termabstände, welche die beiden längstwelligen Banden ergeben, wachsen in der Reihe

$$\mathrm{Co\,(III)} < \mathrm{Rh\,(III)} < \mathrm{Ir\,(III)}\,.$$

Der topologischen Verwandtschaft der Spektren stehen also signifikante quantitative Unterschiede gegenüber. In Kapitel 12 sind Grundzüge der Modelle skizziert, welche den Interpretationen von $d-d$-Übergängen zugrunde liegen.

Literatur

JØRGENSEN, C. K.: Absorption spectra and chemical bonding in complexes. Oxford: Pergamon Press 1962.
— Inorganic complexes. London: Academic Press 1963. Komplexchemie im Lichte spektroskopischer Tatsachen und ihrer Interpretation.
— Spectroscopy of transition-group complexes. Adv. Chem. Phys. **5**, 33 (1963).
— Inorganic chromophores. Experientia Suppl. **9**, 120 (1964).
SCHLÄFER, H. L., u. G. GLIEMANN: Einführung in die Ligandenfeldtheorie. Teil A: Lichtabsorptionseigenschaften von Komplexverbindungen. Frankfurt a. M.: Akad. Verlagsgesellschaft 1967.

Kapitel 10

Ligandatome mit niedriger Elektronegativität

In vorangehenden Kapiteln haben die Ligandatome N, O und Cl nebst F viel Aufmerksamkeit erhalten. Die höheren Glieder derselben Vertikalreihen, P, As, sowie S und Br, J weisen eine signifikant kleinere Elektronegativität auf. Wir könnten uns etwa für die Charakteristika von Phosphin- und Arsinliganden in Analogie und vor allem im Unterschied zu Aminliganden interessieren, oder für S($-$II) gegenüber O($-$II). Für die Ligandatome H und C finden wir jedoch keine geeignete Verwandte, und unser Interesse soll vorerst den in diesem Sinne isolierteren Ligandatomen gelten.

Hydride und Hydridokomplexe

Das Hydridion ist unter allen einatomigen Ionen X^- das reduzierendste und von diesem Standpunkt aus dem Jodid J^- am nächsten. Die Hydride der Alkalimetalle enthalten eindeutig H($-$I) und werden gewöhnlich als salzartig klassifiziert. Bekanntlich lassen sich die Abstände $M - X$ in $5 \cdot 4$ kristallinen Alkalihalogeniden in guter Näherung auf $(5 + 4)$ Kristallionenradien reduzieren. Ein ähnliches Additivitätsprinzip gilt aber für die entsprechenden Hydride MH nicht. Die Differenz $d(M - H) - r(M^+)$ variiert von 1,36 Å (LiH) bis 1.54 (RbH). Beide genannten Hydride weisen NaCl-Struktur auf. Kristallchemisch sollte Hydrid demzufolge eher mit Fluorid, im Bindungsverhalten eher mit Jodid zu vergleichen sein. Die physikalische Ursache für die Platzbeanspruchung des H($-$I) und seinen variablen effektiven „Ionenradius" liegt letztlich in der relativ hohen Elektronenrepulsion innerhalb der Konfiguration $1s^2$ begründet, wie sie auch in der verhältnismäßig kleinen Elektronenaffinität von 0,75 eV gegenüber 3,45 von F und 3,06 von J zum Ausdruck kommt. Im folgenden sollen einige Hydride den Chloriden entsprechender Zusammensetzung gegenübergestellt werden.

Berylliumchlorid (Smp. 405 °C) läßt sich sublimieren, und oberhalb 750 °C liegen vorwiegend gestreckte Molekeln $BeCl_2$ vor. Das Bauprinzip im Festkörper entspricht der lokalen Umgebung $BeCl_{4/2}$, womit eine annähernd tetraedrische Koordinationsgeometrie innerhalb von Ketten (10.I) erreicht werden kann.

$$\text{Cl}\diagdown\text{Be}\diagdown\text{Cl}\diagdown\text{Be}\diagdown\text{Cl}$$

(10.I)

BeH_2 kann nicht aus den Elementen dargestellt werden, wohl aber aus LiH und $BeCl_2$ in Äther, worin es unlöslich ist. Es dürfte eine ähnliche polynukleare Struktur (10.I) wie $BeCl_2$ besitzen. Interessanterweise greift trockener Sauerstoff bei Raumtemperatur $BeH_2(s)$ nur sehr langsam an, während Wasser eine heftige Reaktion erzeugt.

Die flüchtige Partikel im Gleichgewicht mit $AlCl_3(s)$ ist das Dimere $Al_2Cl_6(g)$; das analoge Al_2H_6 existiert nicht. Aus ätherunlöslichem AlH_3 (aus LiH und $AlCl_3$) kann mit LiH mononukleares AlH_4^- als $LiAlH_4$ erhalten werden, das wichtige ätherlösliche Reduktionsmittel. Das analoge Chlorokomplexsalz $Li[AlCl_4]$ ist leicht zugänglich. Al(III) kann jedoch gegenüber H($-$I) auch eine höhere Koordinationszahl erreichen, nämlich in der leichtflüchtigen Al(III)-Verbindung $Al(BH_4)_3$ (Smp. $-64{,}5\,°C$, Sdp. $44{,}5\,°C$). Die drei B($+$III) sind koplanar mit Al(III) und umgeben es gleichmäßig, wobei wahrscheinlich drei Brückensysteme $Al<^H_H>B$ ausgebildet werden.

Im Bereich der B-Metalle figurieren CuH (rotbraun), ZnH_2, CdH_2, HgH_2 (alle weiß) als polynukleare Verbindungen, die leicht in die Elemente zerfallen (CuH $\sim 60\,°C$, WURTZIT-Struktur, $ZnH_2 \sim 30\,°C$, $CdH_2 \sim -20\,°C$, $HgH_2 \sim -125\,°C$).

Die Hydride von Vertretern der fünf Übergangsreihen werden allgemein von ,,salzartigen,, und ,,kovalenten,, auseinandergehalten. Generell hat man zur Darstellung von reinsten Metallen und Wasserstoff auszugehen. Jedes Metall vermag eine gewisse Menge Wasserstoff zu lösen, und allgemein steigt die Löslichkeit mit der Temperatur. Bei charakteristischen Gebieten des Atomverhältnisses H/M bilden sich bei einer Reihe von Metallen neue Phasen, welche kristallographisch vom reinen Metall bzw. dem Gebiet der Lösungen von H im Metall unterschieden werden können. Die meisten dieser Metallhydride weisen Strukturen auf, die der Besetzung von Hohlräumen (,,interstices'') einer Nieder- oder Hochtemperatur-Struktur des betreffenden Metalles entsprechen. So baut etwa Ti(s) das 1600-fache Eigenvolumen an Wasserstoffgas zu TiH_2 ein, das eine deformierte CaF_2-Struktur besitzt. Die H-Kerne sind darin dichter gepackt als in $H_2(s)$ selbst (d_{M-H} 1,92 A; d_{M-M} 3,16; d_{H-H} 2,24; d_{M-M} in Ti(s) 2,85; einfache kubische Packung von H(s) mit Dichte von $H_2(s)$: $d_{H-H} \approx 2{,}9$)

Die seltenen Erdmetalle liefern keineswegs MH_3 analog MX_3 ($X = $ F, Cl, Br, J). Definierte Phasen von annähernd der Zusammensetzung MH_2 und MH_3 sind z. B. für Cer wohluntersucht, wobei CeH_3 (nicht exakt stöchiometrisch!) eine mit der Temperatur zunehmende elektrische Leitfähigkeit zeigt, wie sie für Halbleiter typisch ist. Allgemein besitzen Metallhydride der Übergangselemente bertholliden Charakter.

Aus diesen summarischen Hinweisen ist es klar, daß nur in wenigen Metallhydriden von H($-$I) gesprochen werden darf, welches ein exaktes stöchiometrisches Verhältnis verlangt und das ein echtes formales Halogenidanalogon darstellt. Die geschilderte Situation war weitgehend charakteristisch für den Stand der Entwicklung bis ca. 1950. Seither sind einige hundert Verbindungen bekannt geworden, in denen H(—I) als Ligand betrachtet werden darf bzw. muß. Als gemeinsames Merkmal dieser neueren Hydridokomplexe sticht hervor, daß sie fast ausnahmslos nebst H(—I) noch C, P, As als Ligandatome und durchwegs Ü-Zentren enthalten.

Eine Ausnahme stellt die interessante Verbindung K$_2$[ReH$_9$] dar, die diskrete strukturelle Einheiten ReH$_9^{2-}$ enthält. Zur Darstellung wurde KReO$_4$ in Äthylendiamin suspendiert, das Spuren von Wasser enthielt, und mit metallischem Kalium behandelt. Die Aufarbeitung umfaßte Extraktion mit Isopropanol, Auflösen in starker Kalilauge (!) und Fällen mit hochprozentigem Äthylendiamin. Die gereinigte weiße Verbindung ist thermisch stabil bis ca. 300 °C, löst sich ohne Zersetzung in sauerstofffreier alkalischer wäßriger Lösung und reduziert Tl(I) rasch zum Metall. Durch Röntgenographie und Neutronenbeugung ist die Koordinationsgeometrie festgelegt worden, wie sie Skizze (10.II) veranschaulicht.

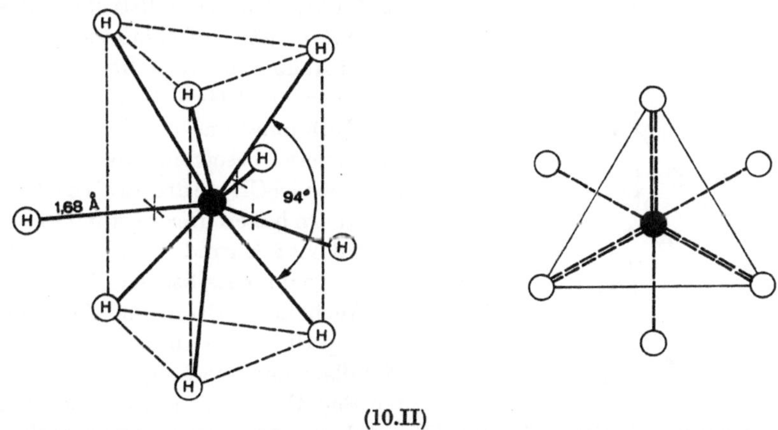

(10.II)

Es ist interessant, wie das dem Mn(VII) analoge Re(VII) nicht einfach zum Metall Re bzw. einer Kaliumlegierung reduziert wird. Der Elektronenaffinität des gasförmigen H$^-$ entspricht ein Lichtquant der Wellenlänge ca. 1700 nm (bzw. Wellenzahl $\sim$ 6000 cm^{-1}), während ReH$_9^{2-}$ erst bei viel kürzeren Wellenlängen, nämlich 220 nm (bzw. 46 000 cm^{-1}) absorbiert. Das Elektronensystem der 9 · 2 Valenzelektronen im Komplex ist also durchaus nicht leicht anzuregen, und H(—I) ist keinesfalls mit einem H$^-$ zu verwechseln.

CH$_3^-$ als Ligand

Das Methylion CH$_3^-$ enthält nach üblicher Auffassung ein freies Elektronenpaar, ähnlich wie NH$_3$, ist aber erheblich basischer und deprotoniert selbst OH$^-$. Wenn koordinationschemisch eine Analogie gerecht-

fertigt wäre, so müßte es durchwegs als einzähniger Ligand erscheinen
und keinesfalls ähnlich wie H($-$I) in salzartigen Hydriden von 6, 4 oder
2 Partnern M(z) umgeben sein. Als am ehesten salzartige Hydride würden
wir durchaus die Alkalimetallverbindungen anvisieren, die in der syn-
thetischen Chemie so bedeutsam sind. Die Mullikensche Elektronegativität $\frac{1}{2}(I_0 + I_1)$, welche für CH_3 aus experimentellen Daten zugänglich
ist, beträgt ($-$ in der Paulingschen Skala ausgedrückt $-$) 1,6, also wesentlich weniger als der Standardwert 2,5 von C. (Bei der Ionisierung
ändert die Geometrie und CH_3 ist planar.) Für eine hypothetische Molekel $LiCH_3$ (g) wäre bei E.N. (CH_3) 1,6 eine recht geringe Polarität der
Bindung zu erwarten.

Zur Synthese von $LiCH_3$ kann man von Li-Metall und der Methylver-
bindung von Hg(II) ausgehen, also $Hg(CH_3)_2$, und dieses kann aus HgX_2
und Grignardreagens CH_3MgX (X = Cl, Br) in Äther dargestellt werden.
(Die Grignard-Verbindungen selbst stellten das präparative Eingangstor

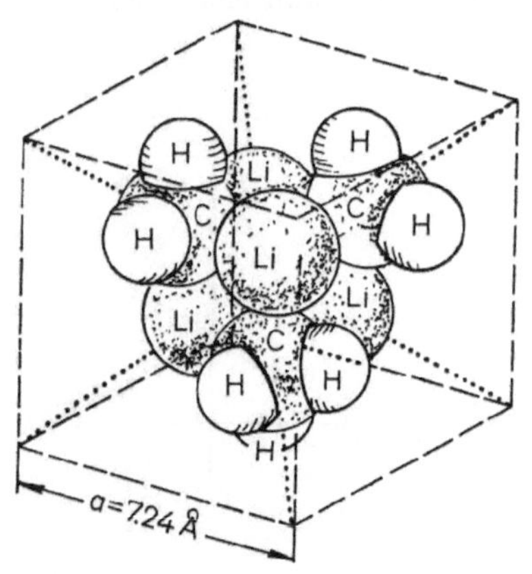

zur metallorganischen Chemie bis
1955 dar.) Die Kristallstruktur des
$LiCH_3$ (s) ist aufschlußreich: als
strukturelle Einheit stellt sich eine
tetramere $(LiCH_3)_4$ heraus, worin
vier Lithiumatome die Ecken eines
Tetraeders besetzen, über dessen
Flächen vier CH_3 je drei Li als nächste
Nachbarn haben. Der Abstand Li$-$Li
ist mit 2,56 A rund 20% kleiner als
derjenige im metallischen Lithium[1].

Auch in $Be(CH_3)_2$ und $Al(CH_3)_3$
vermag die CH_3-Gruppe als Brücke
Metallatome zu verknüpfen. Die Ketten $Be(CH_3)_{4/2}$ des Festkörpers und
die Dimeren $Al_2(CH_3)_6$ in der Dampfphase entsprechen strukturellen
Bauprinzipien, die schon bei $BeCl_2$ (s) und Al_2Cl_6 (g) hervortraten.

Die erwähnten Methylverbindungen sind enorm empfindlich gegenüber Wasser und Sauerstoff, außerdem ist ihre thermische Beständigkeit
wesentlich geringer als etwa jene der entsprechenden Chloride. Es ist
aufschlußreich, thermochemische Daten von Metallalkylen und analogen
Halogeniden zu vergleichen. Man sieht dann nämlich ein, daß die Reaktivität von Metallalkylverbindungen nicht auf extrem kleiner Bindungsenergie der M$-$C-Bindung beruhen kann: (Tab. 10.1).

Der Betrag der Enthalpie für die Bildung von $Al(CH_3)_3$ (g) aus den
Ionen ist etwas größer als für die Halogenide; der Gang der Werte in der
zweiten Gruppe von Tabelle 10.1 ist mit der Reihenfolge der Elektronegativität übereinstimmend $CH_3 < J < Cl$. Selbst die Bildung von
$Al(CH_3)_3(g)$ aus Al(s) und $CH_3(g)$ wäre noch wesentlich exotherm

[1] Weiss, E., u. E. A. Lucken: J. Organomet. Chem. 2, 197 (1964).

($\Delta H \approx -125$ kcal/Mol). Die dritte Datengruppe verrät den wesentlichen Unterschied von Alkylmetallverbindung und Halogeniden: die günstige Bildung von Kohlenwasserstoff nebst Metall bedingt die dra-

Tabelle 10.1. *Enthalpieänderungen für Standardbedingungen nach Daten von* Skinner, *ΔH auf- oder abgerundet*

Prozeß	ΔH, kcal/Mol
$Al^{3+}(g) + 3\,CH_3^-(g) \to Al(CH_3)_3\,(g)$	-1350
$Al^{3+}(g) + 3\,Cl^-(g) \to AlCl_3\,(g)$	-1290
$Al^{3+}(g) + 3\,J^-(g) \to AlJ_3\,(g)$	-1220
$Al(g) + 3\,CH_3(g) \to Al(CH_3)_3\,(g)$	-200
$Al(g) + 3\,Cl(g) \to AlCl_3\,(g)$	-310
$Al(g) + 3\,J(g) \to AlJ_3\,(g)$	-215
$Al(CH_3)_3\,(g) \to Al(s) + \frac{3}{2}\,C_2H_6\,(g)$	~ 0
$AlCl_3(g) \to Al(s) + \frac{3}{2}\,Cl_2\,(g)$	$+150$
$AlJ_3(g) \to Al(s) + \frac{3}{2}\,J_2\,(g)$	$+65$

stisch verringerte thermische Stabilität. Die Alkylverbindungen des Quecksilbers sind leichter zu handhaben als jene der Alkalimetalle oder von Aluminium. Die thermochemischen Daten der Tabelle 10.2 würden diese Erwartung beim Vergleich mit Tabelle 10.1 nicht verursachen.

Tabelle 10.2. *Enthalpieänderungen für Standardbedingungen nach Daten von* Skinner. *ΔH auf- oder abgerundet*

Prozeß	ΔH, kcal/Mol
$Hg^{2+}(g) + 2\,CH_3^-(g) \to Hg(CH_3)_2\,(g)$	-680
$Hg^{2+}(g) + 2\,Cl^-(g) \to HgCl_2\,(g)$	-620
$Hg^{2+}(g) + 2\,J^-(g) \to HgJ_2\,(g)$	-600
$Hg(g) + 2\,CH_3(g) \to Hg(CH_3)_2\,(g)$	-60
$Hg(g) + 2\,Cl(g) \to HgCl_2\,(g)$	-110
$Hg(g) + 2\,J(g) \to HgJ_2\,(g)$	-70
$Hg(CH_3)_2(g) \to Hg(1) + C_2H_6(g)$	-40
$HgCl_2(g) \to Hg(1) + Cl_2(g)$	$+36$
$HgJ_2(g) \to Hg(1) + J_2(g)$	$+5$

Hydrolyse und Oxydation an Luft verlaufen für Hg(II)-Methylverbindungen wesentlich langsamer als für Al(CH$_3$)$_3$. In verdünnter wäßriger Säure bleibt die Hg-C Bindung allgemein intakt, und erst z. B. konzentrierte HCl führt zur Zersetzung. In organischen Medien wirkt sich die höhere Acidität von HCl (gegenüber der wäßrigen Lösung) aus und bewirkt den Zerfall (10.1),

$$RHgR + HCl \to RHgCl + RH \tag{10.1}$$

der für die Reihe $R =$ Cyclopropyl, Äthyl, Methyl konduktometrisch verfolgt werden kann. Das Methylquecksilberkation CH_3Hg^+ hat die

Koordinationszahl eins und zeigt b-Charakteristik, wie Gleichgewichtsstudien in wäßriger Lösung zeigten. Die Reaktivität von Alkylverbindungen von Li, Mg, Zn, Cd verglichen mit HgR_2 muß damit zusammenhängen, daß sowohl Sauerstoff wie Wasser an Hg(II) den Zutritt weniger leicht finden, bzw. daß die koordinative Erweiterung mit Sauerstoff als Ligandatom weit weniger günstig ist. Die charakteristische Koordinationszahl zwei von Hg(II), welche auch gegenüber NH_3, $S(-II)$, X^- (schwere Halogenide), CN^- auffällt, und die lineare Anordnung in den Komplexen sind ganz und gar nicht typisch für die A-Kationen und ebensowenig für Zn(II) und Cd(II).

Binäre Alkylverbindungen MR_n der Ü-Ionen gehören zu den Seltenheiten, während besonders seit 1955 zahlreiche Komplexe bekannt geworden sind, in denen CH_3^- nebst anderen, vor allem weichen (im Sinne PEARSONs[8]), in der Ligandhülle erscheint. Das polynukleare $Mn(CH_3)_2$ fängt an Luft spontan Feuer, während $CH_3Mn(CO)_5$ inert gegen Luft und Wasser ist.

Cr(III) ist bemerkenswert, indem sowohl rotes $Cr(CH_3)_6^{3-}$ wie gelbes $Cr(ph)_6^{3-}$ ($ph^- = C_6H_5^-$) in Form der Lithiumkomplexsalze aus $CrCl_3$ und LiR in Tetrahydrofuran dargestellt werden können. Der spektroskopische Einfluß von CH_3^- läßt sich mit jenem von NH_3 und CN^- in den betreffenden Hexammin- bzw. Hexacyanokomplexen vergleichen, indem er eine Zwischenstellung einnimmt (siehe Kapitel 12). Die oktaedrische Koordination von CH_3^- ist auch durch röntgenographische Strukturaufklärung bewiesen worden, und die Zuordnung Cr(III) wird weiter durch magnetische Daten belegt, indem der Paramagnetismus drei ungepaarten Elektronen ($q = 3$) entspricht. Viel länger sind schon Vertreter des Pt(IV) bekannt, wie z. B. das Tetramere $[(CH_3)_3PtJ]_4$, welches aus $PtCl_4$ und Methylmagnesiumjodid in Benzol dargestellt wird. Seine Struktur entspricht einer annähernd oktaedrischen Umgebung des Pt(IV), wobei $J(-I)$ stets drei Pt(IV)-Zentren verknüpft (10.III).

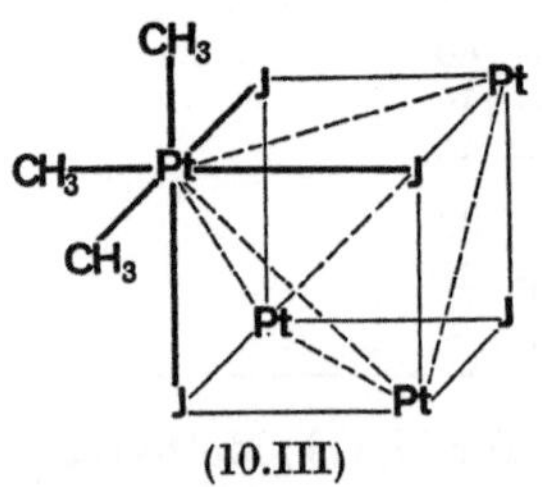

(10.III)

Polynuklear ist auch das ätherunlösliche gelbe $CuCH_3$, welches in siedendem Lösungsmittel zu Cu, C_2H_6 nebst CH_4 u. a. zerfällt. Weit stabiler und robuster ist farbloses (C_5H_5) $CuP(C_2H_5)_3$, bei dessen Bildung aus Cyclopentadien C_5H_6, Cu_2O und Triäthylphosphin in Petroläther als Produkt auch Wasser anfällt. Sein Schmelzpunkt läßt sich ohne Schwierigkeit zu 127 °C bestimmen, verdünnte Säuren zerlegen es zu Cu(I) und C_5H_6, während Wasser ohne Wirkung bleibt. Man erinnert sich, daß es keinen Beweis für die Existenz eines einwandfreien Aquoions Cu_{aq}^+ gibt und Cu(I) wie Hg(II) in einer Reihe von Komplexen die Koordinationszahl zwei aufweist (siehe Kapitel 5, $Cu(NH_3)_2^+$). Auch in allen bekannten Au(I)-Verbindungen mit CH_3^- ist gleichzeitig z. B. Phosphinligand an Au(I) koordiniert, was auch für Au(III) zutrifft.

Cyclopentadienylverbindungen

Der ungesättigte Kohlenwasserstoff Cyclopentadien (10.IV) enthält eine durch Doppelbindungen acidifierte Methylengruppe. Die Deprotonierung gelingt etwa mit Kaliumtertiärbutylat oder mit Alkaliamid in flüssigem Ammoniak, ferner bei der Reaktion von Alkalimetallen mit dem Kohlenwasserstoff in Lösungsmitteln wie Tetrahydrofuran und Äthylenglykoldimethyläther. Dabei fallen die betreffenden Alkalimetallverbindungen an, welche man als Cyclopentadienide bezeichnet, weil in ihnen $C_5H_5^-$ als strukturelle und elektronische Einheit gesehen werden muß. Die elektrolytische Leitfähigkeit in den erwähnten Äthern verrät eine weitgehende Assoziation der Ionen zufolge der niedrigen Dielektrizitätskonstanten, aber zugleich eine signifikante Konzentration an solvatisierten Ionen $M_{solv.}^+$ und $cp_{solv.}^-$.

Im Cyclopentadienidion cp^- (10.V) sind alle Kohlenstoffe äquivalent. Die MO-Theorie beschreibt das Elektronensystem als separierbar in einen Teil, welcher die Bindungen in der Gerüstebene liefert (σ-Gerüst), so wie ein sog. π-Elektronensystem (6 Elektronen), das über alle C-Zentren des molekularen Gebildes delokalisiert ist. Dieses aromatische Sextett ist in der räumlichen Verteilung durch wesentliche Elektronendichte beidseits der Gerüstebene ausgezeichnet, welche selbst eine Knotenebene darstellt.

(10.IV) cpH $\qquad$ (10.V) cp^-

Die erste Übergangsmetallverbindung mit $C_5H_5^-$ als Ligand ist ca. 1950 in zwei verschiedenen Experimenten entstanden. Bei Versuchen zur Oxydation von CpMgBr mit Fe(III) zu $C_{10}H_{10}$ wurde eine flüchtige orange Substanz $FeC_{10}H_{10}$ mit Smp. 230 °C erhalten. Dieselbe Verbindung entstand auch andernorts durch Reaktion von cpH mit einem reduzierten Eisenkatalysator auf Träger bei 350—400 °C. Während Verbindungen $Fe(CH_3)_n$ derart unstabil und/oder reaktiv sind, daß sie bislang nicht bekannt sind, weist $FeC_{10}H_{10} = Fe(cp)_2$ eine bemerkenswerte Robustheit auf. Es ist inert gegen Luft und Feuchtigkeit, gegen Basen und nichtoxydierende Säuren; es reagiert nicht mit CO und NO und ist thermisch stabil über 400 °C hinaus. Anderseits erträgt es eine ganze Reihe von Substitutionsreaktionen, wie sie für die aromatische Chemie bekannt sind: Acylierung nach der Friedel-Crafts-Methode, nachfolgende Oxydation zur Carbonsäure, Curtiusscher Abbau derselben zum Amin, Sulfonierung, Merkurierung, Bildung des Aldehydes nach VILSMEIER, Umsetzung mit Butyllithium zu $Fe(cp)(C_5H_4Li)$. In all diesen Reaktionen bleibt die ZKE FeC_{10} erhalten.

Diese Eisenverbindung wurde verständlicherweise als der erste Vertreter einer neuen Reihe aromatischer Verbindungen aufgefaßt und mit dem Namen Ferrocen versehen. Ihr (damals) ganz ungewöhnlicher Charakter war nicht zu vereinbaren mit einer dem hypothetischen

Fe(CH₃)₂ analogen Struktur nach der alten unitarischen Valenzlehre, d.h.
einem zweibindigen $R—Fe—R$ mit dem Strukturelement $C—Fe—C$. Die
röntgenographische Strukturaufklärung sowie Elektronenbeugung bestätigten frühere Vorschläge, wonach das Metall zwischen zwei ebene
Systeme C_5H_5 eingeklemmt sei, d. h. die heute unter dem Namen Sand-
wich-Struktur bekannte Anordnung, welche Ruch mit guten Gründen
Sanduhr-Struktur nannte (10.VI). Das zentrale Fe weist darin die Koordinationszahl 10 auf, und alle 10 Kohlenstoffe befinden sich im selben
Abstand 2,04 A von Fe. Die C—C-Bindungslängen entsprechen mit
1,40 A denjenigen im Benzol.

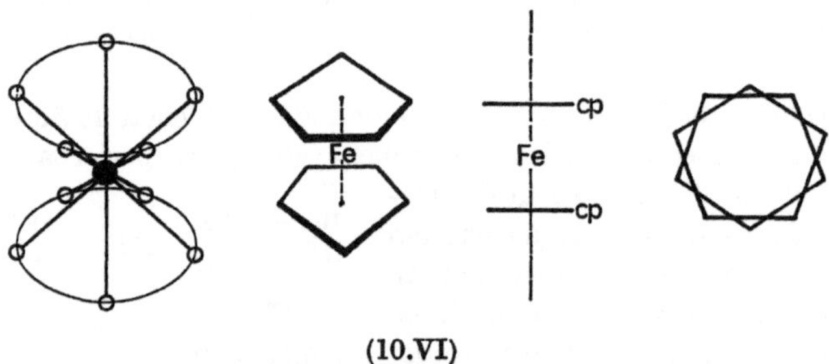

(10.VI)

Als universelle Methode zur Darstellung von Cyclopentadienylen
anderer Metalle erwies sich die Umsetzung von wasserfreiem Metall-
chlorid mit Nacp in Tetrahydrofuran oder Äthylenglykoldimethyläther.

Tabelle 10.3. *Ausgewählte Vertreter von Cyclopentadienyl-Metallverbindungen. Ohne
Angabe: farblos*

A		B	
Be(cp)₂	Sc(cp)₃ hellgelb	Zncp₂	
Mg(cp)₂	Y(cp)₃ grüngelb		
	La(cp)₃		Sncp₂
		Hgcp₂ gelblich	Pbcp₂

Ü

Ticp₂ grün	Vcp₂ violett	Crcp₂ rot	Mncp₂ orange	Fecp₂ orange	Cocp₂ violett	Nicp₂ grün
				Rucp₂ Oscp₂		

Die Tabelle 10.3 gibt Auskunft über Verbindungen, in denen ausschließlich cp^- als Ligand dient. Die Oxydationszahl des Metalles folgt aus letzterer Zuordnung, und es ist zu diskutieren, inwiefern diese Oxydationszahl eine Aussage über den Zustand des Metalles im Komplex macht.

Die Metallkomplexe $M(cp)_2$ von Be(II), Mg(II), Ca(II) sind farblos und luftempfindlich, reagieren mit Protonsäuren zu cpH und M(II), mit der Lewis-Säure CO_2 zu Carboxylat $cpCO_2^-$ und außerdem mit Dienophilen wie Maleinsäureanhydrid. Sie setzen sich insbesondere mit $FeCl_2$ in Äthern in rascher Reaktion zu Ferrocen $Fecp_2$ und MCl_2 um. Die thermische Beständigkeit von $Mgcp_2$ ist aber bemerkenswert, kann es doch durch direkte Reaktion von cpH mit metallischem Magnesium bei 500—600 °C erhalten werden. Im Gegensatz zu $Becp_2$ mit dem erheblich kleineren Be(II) besitzt $Mgcp_2$ die Standard-Sandwich-Struktur. Für $Becp_2$ in Benzol hat man das Dipolmoment 2,5 D gemessen, und auch Ultrarot-Spektren führen zur Vermutung, dem $Becp_2$ komme die Struktur (10.VII) zu mit einem aromatischen cp^- und einem Dien-Liganden mit konjugierter Doppelbindung.

$$\pi\text{--}cp^- \qquad \sigma\text{--}cp^- \qquad (10.\text{VII})$$

Die Komplexe Mcp_3 von Sc(III), Y(III), La(III) und einer Reihe von SE-Metallen sind mit Ausnahme von $Lacp_3$ gefärbt, wobei besonders die grüne Farbe von $Prcp_3$ und die blaue von $Ndcp_3$ bemerkenswert sind. Sie lassen sich fast ausnahmslos im Vakuum sublimieren, sind aber luftempfindlich und in den chemischen Eigenschaften den Erdalkalivertretern nahe. Es wird vermutet, daß die drei Normalen von M aus auf die Ringebenen koplanar sind und Winkel von 120° bilden, womit die Koordinationszahl von M(III) in Mcp_3 fünfzehn betragen würde.

Die tabellierten Ü-Vertreter haben wohl alle die Sanduhrstruktur des Ferrocens, unterscheiden sich aber chemisch ganz beträchtlich. Die thermische Stabilität ist besonders gering für die Endglieder $Ticp_2$ und $Nicp_2$ und erreicht ihr Maximum bei $Fecp_2$. In starker wäßriger HCl oxydiert das Proton glatt $Ticp_2$ und Vcp_2 zu $Ticp_2^+$ bzw. Vcp_2^+, zersetzt es $Crcp_2$ unter partieller Abspaltung von C_5H_6, und oxydiert es langsam $Cocp_2$ zu $Cocp_2^+$. Wasser ist schon genügend sauer, um cp^- in $Mn(cp)_2$ vollständig zu protonieren. Starke Salpetersäure vermag $Fecp_2$ zum blauen $Fecp_2^+$ zu oxydieren, das auch elektrolytisch leicht erzeugt werden kann. $Fecp_2^+$ hydrolysiert langsam in saurer Lösung. Die eingangs erwähnte Robustheit von $Fecp_2$ trifft auch auf Ruthenocen $Rucp_2$, Osmocen $Oscp_2$, sowie ihre isoelektronischen Verwandten $CoCp_2^+$, $Rhcp_2^+$ und $Ircp_2^+$ zu, welche selbst gegen Ozon, konzentrierte heiße Alkalilaugen, Königswasser und heiße alkalische Peroxidlösungen inert sind.

In der B-Gruppe interessieren die Komplexe des Zn(II), Hg(II); Ga(III), In(III) (— für alle $q = 10$ —), sowie Tl(I), Sn(II), Pb(II) mit

$q = 10 + 2$. In der Hg(II)-Verbindung scheint die in Kapitel 2 erwähnte Kugelsymmetrie einer d^{10}-Hülle mit jener Deformation zu fechten, welche

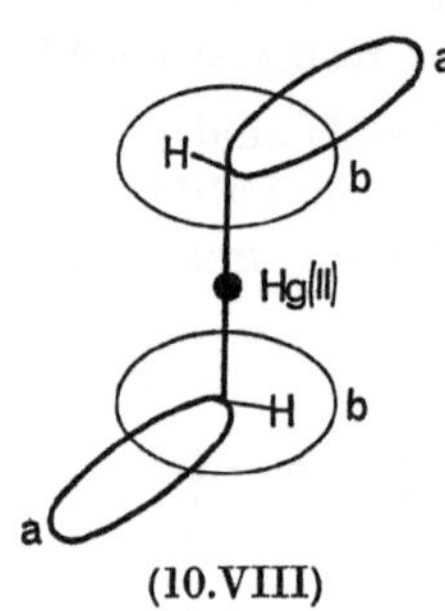

(10.VIII)

die charakteristische Koordinationszahl zwei begleiten muß, weil nämlich gewisse Experimente (IR) die Struktur (10.VIII a) mit gestreckter C—Hg—C Einheit suggerieren, während andere (NMR) die Äquivalenz aller Wasserstoffe nahelegen, wie sie für ein Gebilde aus Kugel und geladenen Ringen zu erwarten wären (10.VIII b). Ein solches würde die Mg(II)-Verbindung adäquat kennzeichnen.

Die Sanduhr-Struktur kann also offensichtlich verschiedene Hintergründe haben:

(i) eine relative hohe Ladung von $M(z)$ gibt der Madelungenergie Gewicht, während

(ii) die Robustheit von Ferrocen nahelegt, das Elektronengebäude müsse eine spezielle Geschlossenheit und geringe Deformierbarkeit aufweisen. Im Rahmen der Beschreibung eines isolierten Fe^{2+} ($q = 6$, $3d^6$) entspricht dies offenbar einer optimalen Möglichkeit, die d-Hülle der Sanduhr-Struktur einzufügen, einer Deformation des d^6-Systems also,

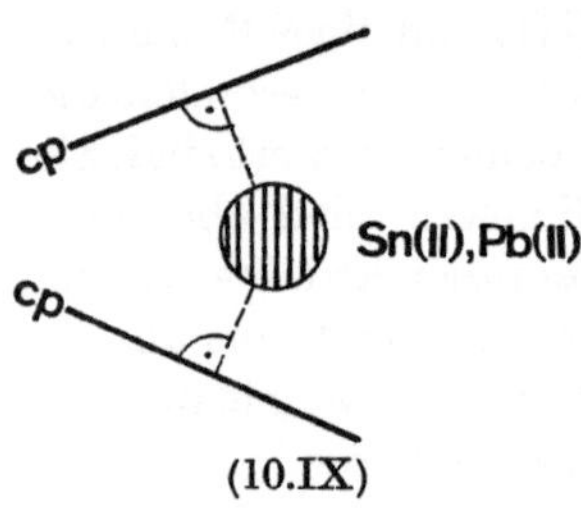

(10.IX)

welche auch die günstige Voraussetzung für effektvolle Bindung ist: $(d_0)^2 (d_{\pm 2})^4$ entspricht einer in C—Fe Richtungen entblößten Wolke (siehe Abb. 2.2a; $z=$ Achse des Doppelkegels).

Man braucht keine quantenmechanischen Modelle im Detail heranzuziehen, um die kovalente Natur dieser Wechselwirkung zu erkennen, denn $Fe^{2+}(cp^-)_2$ müßte sich spielend in Säure lösen.

Interessanterweise macht sich die 2 in $q = 10 + 2$ gegenüber $q = 10$ strukturell bemerkbar. Die Ringe sind nämlich in der Sn(II)- und der Pb(II)-Verbindung nicht mehr parallel, sondern gegeneinander geneigt (10.IX). Die kugelsymmetrische Hülle von Sn^{2+} und Pb^{2+} wird also unter dem Einfluß von 2 cp^- bei der Komplexbildung deformiert, und zwar in einer Weise, welche noch keine einwandfreie quantenchemische Erklärung gefunden hat.

Dibenzolkomplexe

Die Reaktion von Phenylmagnesiumbromid mit $CrCl_3$ in Tetrahydrofuran führt nach (10.2) zu Tris(tetrahydrofuran)triphenylchrom, wie ZEISS zeigte.

$$3\,PhMgBr + CrCl_3 \xrightarrow[-20°C]{\text{thf}} Ph_3Cr(OC_4H_8)_3 + 3\,Mg(II) + 3\,Br^- + 3\,Cl^-. \quad (10.2)$$

Dieser blutrote Komplex kristallisiert nach Zugabe von Diäthyläther aus. Im Komplex $ph_3Cr(thf)_3$ mit der Ligandatomgruppierung $Cr(III)C_3O_3$ (thf = Tetrahydrofuran) sind die drei O-Liganden entscheidend für seine Stabilität. Wenn nämlich bei 60 °C und Atmosphärendruck oder bei Raumtemperatur und vermindertem Druck der cyclische Äther weggepumpt wird, oder wenn er mit überschüssigem Diäthyläther sukzessive ausgewaschen wird, so tritt eine irreversible Umwandlung zu einem schwarzen, pyrophoren, paramagnetischen Festkörper ein. Die recht verwickelte Hydrolyse dieses Materials in Stickstoffatmosphäre ergibt mit ca. 30% Ausbeute faßbare Produkte, deren Struktur heute klar sind (10.X, XI, XII).

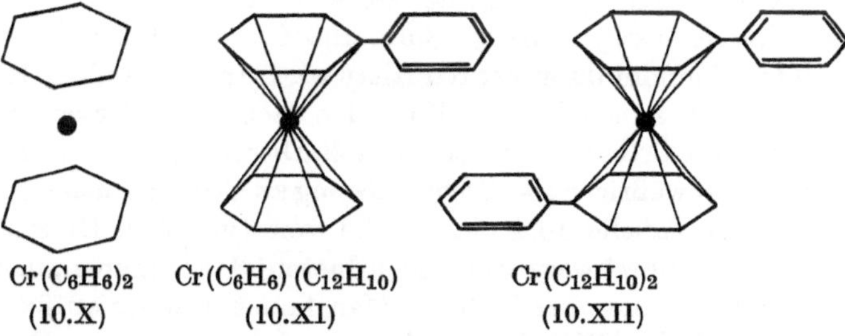

Offensichtlich verläuft im Schritt zum schwarzen Produkt (von unbekannter Struktur) der Redoxprozeß zwischen Cr(III) und dem reduzierenden ph^- nicht bis zu Cr(0), welche Stufe erst bei der Hydrolyse erreicht wird. Wird diese nicht unter striktem Ausschluß von Sauerstoff ausgeführt, so enthält die wäßrige Lösung monopositive Komplexkationen wie (10.XIII), welche als Halogenide, Hydroxide, Perchlorate oder

$$[Cr(C_6H_6)_2]^+$$
(10.XIII)

Tetraphenylborate isoliert werden können. Solche Komplexsalze hatte HEIN schon 1919 erhalten, als er die Reaktion von Phenylmagnesiumbromid mit $CrCl_3$ in Suspension in Diäthyläther studierte. Sie wurden bei der Aufarbeitung des Reaktionsgemisches im Zuge der Zugabe von Wasser erhalten und strapazierten die damaligen Valenzvorstellungen über alle Maßen. In diesen war noch kein Raum für Strukturvorstellungen der Art (10.X, XI, XII), die selbst noch 1955 riskierten, eher mit Humor als mit Ernst quittiert zu werden. Den Boden für die korrekte Sicht ebnete die Cyclopentadienyl-Revolution und abschließend natürlich die indiskutable Kristallstrukturbestimmung von Dibenzolchrom, welche die prismatische Gestalt im Festkörper bewies.

Dibenzolchrom(0) ist eine braunschwarze, am Vakuum sublimierbare Substanz (Smp. 285 °C), die in den meisten organischen Lösungsmitteln eigenartigerweise wenig löslich ist. Oberhalb des Schmelzpunktes tritt Zersetzung in metallisches Chrom und Benzol ein. Die Oxydation zu

136　　　　　　　　　　　　Ligandatome mit niedriger Elektronegativität

$Crbz_2^+$ gelingt leicht, und die reduzierende Wirkung von $Cr(bz)_2$ läßt sich im Halbwellenpotential der Anordnung

$$Crbz_2,\ Crbz_2^+$$

Tropfende Hg-Elektrode / 80% C_2H_5OH, 20% C_6H_6;　　0,5 M LiCl / ges. Kalomel-Elektrode

quantitativ angeben: $-0,81$ V $(Cd^{2+} - 0.71$ V, $Zn^{2+} - 1.32$ V$)$. Die Bildung von Diphenyl, ausgehend von $(ph)_3Cr(thf)_3$, verrät, daß einelektronige Redoxprozesse zwischen $Cr(III)$, $Cr(II)$ und ph^- ablaufen, in deren Verlauf Phenylradikale auftreten, die zu Diphenyl kombinieren. Eine direkte einfache Synthese aus mononuklearem $Cr(0)$ und Benzol ist ausgeschlossen, weil die Verdampfungswärme des Chroms zu groß ist. FISCHER hat 1955 eine konsequente Methode ausgehend von $CrCl_3(s)$ entwickelt, das in flüssigem $AlCl_3$ (Smp. 193 °C, ~ 2 at) bei Gegenwart von Benzol mit Aluminiumpulver reduziert wird. Im Verlauf der Reduktion koordiniert Cl^- an $Al(III)$ zu $AlCl_4^-$, das nach den zitierten Autoren den $Cr(I)$-Komplex $Cr(bz)_2^+$ stabilisieren soll. Dieser Komplex wurde mit Dithionit $S_2O_4^{2-}$ in wäßriger alkalischer Lösung zu $Crbz_2$ reduziert.

Wir geben in Tabelle 10.4 eine Reihe von typischen Diaromatenkomplexen, welche durchwegs von zugeordneten M^{z+} stammen, in denen $q > 4$ beträgt und z nie über 3 steigt. Man findet in einer auffallenden Korrespondenz zu den Dicyclopentadienylverbindungen eine Bevorzugung von $q = 6$ bzw. der Konfiguration d^6 des zugeordneten Zentrums.

Tabelle 10.4. (ar = Benzol C_6H_6 oder Mesitylen $C_6H_3(CH_3)_3$)

	$V(ar)_2$	$Cr(ar)_2$	—	—	—
	$V(ar)_2^+$	$Cr(ar)_2^+$	—	$Fe(ar)_2^{2+}$	$Co(ar)_2^{3+}$
		$Mo(ar)_2$	—	—	—
		$Mo(ar)_2^+$	—	$Ru(ar)_2^{2+}$	$Rh(ar)_2^{3+}$
		$W(ar)_2$	—	—	—
		$W(ar)_2^+$	$Re(ar)_2^+$	$Os(ar)_2^{2+}$	$Ir(ar)_2^{3+}$
$q = 6$		$Cr(ar)_2$		$Fe(ar)_2^{2+}$	$Co(ar)_2^{3+}$
		$Mo(ar)_2$		$Ru(ar)_2^{2+}$	$Rh(ar)_2^{3+}$
		$W(ar)_2$	$Re(ar)_2^+$	$Os(ar)_2^{2+}$	$Ir(ar)_2^{3+}$
$q < 6$	$V(ar)_2\,(5)$	$Cr(ar)_2^+\,(5)$			
	$V(ar)_2^+\,(4)$	$Mo(ar)_2^+\,(5)$			
		$W(ar)_2^+\,(5)$			

Carbonylmetallverbindungen

Kohlenmonoxid weist keine der Eigenschaften auf, welche die typischen Liganden der Komplexchemie in wäßriger Lösung kennzeichnet. Sein Dipolmoment ist wesentlich kleiner als jenes von H_2O oder NH_3, seine Löslichkeit in Wasser ist äußerst gering, und die Basizität ist so schwach, daß das protonierte HCO^+ nicht nachzuweisen ist. Bemerkenswert ist seine Reaktion mit der Base OH^- in geschmolzenem NaOH zu Natriumformiat $NaHCO_2$, sowie die Reduktion mit Alkalimetallen in flüssigem Ammoniak zu $(OCCO)^{2-}$, was formal heißt, das hypothetische Dicyananaloge $(OCCO)^{2+}$ könne vier Elektronen einbauen. In der Reihe der isoelektronischen Partikeln (10.3) steht CO zwischen der Proton- und Lewisbase CN^- und der Lewissäure NO^+.

$$CN^- \quad CO \quad NO^+ \tag{10.3}$$

Cyanid läßt sich (z. B. mit Cu(II)) zu Dicyan NCCN oxydieren, während NO^+ die oxydierendste Partikel in der Reihe (10.3) ist. Zu den hervorstechendsten Eigenschaften von CO zählt sein Vermögen, in Metallkomplexen als Ligand zu dienen. Die Chemie dieser Carbonylmetallverbindungen (auch Metallcarbonyle oder kurz Carbonyle genannt) begann 1890 mit der Entdeckung von $Ni(CO)_4$ durch MOND und ist später vor allem durch HIEBER und seine Schule entscheidend gefördert worden.

Tabelle 10.5. *Daten über Tetracarbonylnickel $Ni(CO)_4$*

Smp $-25\,°C$
Sdp $+43\,°C$ $(p = 751\,mm)$
Zersetzung: $150\,°C$ (1 at)
farblos
Struktur: tetraedrisch; Ni—C—O gestreckt.

Es ist konsequent, Ni(O) als Zentralatom zu bezeichnen, weil Bildung und Zerfall nach Gleichung (10.4) erfolgen.

$$Ni(s) + 4\,CO \underset{>150\,°C}{\overset{\sim100\,°C}{\rightleftharpoons}} Ni(CO)_4. \tag{10.4}$$

Der Zerfall aller bekannter Carbonyle liefert Metall und CO, während die Darstellung ausgehend von diesen nur in wenigen Fällen präparativ zu realisieren ist.

Als günstigen Zustand des Metalles im Hinblick auf direkte Vereinigung mit CO müßte man den gasförmigen Atomverband $M(g)$ empfinden, doch liegt die hierzu erforderliche Temperatur meist weit über dem Zersetzungsbereich der Carbonyle. Die Verknüpfung der gasförmigen Atome unter sich unterbindet die Komplexbildung mit CO zu niedrig-nuklearen Komplexen.

Die allgemeinste Darstellungsmethode ist deshalb die reduktive Carbonylierung, d. h. die Reduktion einer Metallverbindung mit $z > 0$ in $M(z)$ in Gegenwart von CO bei geeigneten Druck- und Temperaturverhältnissen. Als Reduktionsmittel kommen je nach dem angestrebten Metallcarbonyl Na, Al, Cu, Zn, Ag oder H_2, $LiAlH_4$, AlR_3, Grignardverbindungen, Alkalidithionit in Frage. Dabei kann gleichsam $M(0)$ abgefangen werden, bevor die Kondensation zum festen Metall einsetzt.

Präparativ recht anspruchsvoll und aufwendig ist etwa die Synthese von luftempfindlichem $V(CO)_6$ ausgehend von $VCl_3(s)$ in Pyridin mit Mg und Zn als Reduktionsmitteln (aktiviert durch Jod) bei Temperaturen um 140 °C und unter Druck (Anfangsdruck an CO ca. 200 at.). Eisenpentacarbonyl $Fe(CO)_5$ wird ausgehend von feinverteiltem Metall unter Druck und bei erhöhter Temperatur durch direkte Vereinigung erhalten, das Ü$_2$-analoge $Ru(CO)_5$ jedoch nach Bruttogleichung (10.5)

$$RuJ_3 + 3\,Ag + 5\,CO \xrightarrow[450\ \text{at}]{170\,°C} Ru(CO)_5 + 3\,AgJ. \tag{10.5}$$

Tabelle 10.6 enthält die repräsentativen niedrigst-nuklearen Carbonyle der Ü$_1$-Reihe. Die Elektronenzahl q von $M(0)$ ist angegeben und

Tabelle 10.6. *Die niedrigst-nuklearen Carbonyle der Ü$_1$-Reihe und mononukleare der Ü$_{2,3}$-Zentren.* x = keine ungeladenen Komplexe mit ausschließlich CO als Ligand, po = nur polynukleare Carbonyle ------> Reduktion unter CO-Verlust

	$V(CO)_6$	$Cr(CO)_6$	—	$Fe(CO)_5$	—	$Ni(CO)_4$
q:	5	6	7	8	9	10
	schwarz (blaugrün)	farblos	$Mn_2(CO)_{10}$ goldgelb	gelb	$Co_2(CO)_{10}$ orange	farblos
	Zers. 70°	Subl. 20° Zers. 200°	Smp. 155°	Smp. 30° Zers. 100°	Zers. 50°	Smp. −25° Sdp. +43°
Struktur	okt.	okt.	(s. XIV)	trigonale Bipyramide	(s. XV)	tetr.
analoge Ü$_2$, Ü$_3$	x	$Mo(CO)_6$	po	$Ru(CO)_5$	po	x
	x	$W(CO)_6$	po	$Os(CO)_5$	po	x

Red., Oxyd. $d^q \rightarrow d^{q+1}$: (siehe 10.6)

$d^5 \longrightarrow d^6 \cdots\!\rightarrow d^7 \longrightarrow d^8 \cdots\!\rightarrow d^9 \longrightarrow d^{10}$

stillschweigend als nd^q-Konfiguration ausgedrückt. (Dies ist eine Anspielung auf die adäquate Ausgangssituation in Modellen 0. Näherung für das System $M(0)$ und nCO.)

Alle diese Carbonyle sind hydrophob, meist löslich in unpolaren Lösungsmitteln, an Luft entzündlich oder leicht brennbar und ausnahmslos giftig.

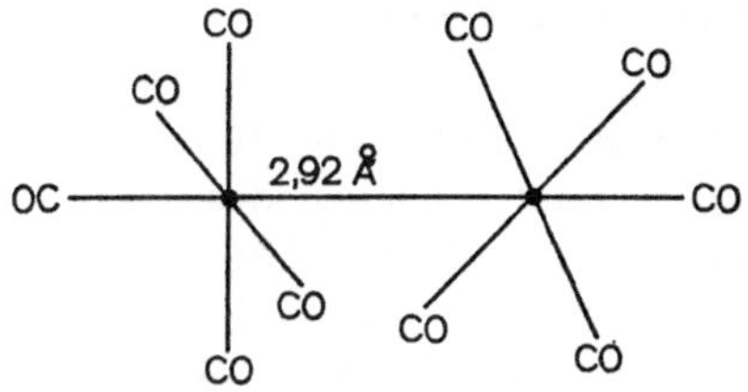

$$Mn_2(CO)_{10}$$

(10.XIV)

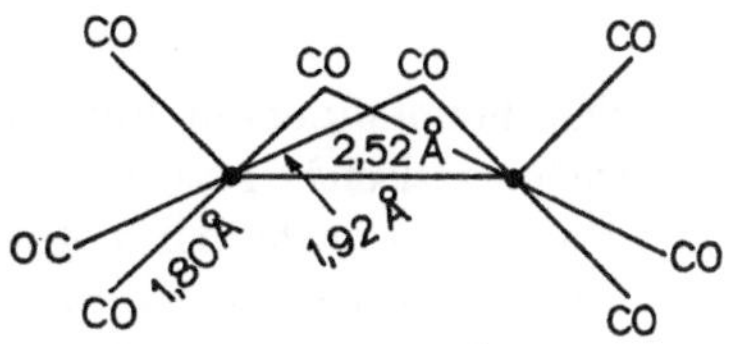

$$Co_2(CO)_8$$

(10.XV)

Es bestehen heute keine Zweifel, daß in Carbonylen C das Ligandatom ist, und in vielen Fällen existiert direkte Evidenz für die gestreckte Anordnung M—C—O von einzähnig gebundenen CO. Die erste Feststellung kann man mit der Erfahrung konfrontieren, daß Sauerstoff als Ligandatom generell positive und höhere Wertigkeiten der Zentralatome in mononuklearen Komplexen begünstigt. Ein bemerkenswertes Argument zum Verständnis ist mit der kleineren Elektronegativität von C gegenüber O verknüpft: nach einfachen MO-Modellen muß die Ionisierung von CO speziell die Umgebung von C in CO treffen. Eine Delokalisierung von Elektronen in der Umgebung von C ist ein weniger drastischer Eingriff. Nur ein Delokalisierungsphänomen, d. h. Kovalenz, kann aber die Existenz von Carbonylen überhaupt einordnen lassen, weil ein Modell harter Atome gar keine Madelungenergie liefern würde! Damit verschiebt sich die zentrale physikalische Frage: neutrale Atome weisen — ob positive oder negative — keine erhebliche Elektronenaffinität auf. Die Idee, der physikalische Grund zur Stabilität sei auf den Einbau von Elektronen von CO ins Metallzentrum, also M → CO zurückzuführen, scheint unrealistisch, weil ja die interelektronische Repulsion in der Umgebung desselben beträchtlich ansteigen müßte. Die Frage an die Theorie ist, ob die Annahme einer Delokalisierung von Metall zu Ligand, (siehe 10.XVI) sinnvoll und haltbar sei. Qualitativ würde dadurch eine „Verdünnung" des Elektronensystems vom Metallatom erreicht. Eine solche Expansion könnte nur durch wirksame Kernfelder der Atome C (und O) gewährleistet werden, in der Art, wie sie die Abb. 2.4 im Rahmen eines Punktladungsmodells symbolisiert. Das Bild einer symbiontischen Kombination von Delokalisierung in beiden Richtungen ist tatsächlich theoretisch haltbar, und Skizze (10.XVI) verdeutlicht diese Situation. Die eingezeichneten Pfeile deuten die Richtung der Verzerrung von Einelektronenwolken von C($\rightarrow$) und von M($\leftarrow$) an, welche in Modellen

0. Näherung ausgedrückt werden können, wenn $M(0)$ und CO als separierte Systeme beschrieben und zur Kombination gebracht werden.

$$\mathrm{M} \rightleftharpoons \mathrm{CO}$$

$\rightarrow$ Donator-Wirkung von CO in Richtung C—M
$\rightleftharpoons$ Akzeptor-Wirkung abseits Bindungsachse M—C .

$$(10.\mathrm{XVI})$$

Die mononuklearen Vertreter zu d^5, d^7 und d^9 in Tabelle 10.6 sind entweder vielseitig reaktiv ($V(CO)_6$) oder unstabil bezüglich der polynuklearen und deshalb hypothetischen Verbindungen. Von V, Mn und Co lassen sich jedoch die Komplexe mit $q = 6, 8$ oder 10 (wegen der Festsetzung CO = ungeladen!) realisieren, welche isoelektronisch mit den ungeladenen Vertretern in 10.6 sind

$$q = 6: \mathrm{V(CO)_6^-}, \qquad \mathrm{Mn(CO)_6^+}; \qquad \mathrm{V(-I)}; \qquad \mathrm{Mn(+I)}$$
$$q = 8: \mathrm{Cr(CO)_5^{2-}}, \qquad \mathrm{Mn(CO)_5^-}; \qquad \mathrm{Cr(-II)}; \qquad \mathrm{Mn(-I)} \qquad (10.6)$$
$$q = 10: \mathrm{Fe(CO)_4^{2-}}, \qquad \mathrm{Co(CO)_4^-}; \qquad \mathrm{Fe(-II)}; \qquad \mathrm{Co(-I)} .$$

Während $Ta(CO)_6$ analog $V(CO)_6$ nicht gefaßt werden konnte, wurde $Ta(CO)_6^-$ in Glykoldimethyläther bei Reduktion von $TaCl_5$ mit Natrium unter ~ 500 at Druck in der Verbindung $[\mathrm{Na(diglym)_2^+}]\ [\mathrm{Ta(CO)_6^-}]$ isoliert. Auf keinen Fall lassen sich aber $M(CO)_n^z$ mit $q < 5$ und $z > 0$ darstellen. Anderseits existieren die höheren analogen zu $Ni(CO)_4$, also $Pd(CO)_4$ und $Pt(CO)_4$ nicht, und ebensowenig $M(CO)_n$ von Cu, Ag und Au.

Die stabilsten und inertesten Vertreter der erwähnten Carbonyle sind eindeutig im Bereich $q = 6$ bis 8, resp. d^6, d^8 für die Elektronenkonfiguration des Zentralatoms. In Tabelle 10.7 ist die durchschnittliche Enthalpie $\Delta H'$ der Bildungsreaktion pro gebundenem Ligand CO eingetragen, also der n-te Teil der Enthalpie ΔH von (10.7).

Tabelle 10.7. *Enthalpie* $- \Delta H'$ *nach (10.7); kcal/Mol*

$Cr(CO_6\,(s)$	$Mn_2(CO)_{10}\,(s)$	$Fe(CO)_5\,(g)$	$Ni(CO)_4\,(1)$
32	27	28	35
$Mo(CO)_6$			
39			
$W(CO)_6$			
45			

$$\left. \begin{aligned} M(g) + n\,CO(g) &\rightarrow M(CO)_n\,(g) \\ 2\,M(g) + n\,CO(g) &\rightarrow M_2(CO)_n\,(g) \end{aligned} \right\} \ \Delta H = n\,\Delta H' . \qquad (10.7)$$

Bei der Beurteilung dieser Werte ist zu berücksichtigen, daß die zwei Binuklearen in Tabelle 10.6 benachbarte Metallatome aufweisen, deren Abstände sich mit den Distanzen $M - M$ im kristallinen Metall vergleichen (s. 10.XIV, XV). Man spricht gewöhnlich von Metall-Metall-Bindungen, doch könnte man von Deka- bzw. Octacarbonylen von diatomaren Zentren Mn_2 und Co_2 sprechen. Dies ist durchaus nicht absurd, weil die thermische Behandlung als Zwischenstufe auf dem Weg zum unendlichpolynuklearen Metallverband die höhernuklearen Carbonyle liefert, in denen 3, 4 oder 6 Metallatome einander nahe rücken und gleichberechtigte Partner mit gemeinsamem Elektronensystem sein können, die nicht mehr unter dem Gesichtspunkt von Paarbeziehungen betrachtet werden sollten (siehe Kapitel 11). Die Zahlenwerte der Tabelle 10.7 interessieren besonders im Gang von Cr zu W, der parallel mit der drastisch ansteigenden Atomisierungswärme der Metalle verläuft.

Tabelle 10.8. *Ligandaustausch an Carbonylen nach* BASOLO. *Daten gültig für Lösungen in Benzol, Temp.* 25°C. *Halbwertzeiten für Austausch* $M(CO)_n$ + **CO* → $M(CO)_{n-1}{}^*(CO)$ + CO. *Konzentration von CO ca.* $2 \cdot 10^{-3}$ *Mol/l*

	$Cr(CO)_6$	$Mn_2(CO)_{10}$	$Fe(CO)_5$	$Co_2(CO)_8$	$Ni(CO)_4$
$t_{1/2}$	sehr langsam	$> 10\,y$	$> 4\,y$	5 min	4 min

Einige kinetische Daten betreffen den Ligandaustausch, der mit markiertem $CO(^{14}C)$ untersucht worden ist (Tabelle 10.8). Die Austauschgeschwindigkeit des $Ni(CO)_4$ ist allein durch seine eigene Konzentration, nicht aber durch die von CO bestimmt. Der Anstoß zum Eintritt eines CO stammt also vom Austritt eines koordinierten. Die Tendenz zur Erniedrigung der Koordinationszahl von 4 auf drei scheint ausgeprägter zu sein als die Erweiterung auf 5. Vielleicht besteht ein Zusammenhang zwischen der trigonal-bipyramidalen Konfiguration $Fe(CO)_{3+2}$ ($q = 8$) von Eisen und derjenigen eines hypothetischen $Ni(CO)_3$ ($q = 10$). Wir wissen aus Erfahrung, daß der Einbau von 2 Elektronen in $Fe(CO)_5$ die Elimination eines Liganden nach sich zieht und $Fe(CO)_4^{2-}$ ($q = 10$) liefert; ebenso hat man auch bei Reduktion $Cr(CO)_6 \rightarrow Cr(CO)_5^{2-}$. Faßbare Komplexe können also entstehen, wenn formal ein CO durch zwei Elektronen ersetzt wird. Im nicht-faßbaren $Ni(CO)_3$ wären demnach zwei CO durch nur zwei Elektronen ersetzt worden, wenn mit $Fe(CO)_5$ verglichen wird. Es existiert $Ni(CO)_4$, nicht aber $Zn(CO)_4$ oder $Zn(CO)_4^{2+}$.

Die robusteren Hexacarbonyle von Cr, Mo und W sind dank ihrer Inertheit gegen Luft und der erheblichen thermischen Stabilität im Rahmen von Substitutionsstudien beliebt. Dabei kann interessieren, welche anderen Liganden CO in der Hülle ersetzen können. Eine homogene Carbonylsphäre macht einen symmetrisch-ausgewogenen Eindruck, und es ist höchst interessant, wie zahlreich die spontanen Reaktionen sind, bei denen diese Homogenität verloren geht. Es ist der Tatsache viel Aufmerksamkeit geschenkt worden, daß die Summe $(q + 2n)$, wo n die Anzahl der koordinierten CO bedeutet, in den stabilsten Carbonylen 18 beträgt. In Kapitel 2 ist in Abb. 3a eine spezielle d^6-Elektronenwolke angegeben, nämlich eine oktaedrisch eingedrückte Kugel. Diese spezielle Hülle ließe sich besonders gut mit der Vorstellung assoziieren, sechs CO würden von den Koordinatenachsen her diese Deformation begünstigen, welche das Kernfeld für die Beanspruchung des Ligandatoms C freilegen. Anderseits geriete gleichzeitig die d^6-Wolke in den Bereich eines zylindrisch-axialen Kernfeldes der Rümpfe von C (und O). Eine solche Idee müßte im Rahmen von quantenchemischen Modellen auf ihren physikalischen Sinn geprüft werden, und es sei angefügt, daß sie in diesem Rahmen zulässig ist.

Phosphinliganden

Amine und Phosphine weisen ganz frappante chemische Unterschiede auf. Wir interessieren uns hier speziell für NH_3, $N(CH_3)_3$, $(CH_3)_2NCH_2CH_2N$-$(CH_3)_2$, $N(C_6H_5)_3$ und die formalen Analoga in der Phosphinreihe. Phosphin PH_3 löst sich im Gegensatz zu NH_3 nur in minimen Mengen in Wasser und ist viel leichter oxydierbar. Die Basizität der Phosphine nimmt bei der Substitution von H durch Alkylreste ganz erheblich zu (10.8). Die betreffenden Phosphinoxide R_3PO sind wesentlich stabiler als die Aminoxide. Eine Verbindung $(C_2F_5)_2PF_3$ läßt sich darstellen im Gegensatz zur analogen Stickstoffverbindung.

$$
\begin{array}{lllr}
\text{pK-Werte} & & & \\
NH_3 & 9{,}3 & PH_3 < 0 & (10.8) \\
N(CH_3)_3 & 9{,}7 & P(CH_3)_3 \; 8{,}7 \, . &
\end{array}
$$

Die Koordination von Phosphinen PR_3 kann allgemein nicht in wäßrigen Medien untersucht werden, es sei denn, im Substituenten würden geladene Gruppen eingebaut, welche zu hinreichender Löslichkeit führen. Die Stabilität von Ag(I)-Komplexen ist für die drei Liganden am Kopf der Tabelle 10.9 in wäßriger Lösung untersucht worden.

Tabelle 10.9. *Stabilität von Komplexen AgL_n in wäßriger Lösung*

L	NH_3	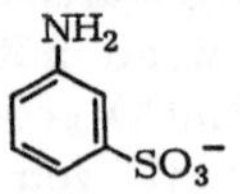 (Metanilsäure-Anion, NH_2 / SO_3^-)	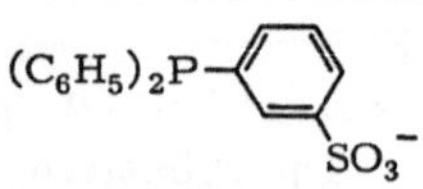 $(C_6H_5)_2P$— (Phenyl-SO_3^-)
pK	9.3	3.4	< 0
log K_1	3.2	1.2	8.2
log K_2	3.8	0.9	6.0
log K_3	-		5.4

Die Überlegenheit des Triarylphosphins gegenüber dem weit stärker basischen Ammoniak ist ein unmißverständlicher Hinweis, daß die niedrige Protonbasiszität des P keine relevante Eigenschaft im Hinblick auf die Koordination mit Ag(I) ist. Auch tritt keine charakteristische Koordinationszahl 2 wie in $Ag(NH_3)_2^+$, $Ag(CN)_2^-$, $AgBr_2^-$ und AgJ_2^- hervor.

Wir erwarten die typischen Phosphinkomplexbildner unter den Metallionen, welche eine b-Charakteristik aufweisen. Zu den bestuntersuchten Komplexen mit einzähnigen Phosphinen PR_xAr_{3-x} (R Alkyl, Ar Aryl) gehören jene von Ni(II), Pd(II) und Pt(II) nebst Co(II), also Zentren mit $q = 8$ und 7. Fe(II)-Komplexe ($q = 6$) der Zusammensetzung $FeCl_2(PR_xPh_{3-x})_2$ lassen sich präparativ nur in Lösungsmitteln wie Benzol (unter Stickstoff) gewinnen und zerfallen in hydroxylischen Lösungsmitteln wie Äthanol, während mononukleare tetraedrische Co(II)-Komplexe derselben Zusammensetzung $CoX_2(PR_3)_2$ ($X = $ Cl, Br, J) leicht gebildet werden. Das größte Tatsachenmaterial liegt jedoch über Komplexe der d^8-Reihe Ni(II), Pd(II), Pt(II) vor, die in der Regel quadratisch planar und diamagnetisch sind, wenn man von Ni(II)-Komplexen absieht, in denen sterische Repulsionen von Liganden eine tetraedrische Struktur erzwingen (z. B. in $NiX_2(PAr_3)_2$).

Zu noch aufschlußreicheren Verbindungen im Hinblick auf den Unterschied von P zu N als Ligandatom führt zum Beispiel das zweizähnige P,P'-(Tetramethyl)äthylendiphosphin (P—P).

$$(CH_3)_2P-CH_2-CH_2-P(CH_3)_2$$
$$(P-P)$$

In Tabelle 10.10 sind eine Reihe von Verbindungen eingetragen, welche insofern an die Carbonyle der Tabelle 10.6 erinnern, als die Zuordnung der Ladung Null zum Liganden die Wertigkeit Null des Zentralatoms ergibt.

Tabelle 10.10 *Komplexverbindungen des Liganden* $(CH_3)_2P-CH_2-CH_2P(CH_3)_2$ *(= (P—P)) mit Ü-Zentren der Oxydationszahl Null nach* CHATT

	V(P—P)$_3$	Cr(P—P)$_3$	Fe(P—P)$_2$	Co(P—P)$_2$	Ni(P—P)$_2$
		Mo(P—P)$_3$			Pd(P—P)$_2$
		W(P—P)$_3$			Pt(P—P)$_2$
$q =$	5	6	8	9	10
	okt.	okt.	quadr.	tetr.	tetr.

Diese Verbindungen werden allgemein durch Reduktion von Metallchloriden in Tetrahydrofuran mit $NaC_{10}H_8$ (gebildet durch Reduktion von Naphtalin mit Natrium) dargestellt. Die Mononuklearität ist für $Mo(P-P)_3$ in $CHCl_3$ und $Ni(P-P)_2$ in Benzol nachgewiesen worden (Molekulargewicht), und die 1:3-Komplexe dürften oktaedrisch sein. Alle diese Komplexe werden durch Luft oxydiert; am raschesten geschieht dies für die paramagnetische Vanadinverbindung, während $W(P-P)_3$ mit Schmelzpunkt 400 °C thermisch am stabilsten ist ($q = 6$) und auch am langsamsten von Luft oxydiert wird. In hydroxylischen Lösungsmitteln werden alle diese Komplexe sofort zersetzt, und in unpolaren wie Benzol oder Petroläther sind die Löslichkeiten recht unterschiedlich. Die Vermutungen betreffend die Koordinationsgeometrie sind angeführt. An diesen Komplexen interessiert in erster Linie die niedrige Wertigkeit des Zentralatoms. Der Phosphinligand scheint ähnlich wie CO fähig zu sein, simultan Donator- und Akzeptor-Wirkung auszuüben (siehe S.140). Anderseits jedoch läßt sich dieses Diphosphin auch an z. B. Fe(II) und Ni(II) koordinieren, wie die Existenz von $FeCl_2$ $(P{-}P)_2$ und $NiBr_2(P{-}P)_2$ beweist, welche oktaedrische Gruppen MX_2P_4 enthalten und Analoga in MX_2N_4 mit Äthylendiamin anstelle vom Diphosphin besitzen. Phosphinliganden können demnach im Benehmen den Stickstoffliganden gleichen, darüber hinaus jedoch besser — wie man sagt — niedrige Wertigkeiten des Zentralatoms stabilisieren.

Die Lücken in Tabelle 10.10 haben für Nb, Ta und Mn damit zu tun, daß die Reduktion mit $C_{10}H_8^-$ ohne simultane Koordination des Metalles mit Phosphin verläuft, während für die restlichen höheren Ü-Metalle nicht die einfachen Koordinationssphären mit nur P-Liganden zustande kommen.

Die Beziehung zu Carbonylen ist besonders naheliegend, wenn folgende Reaktionen (10.9) betrachtet werden:

$$\begin{aligned}
&Ni(CO)_4 \quad + 4\,PCl_3 \rightarrow Ni(PCl_3)_4 + 4\,CO \\
&Ni(PCl_3)_4 \quad + 4\,PBr_3 \rightarrow Ni(PBr_3)_4 + 4\,PCl_3 \\
&Ni(PX_3)_4 \quad + \quad 4\,PF_3 \rightarrow Ni(PF_3)_4 + 4\,PX_3; \quad X = Cl,\,Br \\
&\qquad\qquad\qquad \text{Sdp. } 71\,^{\circ}C \\
&\{Ni\} \qquad\quad + 4\,P(CH_3)Cl_2 \rightarrow Ni[P(CH_3)Cl_2]_4 \\
&\qquad\qquad\qquad \text{Sdp. } 81\,^{\circ}C \quad \text{Zers. } \geqq 170\,^{\circ}C .
\end{aligned}$$

$$(10.9)$$

Die stabilste und inerteste Verbindung ist farbloses $Ni(PF_3)_4$, welches sich sehr gut in Benzol lösen läßt, mit Wasser in der Kälte nicht reagiert, ohne Zersetzung destilliert werden kann und mit kalter konzentrierter Schwefelsäure nicht reagiert, jedoch heftig mit konzentrierter Salpetersäure. Von wäßrigem NH_3 wird $Ni(PF_3)_4$ schon in der Kälte zerlegt.

Unter den Arsinen ist o-Phenylenbis(dimethylarsin) (10.XVII) der bestuntersuchte Ligand. Als bemerkenswerten Unterschied zum analogen Phosphinliganden fand NYHOLM die Tendenz zur Stabilisierung höherer Oxydationsstufen wie z. B. Fe(IV), Ni(III) und Ni(IV). Gelbes $Co(das)_3^{3+}$ hat ein dem $Co(en)_3^{3+}$ vergleichbares Spektrum, und man hat sich vor der Extrapolation N < P < As in bezug auf die Stabilisierung tiefer Wertigkeiten zu hüten, weil die koordinativen Eigenheiten vom Ligandatom As eher einer Stellung zwischen N und P entsprechen, d. h. N < P > As.

Ligandsphären mit verschiedenen Liganden

In den vorangehenden Abschnitten sind Koordinationssphären zur Geltung gekommen, die nur ein- und denselben Liganden einschließen. Darin sollten die Eigenschaften eines Liganden speziell klar zum Ausdruck kommen. Die Anzahl solcher Verbindungen, in welchen ausschließlich

$H(-I)$, CH_3^-, cp^-, bz, CO, $(P-P)$ als Liganden vorliegen, ist prinzipiell beschränkt und überschaubar. Es ist nun ein fundamental wichtiges Ergebnis jüngster Entwicklungen, daß eine weit umfangreichere Anzahl von Verbindungen zu Tage gefördert werden kann, wenn Ligandsphären angestrebt werden, welche Kombinationen der aufgeführten Liganden unter sich und mit wohlbekannten wie Halogenen und Aminen einschließen. Wenn zudem noch Reihen wie CH_3^-, $C_2H_5^-$ usf. zugelassen werden, so wächst die Anzahl realisierbarer mono- und polynuklearer Systeme ins Unermeßliche. Demgegenüber müssen jedoch die physikalischen Hintergründe, welche Stabilität, Reaktivität, Geometrie u. a. festlegen, durchwegs zu rationalisieren sein. Wir streben hier keine voreilige, straffe Ordnung an, die in optimaler Weise ohnehin zur Zeit noch nicht zu geben wäre, sondern deuten die Vielfalt der Möglichkeiten über ausgewählte Beispiele in deskriptiver Weise an.

Zur Ausrichtung unserer qualitativen Gesichtspunkte ist es nützlich, einige bisher betrachtete Liganden zu charakterisieren. Nach dem Koordinationsprinzip betrachten wir einen Komplex ausgehend von separierten Partnern her. Von da aus müssen wir die möglichen Wechselwirkungen erfassen können. In diesem Sinne sind die Akzente in Tabelle 10.11 gesetzt worden. Wir sprechen von Akzenten, weil das spezielle Zentralatom die Gewichte einzelner Faktoren festlegt. Wir könnten diese Faktoren nicht abseits von quantenmechanischen Modellen in definierter Weise angeben.

Tabelle 10.11. *Komponenten der Wechselwirkung zwischen Zentralatom M und Ligand L* (s. Abb. 2.4)

L	Modus der Delokalisierung		Madelungenergie
	$L \rightarrow M$	$M \rightarrow L$	
H^-	σ, dominant		wesentlich
CH_3^-	σ, dominant		wesentlich
cp^-	π, wesentlich	π, wesentlich	wesentlich-unwesentlich
C_6H_6	π, wesentlich	π, wesentlich	unwesentlich
CO	σ, schwach	π, dominant	unwesentlich
P	σ, wesentlich	π, variabel	variabel

Die Angabe ,,variabel" für P scheint eminent unpräzis bzw. trivial zu sein. Wir drücken jedoch damit aus, daß P-Liganden etwa CO in Carbonylen (z von $M(z)$ niedrig) *oder* Amine (z von $M(z)$ höher) ersetzen können.

Die Ersetzbarkeit wirft allerdings neue Probleme auf, wie etwa die Existenz von $Cr(CO)_3(den)$ zeigt (den = Diäthylentriamin). Daraus darf keinesfalls die allgemeine Vertretbarkeit (3 CO) $\rightarrow den$ abgeleitet werden. Die Symbiose gegensätzlicher Liganden kann gerade auf der Zerstörung einer Homogenität der Ligandhülle beruhen, wie weitere Beispiele zeigen sollen.

Die thermische Instabilität von $Al(CH_3)_3$ läßt erwarten, daß $M(CH_3)_4$ (M = Ti, Zr, Hf) und $M(CH_3)_5$ (M = Nb, Ta, V) nicht existieren können. Alle analogen Chloride außer VCl_5 sind bestandfähig und lassen sich destillieren bzw. sublimieren. Die Tabelle 10.12 vereinigt Daten über Komplexe dieser Zentralatome, welche CH_3^- nebst O(Diäthyläther) resp. Cl^- vereinen.

Tabelle 10.12

	Bemerkungen		Bemerkungen
$TiCl_6^{2-}$ gelb	in $M_2[TiCl_6)$ (s)	$Ti(CH_3)_4(OR_2)_2$ gelb	R = C_2H_5; Darstellung aus $TiCl_4$ und $LiCH_3$ bei $-80\,°C$ in R_2O Transport über Dampfphase bei $-10\,°C$
		$Ti(CH_3)_4py_2$ orange	
$TiCl_4(l)$ farblos	mononukleare $TiCl_4$ in Dampfphase; Sdp. 236 °C	$Ti(CH_3)_2Cl_2$ (s) violett	Darstellung bei $-80\,°C$ in Hexan aus $TiCl_4$ und $Al(CH_3)_3$ Koordinationsgeometrie nicht bekannt
		$Ti(CH_3)Cl_3$ (s) violett	Lösung in Hexan gelb
$NbCl_5$ (s) gelb	destillierbar Sdp. 235 °C (dec.) KZ 6 im Festkörper	$Nb(CH_3)_3Cl_2$ (s) goldgelb	Darstellung bei $-80\,°C$ aus $NbCl_5$ und $Zn(CH_3)_2$ in Pentan Am Hochvakuum sublimierbar $\leq$ Raumtemperatur
$TaCl_5$ (s) weiß	destillierbar Sdp. 334 °C KZ 6 im Festkörper	$Ta(CH_3)_3Cl_2$ (s) hellgelb	Darstellung analog Nb-Verbindung unstabil in CCl_4-Lösung bei $-10\,°C$

Die Verbindungen der Tabelle 10.12 lehren, daß — ausgehend vom hypothetischen mononuklearen $M(CH_3)_4$ bzw. $M(CH_3)_5$ —

(i) die Ergänzung der Koordinationshülle durch elektronegativere Ligandatome wie O und N einen Stabilitätszuwachs und erniedrigte Reaktionsfähigkeit von CH_3^- bedingt ($2\,CH_3 \rightarrow C_2H_6$ usf.),

(ii) bei der Koordination von Cl^- ein ansteigender Madelungenergiebeitrag (siehe Abb. 10.6) die Liganden CH_3^- in den kristallinen Verbindungen festigt, wobei $M(V)$ und $M(IV)$ wohl über Halogenobrücken zu Polynuklearen verknüpft vorliegen.

$TiCl_4$ reagiert mit Alkalicyclopentadienid zu orangerotem $Ticp_2Cl_2$ (Smp. 290 °C, sublimierbar bei 190 °C/2 mm), das in unpolaren Lösungsmitteln löslich ist und ein beträchtliches Dipolmoment aufweist (5,6 D). Strukturelle Befunde an verwandten Ti(IV)-Verbindungen führen zum Strukturprinzip (10.XVIII). Durch Neigen der cp-Ebenen gegeneinander unter Koordination von zwei Cl^- wird ohne Zweifel eine ganz erhebliche Energie gewonnen. Im Modell ideal harter Kugeln wäre der Widerstand

gegen die Deformation gering, d. h. die zunehmende Abstoßung von
zwei cp^- bzw. geladenen Ringen durch Neigen weit überkompensiert
durch den Zutritt von zwei Cl^-. Die beiden Halogene lassen sich ersetzen

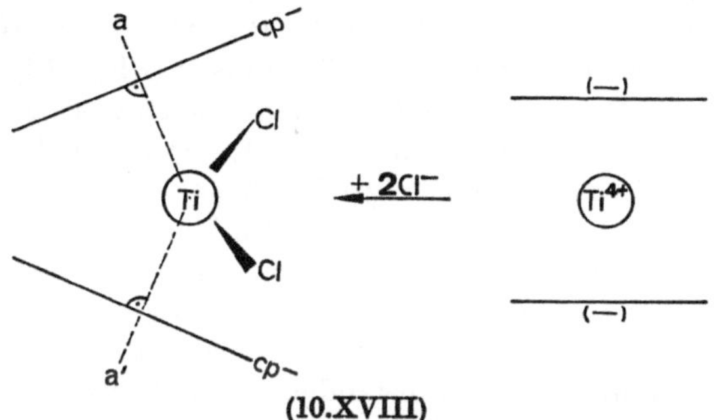

durch Phenyl zu $cp_2Ti(C_6H_5)_2$, eine orange-gelbe Verbindung mit Dipolmoment 2,8 D. Bei Erhöhung der Elektronegativität des σ-gebundenen
C-Atoms durch die Substitution $H \to F$ im Phenylring wird die thermische Stabilität beträchtlich gesteigert.

Viel stabiler und robuster als an Titan sind jedoch M—C-Bindungen
vom Typ σ an Pt(II) und Pt(IV). Ausgehend von cis-$(R_3P)_2PtCl_2$ kann
z. B. mit $LiCH_3$ weißes cis-Bis(triäthylphosphin)dimethylplatin(II) dargestellt werden (Smp. 81 °C), welches bei 130°/12 mm ohne wesentliche
Zersetzung und unter Isomerisierung zum cis-trans-Gemisch destilliert
werden kann. $(R_3P)_2Pt(CH_3)_2$ kann mit elementarem Chlor (!) zu einem
oktaedrischen Pt(IV)komplex $PtCl_2(CH_3)_2(PR_3)_2$ oxydiert werden.

Mit den Beispielen Ti(IV) ($q = 0$) und Pt(II), Pt(IV) ($q = 8$ resp. 6)
haben wir extreme Situationen berührt. Es sei erwähnt, daß sich M—C-
Bindungen vom Typ σ für alle $\ddot{U}_1$-, $\ddot{U}_2$- und $\ddot{U}_3$-Metalle realisieren lassen,
wenn die geeignete Kombination von Liganden der Art gewählt wird, wie
sie in Tabelle 10.11 enthalten sind.

Hydrid in der Ligandsphäre

Wir beschränken uns auf wenige Beispiele aus der Chemie des Pt(II),
Ir(I) und Ir(III), um das Zusammenwirken von H(—I) mit anderen Liganden in mononuklearen Komplexen aufzuzeigen. Verwandtschaftliche
Beziehungen erwähnen wir nach (10.10) aufgrund von Werten q bzw.
konfigurativen Voraussetzungen.

$$q = 6; \quad (nd^6): \quad \text{Co(III), Ir(III), Pt(IV)}$$
$$q = 8; \quad (nd^8): \quad \text{Fe(0), Co(I)} \qquad\qquad (10.10)$$
$$\text{Os(0), Ir(I), Pt(II)}.$$

Es sei resümiert, daß Fe(0) und Os(0) die Koordinationszahl 5 in
Carbonylen aufweisen, ebenso Co(I) in $(CF_3)Co(CO)_4$, während die qua-

dratisch planaren Komplexe von Pt(II) schon in Kapitel 8 Beachtung gefunden haben. In diesem Sinne interessiert, wie die Verhältnisse z. B. für Ir(I) liegen. Tatsächlich reicht die Ir(I)-Chemie von Os(0)-analogen bis zu Pt(II)-analogen.

Beim Behandeln von cis-$PtCl_2(PR_3)_2$, $R = C_2H_5$, mit Hydrazin in wäßriger Suspension erhielt CHATT 1957 trans-$Pt(PR_3)_2(Cl)(H)$, formal durch Ersatz von Cl($-$I) durch H($-$I), wenn die Oxydationszahl Pt(II) beibehalten wird. Diese Zuordnung stellt H($-$I) in die Reihe einfach negativer einatomiger oder einzähniger Liganden.

Der direkteste Hinweis auf den am Platin koordinierten Wasserstoff liefert die magnetische Protonenresonanz. Die röntgenographische Strukturbestimmung für den durch Ersatz Cl $\rightarrow$ Br erhaltenen analogen Komplex erfaßt nur die Liganden PR_3 und Br($-$I), welche mit Pt in einer Ebene liegen und eine unvollständige quadratische Anordnung (im weiteren Sinne) aufweisen (10.XIX).

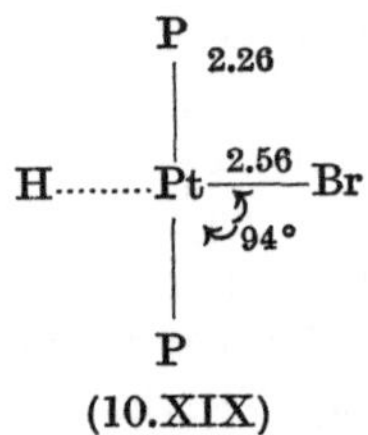

(10.XIX)

Eine ganze Reihe von chemischen Tatsachen läßt sich mühelos einordnen, wenn das Konzept eines an Pt(II) koordinierten H($-$I) akzeptiert wird.

Die Bildung von $Pt(PR_3)_2Cl(H)$ setzt ein, wenn der wäßrigen Suspension des erwähnten cis-Komplexes Hydrazin beigefügt wird. Bei Erwärmen auf ca. 90 °C löst sich das suspendierte Produkt auf unter simultaner Entwicklung von Stickstoff N_2. Der Hydridokomplex fällt als farbloses Öl an. Als plausibles Zwischenprodukt betrachtet CHATT den Hydrazinkomplex (10.XX).

$$\begin{array}{c} P \\ P \end{array}\!\!\!\searrow\!\!Pt(II)\!\!\searrow\!\!\begin{array}{c} Cl \\ NH_2NH_2 \end{array}$$

(10.XX)

Der trans-Komplex $Pt(PR_3)_2Cl_2$ läßt sich viel langsamer umsetzen; man erinnert sich, daß der Ersatz Cl $\rightarrow$ py für denselben Komplex ca. 10^{-5}-mal so rasch wie für den cis-Komplex erfolgt (siehe Trans-Effekt, Kapitel 8). Die Annahme eines intermediären Hydrazinkomplexes würde die langsamere Bildung des Hydridokomplexes sofort verständlich machen. Es ist aufschlußreich, daß die Synthese in wäßriger Lösung erfolgt. Wäre der eingebaute Wasserstoff ein ausgesprochen azides Proton und etwa so acid wie $N_2H_5^+$ aq., so könnte er im Reaktionsgemisch gar nicht koordinieren. Es kann auch kein lose gebundenes H^- vorliegen, weil dieses im wäßrigen Medium sofort zu H_2 protoniert würde. In schwerem Wasser suspendiert, tauscht der geschmolzene Hydridokomplex nur langsam H gegen D aus. In heißer Salzsäure wird H($-$I) durch Cl($-$I) ersetzt, wobei H_2 entsteht. Der frappante Trans-Effekt erlaubt die Substitution von trans-ständigem Cl$^-$ durch eine ganze Reihe anderer Liganden nach (10.11).

$$Pt(PR_3)_2(H)(Cl) + L \rightarrow Pt(PR_3)_2(H)(L) + Cl^-$$
$$L = NO_3^-,\ Br^-,\ J^-,\ NO_2^-,\ SCN^-,\ CN^-. \tag{10.11}$$

Die Einwirkung von trockenem HCl-Gas in ätherischer Lösung führt zu einem weißen kristallinen „Addukt", das oberhalb 80 °C wieder HCl abgibt. Die Lösung von $Pt(PR_3)_2(Cl)(H) \cdot HCl$ in Nitrobenzol ist nichtleitend, und es muß sich um einen Dihydridokomplex $Pt(PR_3)_2(Cl)_2(H)_2$ von Pt(IV) handeln. Die formale Oxydation von Pt(II) zu Pt(IV) durch HCl darf nicht erschrecken, weil sie nur ein signifikantes Beispiel dafür ist, wie weit eben Pt^{2+} von Pt(II) und Pt(IV) von Pt^{4+} abweichen. Eine ebenso interessante Reaktion ist die reversible Anlagerung von Äthylen C_2H_4 (in Cyclohexan bei 95 °C/40 at) nach Gleichung (10.12).

$$Pt(PR_3)_2(Cl)(H) + C_2H_4 \rightarrow Pt(PR_3)_2(Cl)(C_2H_5). \tag{10.12}$$

In (10.12) handelt es sich um den formalen Ersatz $H(-I) \rightarrow C_2H_5^-$, wobei letzterer Ligand durch die Reaktion eines koordinierten Liganden mit dem Olefin gebildet wird. Die Reaktion mit Hydrazin offeriert nicht den einzigen präparativen Weg zur Koordination von Hydrid; andere Verfahren machen Gebrauch von HCO_2H, $C_2H_5O^-$, $LiAlH_4$ oder molekularem Wasserstoff H_2.

Unter den Liganden, welche H($-$I) in einer gemischten Ligandsphäre ertragen, stechen Phosphine, CO, CN$^-$ und cp$^-$ hervor. Von allen Elementen der Reihen Mn, Re, Tc bis Ni, Pd, Pt sind Hydridophosphinkomplexe bekannt, während für Ti, Zr; Ta, Mo und W besonders Cyclopentadienylhydridokomplexe typisch sind. Welche Vielseitigkeit im Benehmen möglich ist, soll am Beispiel von Ir-Komplexen skizziert werden. Die oktaedrischen Ir(III)-Komplexe in (10.13) zeigen, wie sich zwangslose Beziehungen zu bekannten Ir(III)-Komplexen (Kapitel 7) ergeben, wenn H($-$I) vorausgesetzt wird. Während H$^-$ äußerst stark reduzierend ist, stabilisiert die Koordination H($-$I) am Metall.

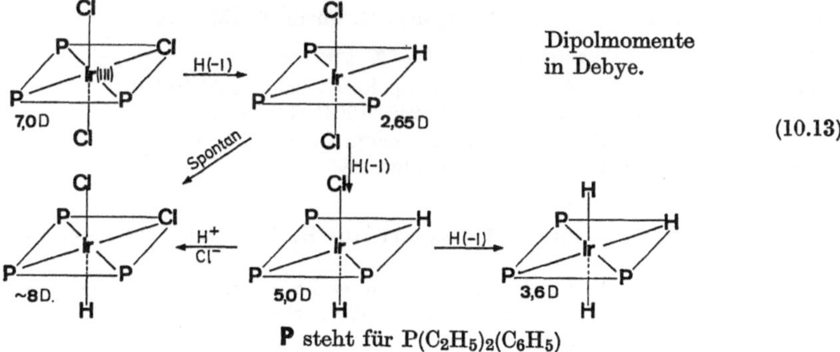

$$\tag{10.13}$$

P steht für $P(C_2H_5)_2(C_6H_5)$

Es soll nur ein Ausblick sein, wenn im Schema (10.14) eine ausgedehnte Reihe von Studien VASKAS zusammengefaßt werden, die unterstreichen, welche Vielseitigkeit aus der Symbiose von Liganden an einem $Ü_3$-Zentrum hervorgehen kann.

$$
\begin{array}{l}
\text{Ir(III); KZ 6} \\[-2pt]
\text{Ir(H)}_2\text{(Cl)(CO)(PPh}_3)_2 \xrightleftharpoons[\text{H}_2]{\text{O}_2} \text{Ir(Cl)(CO)(PPh}_3)_2(\text{O}_2)
\end{array}
$$

$$\text{Ir(H)}_2\text{(Cl)(CO)(PPh}_3)_2 \;\underset{\text{H}_2}{\overset{\text{O}_2,\;\text{H}_2}{\rightleftharpoons}}\; \text{Ir(Cl)(CO)(PPh}_3)_2(\text{O}_2)$$

IrCl(CO)(PPh$_3$)$_2$ — Ir(I), KZ 4

Ir

HCl → Ir(H)(Cl)$_2$(CO)(PPh$_3$)$_2$ — Ir(III); KZ 6

Cl$_2$, HCl → IrCl$_3$(CO)(PPh$_3$)$_2$ — Ir(III); KZ 6

$$(10.14)$$

Literatur

Ganzes Gebiet der organometallischen Chemie:

COATES, G. E.: Organo-metallic compounds. London: Methuen 1960.

ZEISS, H. (Ed.): Organometallic chemistry. A.C.S. Monograph No. 147. New York: Reinhold 1959.

Metallhydride und Hydridokomplexe:

CHATT, J.: Hydrido- and related organo-complexes of transition metals. Proc. chem. Soc. **1962**, 318.

GIBB, TH. R. P. Jr.: Primary solid hydrides. Progr. inorg. Chem. **3**, 315 (1962).

GINSBERG, A. P.: Transition metal Chem. **1**, 112 (1965).

GREEN, M. L. H., and D. J. JONES: Hydride complexes of the transition metals. Adv. inorg. Radiochem. **7**, 115 (1965).

SHAW, B. L.: Inorganic hydrides. London: Pergamon Press 1967.

Originalarbeiten über Pt(II)-Komplexe:

CHATT, J., and B. L. SHAW: J. chem. Soc. **1962**, 5075.

Alkyl- und Arylliganden, σ-gebunden an Metall:

COATES, G. E., and F. GLOCKLING: In: H. Zeiss: Organometallic chemistry. loc. cit.

KRITSKAYA, I. I.: Conditions for the formation and stabilisation of the carbon transition metal bond. Russ. chem. Rev. (Engl. Transl.) **35**, 167 (1966).

Struktur von LiCH$_3$(s):

WEISS, E., and E. A. C. LUCKEN: J. Organomet. Chem. **2**, 197 (1964).

Verbindungen von Metallen mit aromatischen Ringen:

FISCHER, E. O., and H. P. FRITZ: Adv. inorg. Radiochem. **1**, 56 (1959).

FRITZ, H. P.: Adv. organomet. Chem. **1**, 240 (1964) (IR-Spektroskopie).

WILKINSON, G., and F. A. COTTON: Progr. inorg. Chem. **1**, 1 (1959).

ZEISS, H.: In: Organometallic chemistry, loc. cit.

Carbonyle:

CHATT, J., P. L. PAUSON, and L. M. VENANZI: In: H. Zeiss (Ed.): Organometallic chemistry, loc. cit.

COTTON, F. A.: Structures and bonding in metal carbonyls and related compounds. Helv. Chim. Acta (Fasc. Extraord. Alfred Werner) p. 117 (1967).

HIEBER, W.: Angew. Chem. **72**, 795 (1960); u. daselbst zitierte Arbeiten.

Phosphinkomplexe:

BOOTH, G.: Complexes of the transition metals with phosphines, arsines and stibines. Adv. inorg. Radiochem. **6**, 1 (1964).
Komplexe von M(O) mit $R_2P—CH_2—CH_2—PR_2$:
CHATT, J., F.A. HART, and H.R. WATSON: J. chem. Soc. **1962**, 2537.

Iridium-Verbindungen inkl. Arbeiten Vaskas

MALATESTA, L.: Some recent aspects of the chemistry of Iridium. Helv. Chim. Acta, Fasc. Extraord. A. Werner, p. 147 (1967).

Bindungsprobleme:

JØRGENSEN, C.K.: Inorganic complexes, Chapter 8. London: Academic Press 1963.
ORGEL, L.E.: An introduction to transition metal chemistry, Chapters 9, 10. London: Methuen 1960.

Thermochemische Daten:

SKINNER, H.A.: The strength of metal-to-carbon bonds. Adv. organomet. Chem. **2**, 49 (1964).

Olefin-Komplexe (in Kapitel 10 dieses Buches nicht eingeschlossen):
FISCHER, E.O., u. H. WERNER: Metall-π-Komplexe mit di- und oligo-olefinischen Liganden. Weinheim: Verlag Chemie 1962.

Kapitel 11

Angehäufte Metallatome als Koordinationszentren

Es ist im 1. Kapitel angetönt worden, daß gewisse binäre Halogenverbindungen MX_n durchaus nicht ähnliche einfache Kristallstrukturen aufweisen wie die Halogenide MX_2 der Tabelle 11.1:

Tabelle 11.1

M (II)	$CdCl_2$- oder CdI_2-Struktur	Rutilstruktur
A	$MgCl_2$	MgF_2
Ü	$TiCl_2$	MnF_2
	VCl_2	FeF_2
B	$ZnBr_2$	CoF_2
	PbJ_2	NiF_2

Die Gitterenergie von $MX_2(s)$ ist nach dem Modell harter Kugeln um etwa 30% größer als die Bildungsenergie von $MX_2(g)$ aus den Ionen, was die Tendenz zur Erhöhung der Koordinationszahl von zwei auf sechs erklärt. Sobald die Madelungenergie nicht mehr den dominanten Beitrag zur Bindungsenergie liefert, sind solche quantitativen Überlegungen nicht mehr zuständig. Die Metalle Nb, Ta, Mo, W sowie Re, Ru, Os, Rh und Ir fallen in Abb. 2.6 dadurch auf, daß die Atomisierungsenergie deutlich größer ist als für die Vertreter der ersten großen Periode. Unter der ersten Gruppe von Metallen sind die hohen Oxydationszahlen in Nb(V), Ta(V), Mo(VI) und W(VI) mit einer ausgesprochenen a-Charakteristik verbunden, während für die typischen Stufen Rh(III) und Ir(III) eine ausgeprägtere b-Komponente festzustellen ist. Die höchsten Fluoride und Chloride der A-Zentren Nb(V), Ta(V), Mo(VI) und W(VI) sind mehr oder weniger flüchtig, wie Tabelle 11.2 belegt.

Tabelle 11.2. *Höchste Halogenide von Nb, Ta, Mo und W. Smp. und Sdp. in °C*

	Smp.	Sdp.		Smp.	Sdp.
NbF_5	80	235	MoF_6	17,5	35
$NbCl_5$	212	243	—		
TaF_5	95	229	WF_6	2,3	17
$TaCl_5$	207	334	WCl_6	275	346

Die Verbindungen MX_5 liefern nur in der Gasphase bei genügend hoher Temperatur mononukleare Teilchen, während bei der Kondensation zum Festkörper die Koordinationszahl auf 6 erhöht wird. Die MX_4 sind bereits schwerflüchtig und zerfallen bei Erhitzen unter Disproportionierung, so z. B. $WCl_4(s)$ nach Gleichung (11.1).

$$3\,WCl_4 \xrightarrow{500\,°C} WCl_2(s) + 2\,WCl_5(g)\,. \tag{11.1}$$

Dieser Prozeß kann zur Darstellung von grauem $WCl_2(s)$ ausgenutzt werden, wenn ein Temperaturgefälle im Reaktionsrohr dafür sorgt, daß $WCl_5(g)$ dem Reaktionsgemisch entzogen wird. Wir verweisen auf die Literatur bezüglich der präparativen Verfahren zur Darstellung der Verbindungen der Tabelle 11.3.

Tabelle 11.3. *Ausgewählte niedere Halogenverbindungen MX_n*

n	Nb	Ta	Mo	W
2	$NbCl_2$	—	$MoCl_2$	WCl_2
2,33	$NbCl_{2,33}$	$TaBr_{2,33}$		
2,5	$NbF_{2,5}$	$TaCl_{2,5}$		
2,67	$NbCl_{2,67}$	—		
3,0	NbF_3	$TaCl_{2,9 \div 3,1}$	$MoCl_3$	

Die linke Hälfte der Tabelle 11.3 ist weitgehend den systematischen Studien von SCHÄFER zu verdanken, die eine erstaunliche Vielfalt dieser Verbindungsklasse aufzeigten. Die seltsamen stöchiometrischen Verhältnisse und der in einzelnen Fällen berthollide Charakter (Angabe einer Phasenbreite anstelle einer definierten ganzzahligen Zusammensetzung) werden erst enträtselt, wenn die Resultate der Strukturbestimmungen vorliegen. Charakteristische strukturelle Einheiten sind in Abb. 11.1,2 für $MoCl_2$ und $NbCl_{2,33}$ dargestellt. Als zentrale Gruppe erweist sich eine oktaedrische Einheit von Metallatomen, nämlich M_6(XII) und Nb_6 (XIV).

Der gebrochene Wert für die durchschnittliche Oxidationszahl 2.33 von sechs äquivalenten Nb weist besonders deutlich darauf hin, daß das mehratomige Koordinationszentrum eine Einheit darstellt, welche

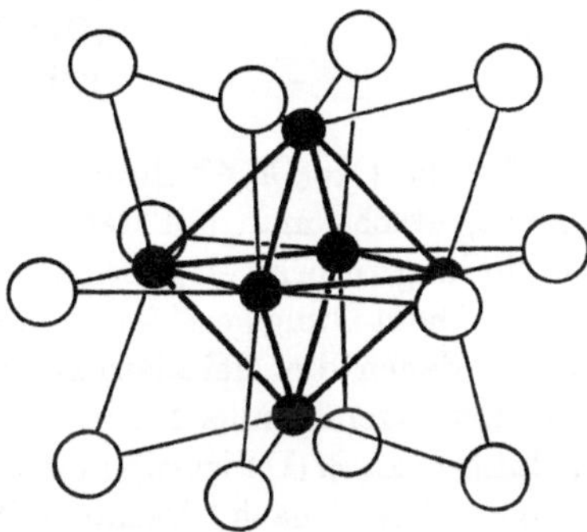

Abb. 11.1. Bauprinzip von $Nb_6Cl_{12}^{2+}$

durch die erste Ligandsphäre von 12 Cl(—I) stabilisiert wird. Diese 12 Liganden sind über den Kantenmitten des zentralen Oktaeders angeordnet, so daß $NbCl_{2,33}$ als

$$[Nb_6Cl_{12}]Cl_2$$

zu formulieren ist. Dabei sind zwei Chloride in ähnlicher Funktion wie etwa in mononuklearen $[MA_5Cl]Cl_2$ von Cr(III) und Co(III). Ähnlich muß man formulieren:

$$TaBr_{2,33} = [Ta_6Br_{12}]Br_2$$
$$NbF_{2,5} = [Ta_6F_{12}]F_3.$$

Das „einfache" $MoCl_2(s)$ unterscheidet sich strukturell dadurch, daß $[Mo_6Cl_8]^{4+}$ Einheiten vorliegen, in denen die Chloratome über den Flächenmitten des Oktaeders M_6 plaziert sind, somit ist zu schreiben

$$MoCl_2(s) = [Mo_6Cl_8]Cl_4.$$

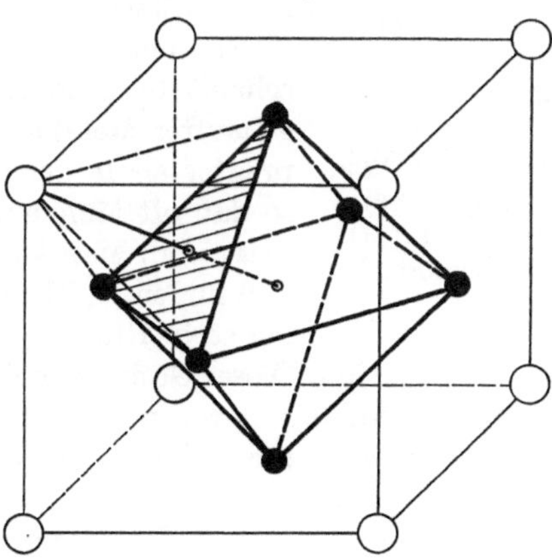

Abb. 11.2. Bauprinzip von $Mo_6Cl_8^{4+}$

Die Einheit $[Mo_6Cl_8]^{4+}$ bleibt in geeigneten Lösungsmitteln intakt, und es können Verbindungen wie (11.2) isoliert werden, in denen

$$(NR_4)_2[(Mo_6Cl_8)Cl_6]$$
$$[(Mo_6Cl_8)(R_2SO)_6](ClO_4)_2 \qquad (11.2)$$
$$\{(Mo_6Cl_8)Cl_4py_2\}$$

die Gruppe $[Mo_6Cl_8]^{4+}$ ihrerseits eine Koordinationszahl 6 zu besitzen scheint, welche man mit den exponierten Ecken des Mo_6-Oktaeders in Verbindung zu bringen geneigt ist.

Die Darstellung geschieht generell von höheren Halogenverbindungen aus, in denen die Metallatome einander noch nicht nächste Nachbarn sind. Bei ungenügender Elektronenaffinität eines M(III) und ungünstiger Reduktion zu M(II) würde man eine Disproportionierung eines hypothetischen $MX_2(s)$ nach Gleichung (11.3)

$$\text{oder} \qquad \begin{aligned} MX_2(s) &\to \tfrac{1}{3}M(s) + \tfrac{2}{3}MX_3(s) \\ MX_2(s) &\to \tfrac{1}{2}M(s) + \tfrac{1}{2}MX_4(s) \end{aligned} \qquad (11.3)$$

erwarten, also die direkte Reduktion zum Metall. Offensichtlich kann die Kondensation zum Metall gleichsam unterbunden werden, wenn geeignete Liganden zur Verfügung stehen.

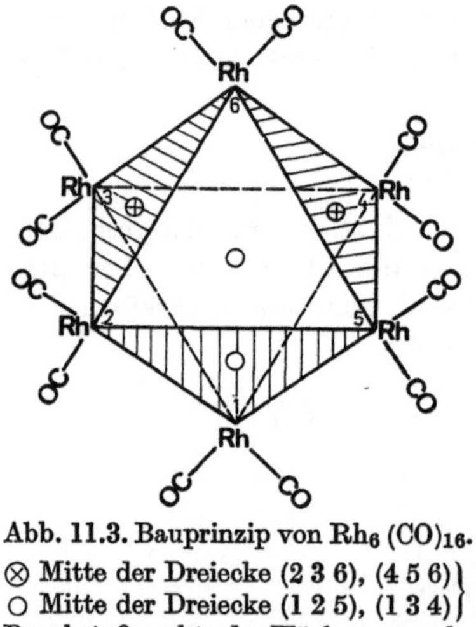

Die Carbonyle der Tabelle 10.6, S. 138, liefern bei Erwärmen als Endprodukte Metall und CO, doch können dabei auch Metallklumpen mittlerer Größe als polynukleare Carbonyle abgefangen werden. Ein ganz spektakuläres Beispiel ist $Rh(CO)_{2,67}$ = $Rh_6(CO)_{16}$, dessen Struktur in Abb. 11.3 schematisch dargestellt ist.

In den $Ü_2$- und $Ü_3$-Carbonylen scheint die Tendenz zur Bildung angehäufter Metallatome noch ausgeprägter als in der $Ü_1$-Reihe zu sein, so daß oft Mononukleare gar nicht existieren. Man kann es nicht sinnvoll finden, in $Rh_6(CO)_{16}$ ein Gebilde aus sechs $Rh(CO)_{2/1}(CO)_{2/3}$ zu sehen,

Abb. 11.3. Bauprinzip von $Rh_6(CO)_{16}$.
$\otimes$ Mitte der Dreiecke (2 3 6), (4 5 6)
$\bigcirc$ Mitte der Dreiecke (1 2 5), (1 3 4)
Durchstoßpunkte der Flächennormalen
= Richtung von CO-Achse

welche miteinander verknüpft sind. Dieser Gesichtspunkt von Einheiten, welche über Metall-Metall-Bindungen verknüpft sind, ist anderseits durchaus naheliegend, wenn etwa $Mn_2(CO)_{10}$ oder $Re_2Cl_8^{2-}$ betrachtet werden (Abb. 11.4).

Man kennt heute eine ganze Reihe von Verbindungen, in denen verschiedene Metallatome nächste Nachbarn sind, und welche von mononuklearen Einheiten her aufgebaut werden können. Es seien nur einige einfache Beispiele erwähnt:

$$(R_3P)\ \mathbf{Au\ Mn}\ (CO)_5$$
$$R_3P\ \mathbf{Au\ Co}\ (CO)_4$$
$$(OC)_5\ \mathbf{Mn\ Co}\ (CO)_4$$
$$\mathbf{SnFe}_4\ (CO)_{16} = Sn[Fe(CO)_4]_4\ .$$

Zwischen den Polynuklearen mit klarer Separierung der Metallzentren im Sinne unabhängiger chromophorer Gruppen und den oben erwähnten Systemen mit angehäuften Metallatomen sind jene Polynuklearen zu

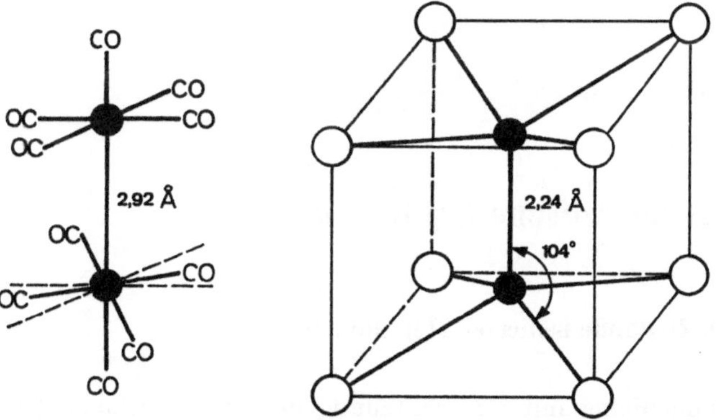

Abb. 11.4. Struktur von $Mn_2(CO)_{10}$ im Festkörper : Struktur von $Re_2Cl_8^{2-}$ in $K_2Re_2Cl_8 \cdot 2\,H_2O$

sehen, in denen „Zentren" benachbarter Koordinationsoktaeder gegeneinander verschoben sind und paarweise zusammenrücken wie Nb(IV) in $NbJ_4(s)$, Abb. 11.5.

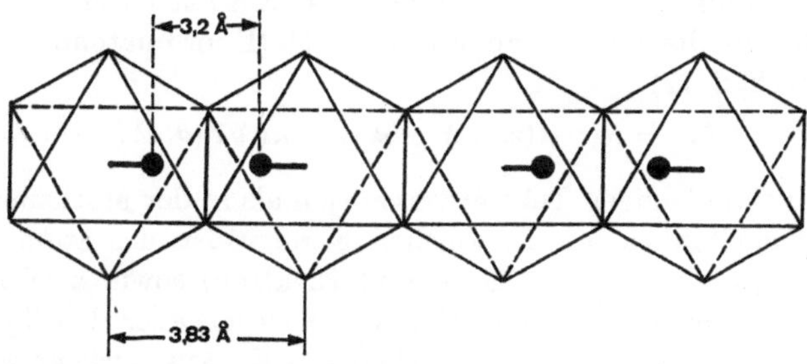

Abb. 11.5. Bauprinzip von $NbJ_4 = NbJ_{4/2+2/1}$

Zur Zeit liegt noch kein verbindlich-abgerundetes Bild der Tatsachen, Interpretationen und Möglichkeiten im Problemkreis dieses Kapitels vor.

Literatur

COTTON, F.C.: Transition metal ions containing clusters of metal ions. Quart. Rev. **20**, 389 (1966).

LEWIS, J.: Metal-metal interaction in transition metal complexes. Pure appl. Chem. **10**, No. 1, 11 (1965), (Plenarvorträge der 7. Internat. Konf. über Koordinationschemie). London: Butterworth 1965.

Kristallstruktur von Sn[Fe(CO)$_4$]$_4$:

LINDLEY, P.F., and P. WOODWARD: J. Chem. Soc. (A) **1967**, 382.

SCHÄFER, H., u. Mitarb.: Nb$_6$Cl$_{14}$, Synthese, Eigenschaften, Struktur. Z. anorg. Chem. **339**, 155 (1965). 44. Mitteilung zur Chemie der Elemente Nb und Ta. Daselbst Zitate betr. vorangehende Arbeiten.

Kapitel 12

Bindungstheoretische Ergänzungen

Angeregte Zustände isolierter Metallionen

Im Zusammenhang mit der Einteilung der Metallkationen (siehe Kapitel 2) sollen hier einige Daten der Atomspektroskopie betrachtet werden. Insofern Mehrelektronensysteme in der Theorie ausgehend vom Einelektronenproblem her aufgebaut werden können, lassen sich die Zustände eines atomaren Systems nach Konfigurationen klassifizieren. Die Elektronenkonfiguration ist keine Observable; indem jedoch eine Konfiguration innerhalb der Theorie zu Folgerungen über Observable führt, läßt sich eine Zuordnung von Observablen her durchführen. Einelektronenfunktionen - (= Orbitale) des Einzentren-Einelektronenproblems haben die allgemeine Form (12.1) (Koordinatenbeziehungen siehe Kapitel 2, S. 17).

$$\Phi_{AO} = R(r)\,A(x, y, z) \quad \text{bzw.} \quad R(r)\,Y(\vartheta, \varphi)\,. \tag{12.1}$$

Die winkelabhängigen Teile erweisen sich als in der Mathematik altbekannte Kugelfunktionen, in welchen Kenngrößen des atomaren Systems (Masse, Ladungen von Kern und Elektron) sowie h (Wirkungsquantum) nicht eingehen. Diese Funktionen legen aber den Typus der Orbitale fest, wie er mit den Kurzzeichen s, p, d, f ausgedrückt wird. Die Elektronenkonfiguration gibt den Typus von Orbitalen und deren Besetzung an, welche zur Beschreibung des Systems heranzuziehen sind. Die Konfiguration allein erlaubt schon die Vorhersage möglicher Drehimpulsbeträge, weil diese aus den winkelabhängigen Teilen der Orbitale in Verbindung mit den Voraussetzungen über die Spinverhältnisse hervorgeht, welche im Einklang mit dem Pauli-Prinzip stehen müssen. (Die Beschreibung eines Mehrelektronensystems von einer Konfiguration aus genügt im allgemeinen nicht; wenn mehrere Konfigurationen zur Beschreibung der Zustände herangezogen werden müssen, mischt die Konfigurationswechselwirkung jedoch nur Termfunktionen mit gleichem Drehimpulseigenwert.)

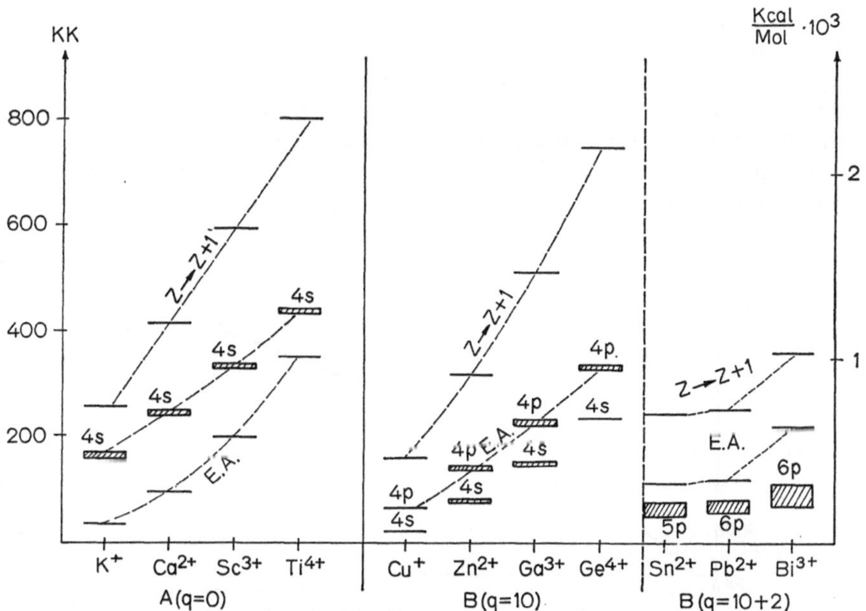

Abb. 12.1. Daten aus Atomspektren

$z \rightarrow z + 1$ Ionisierungsenergie I_{z+1}, $M^{z+} \rightarrow M^{z+1} + e^-$

▨ Bereich der Anregungsenergie
    Grundzustand → Terme der
    Konfiguration $3s^2\,3p^5\,4s$ A
    $\left.\begin{array}{l} 3d^9\,4s \\ 3d^9\,4p \end{array}\right\}$ $B,\ q = 10$
    $(n-1)d^{10}\,ns\,np$ $B,\ q = 10 + 2$

E. A.   Elektronenaffinität von M^{z+} = Ionisierungsenergie I_z, $M^{z-1} \rightarrow M^z + e^-$.
Für B, $q = 10$ liegen die Beträge im Bereich der Anregung $3d^{10} \rightarrow 3d^9 4p$

In Abb. 12.1 sind für eine Reihe von A-Kationen ($q = 0$) und B-Kationen ($q = 10, 12$) folgende Angaben vereint:

(i) die Ionisierungsenergie I_z, welche den Ionisierungsprozeß von M^{z-1} zu M^z betrifft, d. h. die Elektronenaffinität (E. A.) von M^z,

(ii) die Bereiche der angeregten Zustände, welche den angegebenen Konfigurationsänderungen zugeordnet werden können,

(iii) die Ionisierungsenergie I_{z+1} von M^{z+}, d. h. die Elektronenaffinität von M^{z+1}.

Die Angaben (iii) betreffen die Grenze für die Anregungen der Art (ii) innerhalb $M^{z}(g)$. Beide müssen eine Angabe enthalten über den energetischen Aufwand für eine wesentliche Veränderung in der Elektronenhülle, welche auch mit dem Widerstand gegen eine Deformation zu tun haben muß. Die Größe I_{z} muß in Beziehung zu der deformierenden Wirkung des Ions M^{z+} auf Elektronensysteme benachbarter Atome im molekularen System stehen.

Für die A-Kationen steigen alle einander entsprechenden Energiewerte steil mit der Ladung $z+$ an, und generell sind die Abstände E(ii)—E(i) und E(iii)—E(i) bedeutender als jene für die B-Kationen. Bei denselben taucht ein drastischer Unterschied gegenüber den A-Kationen auf: Die Werte I_{z+1} von Ionen M^{z+} sind bei gleichem z für A- und B-Ion wesentlich kleiner für die B-Ionen, und vor allem benötigen die Anregungen der gefüllten d-Schale verhältnismäßig geringe Energie, was auch

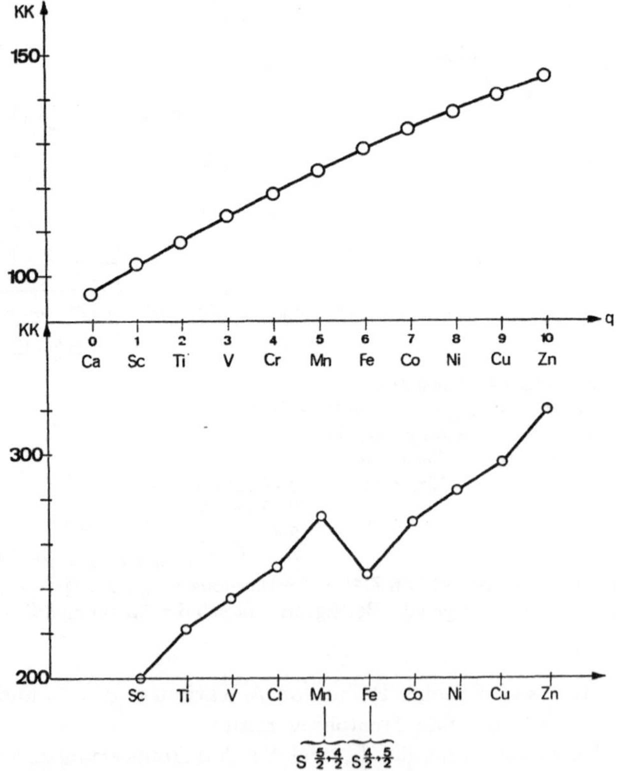

Abb. 12.2. a. Ionisierungsenergie I_2' vom Schwerpunkt der Terme der Konfiguration $3d^q4s$ zum Schwerpunkt der Terme von $3d^q$ nach GRAY und BALLHAUSEN. b. Ionisierungsenergie I_3 aus Atomspektren

für die Ionen der Gruppe $q = 12$ zutrifft. Damit erhält unsere Suggestion (Kapitel 2) von härteren Rumpfhüllen der A-Kationen gegenüber weicheren Valenzhüllen der B-Kationen einen festeren Hintergrund und bestätigt Eindrücke, welche im Kapitel 6 festgehalten worden sind.

Für die Ü₁-Ionen sollen in Abb. 12.2 folgende Angaben den Gang von Ca^{2+} ($q = 0$) bis zu Zn^{2+} ($q = 10$) illustrieren.

(i) Die Ionisierungsenergie I'_2, welche benötigt würde, um das Ion $M^+(3d^q4s)$ in $M^{2+}(3d^q) + e^-$ überzuführen, wobei sich beide im Zustand entsprechend dem Schwerpunkt aller Terme der Konfiguration befinden sollen. Diese Größe kann aus Atomspektren berechnet werden.

(ii) Die Ionisierungsenergie I_3 ($3d^q \rightarrow 3d^{q-1}$).

Die erste Angabe betrifft den Einbau eines Elektrons bei Erhalten des Konfigurationsteils $3d^q$, während (ii) eine Änderung der d-Konfiguration einschließt.

Der monotone Verlauf der ersten Größe verrät, daß das Kernfeld mit steigendem Wert von Z bei Erhalten der Ionenladung gegen Zn^{2+} zu wirksamer werden muß, während I_3 die Besonderheiten im Unterschied der Konfigurationen d^q enthüllt. Die Theorie lehrt, daß die interelektronische Repulsion von d^5 zu d^6 hin besonders empfindlich ansteigt. Man spricht deshalb von der „speziellen Stabilität" der halbgefüllten $3d$-Schale.

Komplexe von Ü₁-Zentren mit geringer Wechselwirkung zwischen den Ligandatomen

Liganden wie Halogenide X^-, H_2O, OH^-, NH_3, PR_3, CO können durch die Koordination an einem metallischen Zentrum in Nachbarschaft geraten. Dabei interessiert in erster Linie ihre Wechselwirkung mit dem Metallatom, und zwischen den Liganden sollten nur repulsive Kräfte erwartet werden, seien sie auf ihrer Ladung, Polarität oder auf sterischer Behinderung begründet. Man wird grundsätzlich anderen Fragen gegenüberstehen, wenn etwa fünf C-Atome in $cp^-(C_5H_5)$ miteinander verknüpft sind und wegen dieser Verknüpfung miteinander äquivalente Nachbarn etwa an Fe(II) in Ferrocen werden. Das Konzept von individuellen, separierbaren Ligandatomen ist in einer Beschreibung dieses Komplexes sinnwidrig, weil man es sinnwidrig fände, von einem System $Fe(CH)_{10}$ in der nullten Näherung mit separierten Fragmenten CH an Fe(0) auszugehen und hernach die Wechselwirkung zwischen den Fragmenten zu berücksichtigen. Ganz im Gegensatz hierzu ist es sinnvoll, in einem Äthylendiaminkomplex die beiden Amingruppen als isolierte Ligandgruppen und die Verknüpfung als eine sterische Einschränkung zubehandeln. Der Vergleich der Absorptionsspektren von $M(NH_3)_{2n}^{z+}$ und $M(en)_n^{z+}$ liefert viele Beispiele, welche diesen Punkt illustrieren.

Wenn ein System aus einzähnigen Liganden L in bestimmter Anordnung am Zentrum $M(z)$ vorliegt, so muß eine Beschreibung des Elektronensystems des Komplexes zunächst die Anordnung des Gerüstes der Kerne in ML_n berücksichtigen. Im Komplex geht die sphärische Symmetrie von Einzentren-Mehrelektronensystemen verloren. Die Ausnützung der Symmetrieeigenschaften stellt ein ganz grundlegendes Hilfsmittel der Theorie dar ($\rightarrow$ Anwendung der Gruppentheorie in der Quantenchemie). Tatsächlich ist die Klassifizierung von Orbitalen nach s, p, d, f usf. Ausdruck von Symmetrieeigenschaften. Eine charakteristische Situation nullter Näherung zur Beschreibung von ML_n mit $M(z)$ als Zentralion und n Liganden L umfaßt

(i) das symmetrieangepaßte System von Orbitalen des Zentrums $M(z)$ und

(ii) entsprechend die symmetrieangepaßten Valenzorbitale des Ligandatoms bzw. sinnvoll abgetrennter Ligandgruppen.

Für Ü-Zentren wären demnach primär die fünf Funktionen einer d-Familie zu betrachten, wenn Metallzentren $M^{z+}(z \geqq 2)$ zur Diskussion stehen. Sowohl Grundzustände wie niedrigere angeregte der isolierten Ionen gehen nämlich aus Konfigurationen $d^q(2 < q < 8)$ hervor.

In den letzten 20 Jahren ist ein Gesichtspunkt von großer Bedeutung gewesen, welcher die Elektronenstruktur (siehe oben Punkt (ii)) der Liganden gar nicht berücksichtigt. Liganden wie F^-, Cl^-, Br^-, OH^- sind geladen, während H_2O, py u.a. elektrische Dipolmomente besitzen, welche schon im Rahmen von Modellen harter Partikeln eine namhafte Bindungsenergie für die Komplexbildung in Gasphase liefern würden (12.2). Ein Gebilde, in dem ein

$$M^{z+}(g) + n\,L^\lambda \rightarrow ML_n^{z-n\lambda} \tag{12.2}$$

Zentralion M^{z+} einem elektrostatischen Feld der Ligandhülle ausgesetzt ist, ist ein modifiziertes Einzentrensystem. Die Wechselwirkungen, welche für $Ü_1$-Zentren in erster Linie berücksichtigt werden müssen, sind

α) Kern-Elektron Anziehung und kinetische Energie der Elektronen,

β) interelektronische Repulsion,

γ) die Einwirkung des Ligandenfeldes.

Fehlt γ), so führen α) und β) zum Termsystem von $M^{z+}(g)$, welches sich mit spektroskopischen Daten in Beziehung bringen läßt.

Für die Situation im Ligandenfeld ist es illustrativ, das methodische Vorgehen ($\rightarrow$ Störungsverfahren) herbeizuziehen, in welchem vorerst die Orbitale nach Symmetrieeigenschaften sortiert werden. Ein Satz von orthogonalen Funktionen wie die in Kapitel 2 betrachteten ist flexibel, indem er in mannigfacher Weise in äquivalente Sätze transformiert werden kann. Der Satz (2.3a) ist der axialen Symmetrie angepaßt, während (2.3b) der Symmetrie eines oktaedrischen oder tetraedrischen Ligandenfeldes angepaßt ist. Das Transformationsverhalten bei Operationen, welche ein Oktaeder, Tetraeder oder einen Würfel in sich selbst überführen, spaltet die Familie der d-Funktionen in zwei Gruppen. Ohne besonderen Aufwand sieht man ein, daß die drei Funktionen d_{xy}, d_{xz}, d_{yz} eine dieser beiden Gruppen bilden.

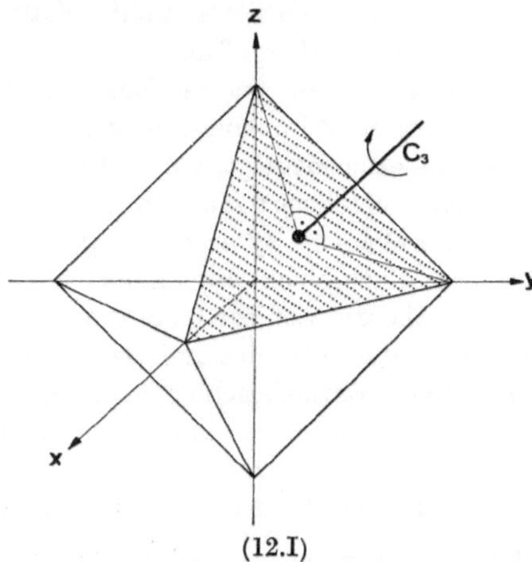

$$(12.\mathrm{I})$$

Eine Drehung des Oktaeders um die trigonale Achse in (12.I) im Betrag von 120° führt das Oktaeder in sich selbst über und kann wie folgt beschrieben werden: (→ heißt „wird ersetzt durch")

$$\begin{aligned} x &\to y \\ y &\to z \\ z &\to x . \end{aligned} \tag{12.3}$$

Die Beziehungen (12.3) definieren eine Transformation (12.4) der Funktionengruppe d_{xy}, d_{xz}, d_{yz} (siehe 2.3 b).

$$\begin{aligned} d_{xy} &\to d_{yz} \\ d_{xz} &\to d_{xy} \\ d_{yz} &\to d_{xz} \end{aligned} \tag{12.4}$$

Ebenso werden die beiden Funktionen d_{z^2} und $d_{x^2-y^2}$ durch alle Transformationen, zu denen Symmetrieoperationen des Oktaeders Anlaß geben können, in solche der Form $(a\,d_{z^2} + b\,d_{x^2-y^2})$, $(a^2 + b^2 = 1)$, übergeführt. Man sieht dies leichter ein, wenn man berücksichtigt, daß die drei analogen Funktionen (12.5) nur zwei linear unabhängige und orthogonale Linearkombinationen, so z.B. (12.6) liefern.

$$\frac{\sqrt{3}}{2}\,(x^2 - y^2), \quad \frac{\sqrt{3}}{2}\,(y^2 - z^2), \quad \frac{\sqrt{3}}{2}\,(z^2 - x^2), \tag{12.5}$$

$$\frac{\sqrt{3}}{2}\,(x^2 - y^2), \quad \frac{1}{2}\,(3z^2 - r^2) = \frac{1}{\sqrt{3}}\left[\frac{\sqrt{3}}{2}\,(z^2 - x^2) - \frac{\sqrt{3}}{2}\,(y^2 - z^2)\right] \tag{12.6}$$

Die oben angegebene Transformation (12.3) liefert nun

$$\begin{aligned} d_{x^2-y^2} &= \frac{\sqrt{3}}{2}\,(x^2 - y^2) \to \frac{\sqrt{3}}{2}\,(z^2 - x^2) = -\frac{1}{2}\,d_{x^2-y^2} + \frac{\sqrt{3}}{2}\,d_{z^2} \\ d_{z^2} &= \frac{1}{2}\,(3z^2 - r^2) \to \frac{1}{2}\,(3y^2 - r^2) = -\frac{\sqrt{3}}{2}\,d_{x^2-y^2} - \frac{1}{2}\,d_{z^2} \end{aligned} \tag{12.7}$$

Die Funktionenfamilien (2.4) sind bis auf Proportionalitätsfaktoren die
normierten winkelabhängigen Teile von d-Orbitalen. Bei allen durch die
Symmetrieoperationen des Oktaeders definierten Transformationen wird
der gemeinsame Radialteil der d-Orbitale nicht erfaßt, weil $r = (x^2 +$
$+ y^2 + z^2)^{1/2}$ stets in sich selbst übergeführt wird.

Im kugelsymmetrischen System ist der Zustand des Elektrons im
d^1-System 5-fach bahnentartet. Wird eine Störung (γ) in der Form eines
Feldes der Symmetrie O_h berücksichtigt, so wird die 5-fache Entartung
aufgehoben, und der Energieeigenwert muß nur für Gruppen von Eigen-
funktionen derselbe sein, welche bei Symmetrietransformationen des Feldes ineinander übergehen. Dies ist ein allgemeiner Satz, welcher aus der
Anwendung der Gruppentheorie auf die Quantenmechanik hervorgeht.

Die 5-fache Entartung muß nach diesem Satz in eine 3-fache und eine
2-fache übergehen, sobald die oktaedrische Störung hinzutritt, und jeder
Gruppe zusammengehöriger Funktionen kann je ein neuer Energieeigenwert E zukommen.

Für das d^1-System kommen dabei zwei Situationen in Frage:

$$
\begin{array}{llll}
E \uparrow & ----\, t_{2g} & --\, e_g & e_g : d_{x^2-y^2},\ d_{z^2} \\
& --\, e_g & ---\, t_{2g} & t_{2g} : d_{xy},\ d_{yz},\ d_{xz} \\
\quad (a) & & (b) &
\end{array}
$$

Die Gruppen zusammengehöriger Funktionen kennzeichnen wir mit
üblichen Symbolen e_g und t_{2g}, welche auch für die zugehörigen Energieniveaus verwendet werden.

HARTMANN hat gezeigt, daß für die vereinfachende Annahme, die
Wirkung der oktaedrischen Ligandhülle könne durch negative Punktladungen repräsentiert werden, die Reihenfolge (b) zutreffend ist, während (a) für eine tetraedrische Störung (12.II) und eine kubische (12.III)
gültig wäre.

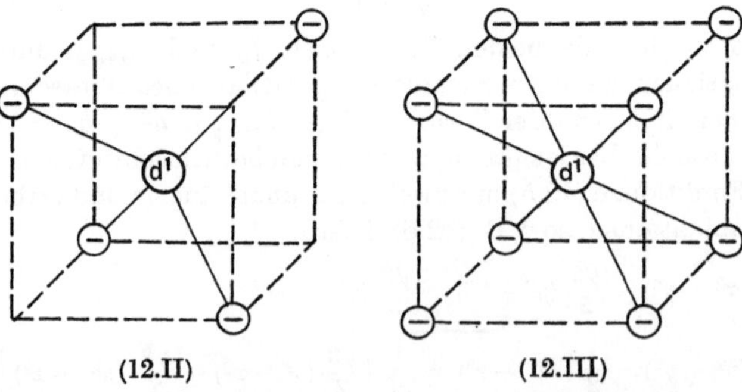

(12.II)   (12.III)

Innerhalb der Wechselwirkungen α) und γ) (S. 160) ist die Termfolge
(b) des Einelektronensystems im Oktaederfeld festgelegt. Für Mehrelektronensysteme d^q, $2 \leq q \leq 8$, ist zusätzlich die Wechselwirkung β) zu
berücksichtigen. Es ist instruktiv, in Schritten vorzugehen, und auch
für Mehrelektronensysteme vorerst von β) abzusehen. Die innerhalb der

Konfiguration d^q möglichen Energieniveaus ergeben sich dann leicht aus den sogenannten Unterschalenkonfigurationen, welche die Besetzung von t_{2g} und e_g-Unterschalen angeben.

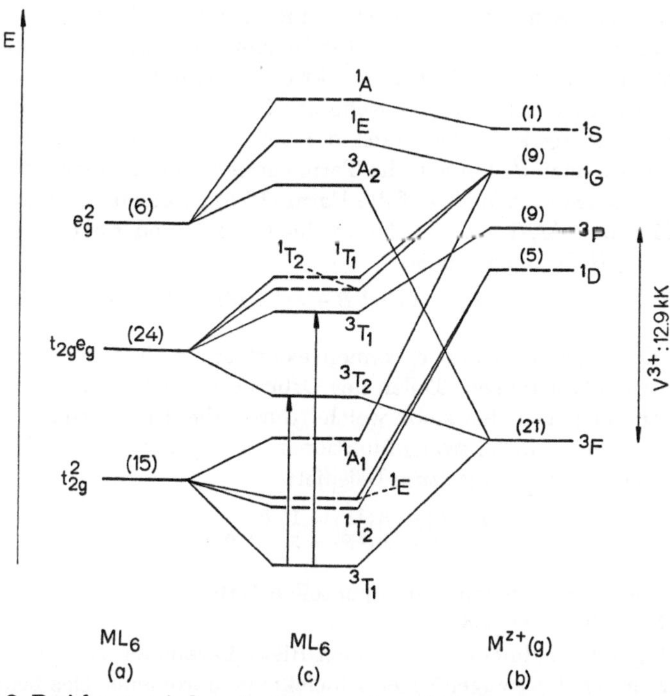

Bei der Ermittlung der Zustandsfunktionen, welche aus den einzelnen Unterschalenkonfigurationen hervorgehen, ist das Pauli-Prinzip zu berücksichtigen, so daß ein Zustand durch Unterschalenkonfiguration und Spinquantenzahl S charakterisiert und in seiner Entartung bezüglich Bahn- und Spinfunktion festgelegt ist. Die Multiplizität $2S+1$ kann für

Abb. 12.3. Beziehung zwischen den Termen eines d^2-Systems im oktaedrischen Ligandenfeld und (a) Situation bei verschwindender Elektronenrepulsion, (b) (L, S)-Termen des freien Ions. Eingeklammerte Zahlen geben totale Entartung (Spin und Bahn). Termsymbole A, E, T kennzeichnen Entartung 1, 2, 3 des ortsabhängigen Teils der Termfunktionen; Index oben links ist Multiplizität $(2S+1)$. Termenergien in (c) willkürlich gewählt; in realen Systemen jedoch stets $^3A_2 > {}^3T_2 > {}^3T_1$. Banden des V^{3+} in Abb. 9.2 entsprechen eingezeichneten Übergängen $^3T_1(F) \to {}^3T_2(F)$, $^3T_1(F) \to {}^3T_1(P)$, d.h. $t_{2g}^2 \to t_{2g}e_g$

$(t_{2g})^a (e_g)^{2-a}$ im Zweielektronensystem ($a = 0, 1, 2$) die Werte 3 für $S = 1$ und 1 für $S = 0$ annehmen.

Bei der Berücksichtigung der interelektronischen Repulsion, welche einen neuen Störoperator liefert, kann die nach dem ersten beschriebenen Schritt (Voraussetzung α und γ) bestehende Entartung aufgehoben werden. Einer Unterschalenkonfiguration können deshalb mehrere Spaltterme entspringen.

Das derart entwickelte Termsystem vereinigt dann alle Wechselwirkungen α, β, γ. Wird von da aus die Situation für den Fall verfolgt, daß das Ligandenfeld kontinuierlich gegen Null verschwinde, so gehen die Terme in jene des gasförmigen Zentralions über, für welches α) und β) berücksichtigt worden sind.

Die Terme im Ligandenfeld können deshalb gekennzeichnet werden nach

(i) ihrer Unterschalenkonfiguration,

(ii) ihrer Beziehung zu den Termen des gasförmigen Ions, aus dem sie hervorgehen, wenn das Ligandfeld „eingeschaltet" wird.

Wir schildern diese Beziehungen für die Konfiguration d^2 in Abb. 12.3.

Es ist ein äußerst attraktiver Aspekt dieses Modells, wenn Beziehungen zwischen Eigenschaften des isolierten Zentralions und desselben im Komplex zustande kommen. Nach der Theorie von Einzentren-Mehrelektronensystemen d^q können die Termenergien von Termen ^{2S+1}L bezüglich des Grundzustandes auf die Form (12.8) gebracht werden, wobei für die Mehrheit der Terme das letzte Glied wegfällt oder aber als Funktion von b, c, B, D anzugeben ist.

$$E_a - E_0 = bB + cC + (\delta). \qquad (12.8\,a)$$

Die Koeffizienten b und c können exakt ermittelt werden, weil sie aus den winkelabhängigen Teilen der Orbitale hervorgehen, während B und C Energieparameter sind, welche durch die Radialteile $R(r)$ der repräsentativen Einelektronenfunktionen festgelegt sind. Für die Abb. 12.3 ergibt die Theorie zum Beispiel:

$$E(^3P) - E(^3F) = 15\,B$$
$$E(^1D) - E(^3F) = 5\,B + 2\,C$$

und der Vergleich mit den experimentellen Daten liefert die angepaßten Werte $B \sim 0{,}9\,\text{kK}$, $C \sim 4{,}4\,B$.

Im Ligandenfeldmodell erscheinen diese Parameter zusammen mit dem Parameter Δ des zugehörigen Einelektronenproblems. Das bedeutet, die Energie der Terme könne bezüglich des Grundtermes nach (12.8 b) ausgedrückt werden, wobei das letzte Glied

$$E_a - E_0 = a\Delta + bB + cC + (\delta) \qquad (12.8\,b)$$

wiederum nur für einen Teil aller Niveaus hinzutritt ($\rightarrow$ Konfigurationswechselwirkung) und für die „Vermischung von Konfigurationen" korrigiert, die aus den unkorrigierten Termen hergeleitet werden kann. Der Vergleich von solchen Termschemata mit Absorptionsspektren von Ü-Komplexen wie in Kapitel 9 zeigt nun eine Korrespondenz, wenn auch Auswahlregeln betreffend Termübergänge bei Photonenaufnahme herangezogen werden.

Bei Anpassung der Daten an die Termschemata lassen sich Parameter Δ und B entnehmen; die Adäquatheit des Modelles ist dann nahegelegt, wenn die Zahl der Banden der Erwartung entspricht und die Termabstände (aus Absorptionsbanden) mit zwei Parametern in guter Näherung wiedergegeben werden können.

Wir betrachten in Tabelle 12.1 Werte von Δ und B, wie sie bei Anpassung der beobachteten Banden an Schemata wie Abb. 12.2 erhalten werden.

Tabelle 12.1. *Parameter Δ und B (in kK) für oktaedrische Komplexe von Cr(III) und Ni(II). B_0: Parameter für isolierte Ionen Cr^{3+} und Ni^{2+}*

Ligand	Verbindung	Δ	B	Verbindung	Δ	B
Br^-	$CrBr_3(s)$	13,5	0,37	$RbNiBr_3$	7,0	0,77
Cl^-	$CrCl_3(s)$	13,8	0,51	$RbNiCl_3$	7,2	0,78
dtp^-	$Crdtp_3$	14,4	0,41	*	—	—
F^-	CrF_6^{3-}	15,2	0,82	$KNiF_3$	7,3	0,96
H_2O	$Cr(OH_2)_6^{3+}$	17,4	0,72	$Ni(H_2O)_6^{2+}$	8,5	0,94
NH_3	$Cr(NH_3)_6^{3+}$	21,6	0,65	$Ni(NH_3)_6^{2+}$	10,8	0,89
en	$Cren_3^{3+}$	21,9	0,62	$Ni\ on_3^{2+}$	11,2	0,85
CN^-	$Cr(CN)_6^{3-}$	26,7	0,53	*	—	—

* diamagnetische, quadratisch planare Komplexe.

In der Tabelle 12.1 findet man zwei bemerkenswerte Regelmäßigkeiten:

(i) Der Ligandfeldparameter Δ nimmt für beide Zentren in derselben Reihe (12.9) der Liganden zu:

$$(J^-) < Br^- < Cl^- < (dtp^-) < F^- < H_2O < NH_3 < en < (CN^-). \qquad (12.9)$$

(ii) Der Parameter B nimmt für beide Datengruppen in derselben Reihe (12.10) ab, welche nicht mit Reihe (12.9) zusammenfällt:

$$F^- > H_2O > NH_3 > en > (CN^-) \geqq Cl^- > (dtp^-) > Br^- > J^-. \qquad (12.10)$$

(iii) Die relativen Werte von Δ für entsprechende Komplexe von Cr(III) und Ni(II) sind stets

$$\Delta: \text{Cr(III)} > \text{Ni(II)}.$$

(iv) Die relativen Werte von B/B_0 sind stets

$$B/B_0: \text{Cr(III)} < \text{Ni(II)}.$$

(v) B ist durchwegs kleiner als die Werte von B für gasförmige Ionen (mit B_0 gekennzeichnet).

Die Variation der langwelligsten Bande in den Abb. 9.3 und 9.4 mißt direkt den Parameter Δ, während der Abstand zur nächsthöheren dominant von B abhängt. Deshalb ist dieser Abstand etwa im Spektrum von CrF_6^{3-} so viel größer als für $Crdtp_3$ (Chromophor CrS_6). In Abb. 9.5 mißt die langwelligste Bande nicht exakt Δ, ist aber dominant durch diese Größe bestimmt.

Befunde wie (i) bis (v) sind von grundsätzlicher Bedeutung, weil sich analoge Resultate für viele andere Ü-Komplexe mit oktaedrischer Ligandsphäre aufzeigen lassen, und weil die Reihen (12.9) und (12.10) universelle Reihen sind. Sie werden allgemein als *spektrochemische Reihe* der Liganden (12.9) und *nephelauxetische Reihe* (nach JØRGENSEN) der Liganden (12.10) bezeichnet. Deshalb haben wir eingeklammerte Liganden einbezogen, welche in Tab. 12.1 nur einfach oder gar nicht vertreten sind. Man kann heute Liganden nach ihrer Stellung in diesen Reihen kennzeichnen, und entsprechend läßt sich auch für Zentralionen angeben, mit welchem Gewicht sie den Effekt des Zusammenwirkens im Komplex mitbestimmen, wie er in Δ und B ausgedrückt wird.

Der folgerichtige nächste Fragenkreis betrifft die Interpretation der Reihen (12.9) und (12.10). Es stellt sich im Zuge der fruchtbaren Entwicklung, welche das einfachste Ligandenfeldmodell (siehe S. 160) eingeleitet hatte, heraus, daß die Nützlichkeit des Modells nicht auf den physikalischen Voraussetzungen beruht, nach der die Wirkung der Liganden berücksichtigt worden ist, sondern auf der Form der Theorie und der korrekten Wahl der Einelektronenniveaus nach b, S. 162. Insbesondere der Parameter $B < B_0$ kann am besten in seinem Verlauf verstanden werden, wenn man voraussetzt, daß die Bindungen kovalenten Charakter erhalten, d. h. „d-Elektronen" ins Kernfeld der Ligandatome geraten und das Elektronensystem des Ligandatoms unter den Einfluß des Kernfeldes von $M(z)$ gerät. In Tabelle 12.2 sind einige Daten angegeben, welche zeigen sollen, wie B im wesentlichen mit abnehmender Elektronegativität des Ligandatoms kleiner wird und wie das oxydierende Co(III) die kleineren B-Werte erzeugt als Cr(III).

Tabelle 12.2. *Nephelauxetischer Koeffizient $\beta = B/B_0$ für oktaedrische Chromophore von Cr(III) und Co(III). Elektronegativität E.N.*

Ligand-atom	E.N.	Ligand	Cr(III)	Co(III)
F	3,9	F^-	0,89	—
O	3,5	H_2O	0,79	0,61
N	3,0	NH_3	0,71	0,56
Cl	3,0	Cl^- in $CrCl_3$	0,56	—
Br	2,8	Br^- in $CrBr_3$	0,40	—
C	2,5	CN^-	0,53	0,42
S	2,4	$(RO)_2PS_2^-$	0,45	0,36

Einelektronenschemata im Ligandenfeldmodell

Einführende Lehrbücher geben zuweilen den Einelektronenschemata der Ligandenfeldtheorie ein unproportionales Gewicht, weil diese leicht zu handhaben sind. Im Modell nullter Näherung führt die Angabe der Unterschalenkonfiguration zu einem Bild der Elektronenhülle, sofern auch die Spinpaarungsverhältnisse umschrieben werden. Es ist dann attraktiv, solche einfache Folgerungen mit interatomaren Abständen $M - L$ in Beziehung zu bringen. Weiter spielt im Punktladungsmodell der Schwerpunkt der Einelektronenniveaus t_{2g} und e_g eine große Rolle. Dem ist deshalb so, weil die über eine Kugelschale (Radius der Kugel gleich Abstand $M - L$, L Punktladung oder Punktdipol) ausgebreitete Ladung der Liganden die Energie aller d-Orbitale auf das punktierte Schwerpunktsniveau K der Skizze (12.4) bringen würde.

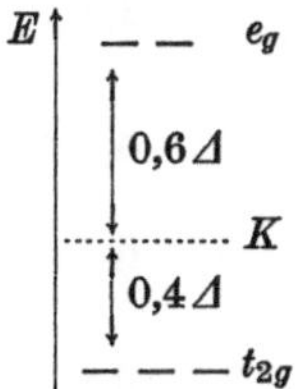

Im Kugelschalenfeld würden alle d-Niveaus auf denselben Wert K gehoben, und bei Differenzierung der Schalenladung zur oktaedrischen Punktladungsgruppe würde die angegebene Aufspaltung eine Senkung von t_{2g} und eine Erhöhung von e_g bezüglich des Schwerpunktniveaus K ergeben (bei Dipolen wäre entsprechend eine Doppelschale zu betrachten).

Man hat aus diesem Grund eine Stabilisierung Q bezüglich dem Kugelschalenfeld nach (12.11) für Konfigurationen $(t_{2g})^a (e_g)^b$, $a + b = q$.

$$Q = b \cdot (0{,}6\,\Delta) - a(0{,}4\,\Delta). \tag{12.11}$$

Tabelle 12.3 gibt eine Zusammenstellung von Konfigurationen, Spinquantenzahlen S und Stabilisierung Q im Oktaederfeld.

Beim Übergang vom Zustand maximalen Spins zu minimalem Spin würde eine drastische Stabilisierungszunahme für d^4, d^5, d^6 und d^7 einsetzen, wenn nicht die interelektronische Repulsion im Zuge der Spinpaarung auch zunehmen würde. Die Theorie zeigt, daß dieser Betrag für Mn(II), $3d^5$, mindestens 100 kcal/Mol ausmacht und verhindert, daß Mn(II) ebenso häufig „low spin"-Komplexe liefern würde wie etwa Co(III), dessen „Spinpaarungsenergie" gegenüber 2Δ geringer ist. Die Theorie zeigt auch, daß der Quotient Δ/B darüber entscheidet, welche Situation in Abb. 12.4 sich einstellt. Man kann Tabelle 12.3 und Abb. 12.4 mit einer Reihe von experimentellen Tatsachen in Beziehung bringen:

(i) alle Co(III)-Komplexe mit Ausnahme von CoF_6^{3-} sind diamagnetisch.

(ii) Die Gitterenergie von Halogeniden MX_2 ($M = \ddot{U}_1$) zeigt einen nicht monotonen Verlauf, der einem monotonen Anstieg und aufgesetzter Variation nach Abb. 12.4 entspricht. Die paramagnetische Suszeptibilität belegt, daß durchwegs „high spin"-Konfiguration vorliegt. Auf diesen

Tabelle 12.3. *d^q-Systeme im Oktaederfeld, Unterschalenkonfigurationen für Elektronensystem niedrigster Energie mit maximalem Spin*

q	d-Konfiguration[1]	Spin S	Stabilisierung Q nach (12.5)	Gebiete hoher Elektronendichte
1	e_g: — t_{2g}: ↑	1/2	$0{,}4\,\Delta$	abseits der Achsen $M - L$
2	t_{2g}: ↑ ↑	1	$0{,}8\,\Delta$	abseits der Achsen $M - L$
3	t_{2g}: ↑ ↑ ↑	3/2	$1{,}2\,\Delta$	abseits der Achsen $M - L$
4	e_g: ↑ t_{2g}: ↑ ↑ ↑	2	$0{,}6\,\Delta$	zusätzlich auf Achsen $M - L$
5	e_g: ↑ ↑ t_{2g}: ↑ ↑ ↑	5/2	0	sphärisch symmetrische Wolke
6	e_g: ↑ ↑ t_{2g}: ↑↓ ↑ ↑	2	$0{,}4\,\Delta$	entsprechend $d^5 + d^1$
7	e_g: ↑ ↑ t_{2g}: ↑↓ ↑↓ ↑	3/2	$0{,}8\,\Delta$	$d^5 + d^2$
8	e_g: ↑ ↑ t_{2g}: ↑↓ ↑↓ ↑↓	1	$0{,}2\,\Delta$	$d^5 + d^3$
9	e_g: ↑↓ ↑ t_{2g}: ↑↓ ↑↓ ↑↓	1/2	$0{,}6\,\Delta$	$d^5 + d^4 =$ $d^{10} - d^1(e_g)$
10	$t_{2g}^{6}\,e_g^{4}$	0	0	sphärisch symmetrische Wolke

[1] Man beachte nur die Besetzung der Unterschalen und nicht die Zuordnung zu einzelnen Strichen, welche die Entartung von e_g- und t_{2g}-Einelektronenniveaus andeuten.

Verlauf ist in Abb. 6.2 schon hingewiesen worden. Auch die Irving-Williams-Kurve (Abb. 6.1) entspricht im Verlauf der Differenz zweier Kurven, wie sie die rechte Hälfte in Abb. 12.4 für verschiedene Werte von Q ergeben würde, wenn man voraussetzt, ΔH bestimme den Verlauf von ΔG. Dabei ist jedoch zu berücksichtigen, daß Cu(II) durchwegs tetragonale Ligandsphären den oktaedrischen vorzieht, so daß die Stabilisierung in Abb. 12.4 nicht maßgeblich ist, sondern eine betragsmäßig wesentlich größere.

(iii) Die interatomaren Abstände in Oxiden MO(s) variieren nicht monoton von Ca(II) bis Zn(II) (Abb. 12.5). Von Ca(II) bis V(II) werden nach Abb. 12.2 Orbitale der Gruppe t_{2g} besetzt, welche Anreicherung der

Elektronendichte abseits der Achsen M—O ergeben. Dabei sinkt der Abstand M—O, steigt jedoch bis Mn(II) wieder an, wenn Orbitale e_g besetzt werden, also zunehmende Dichte zwischen den Achsen M—O auf-

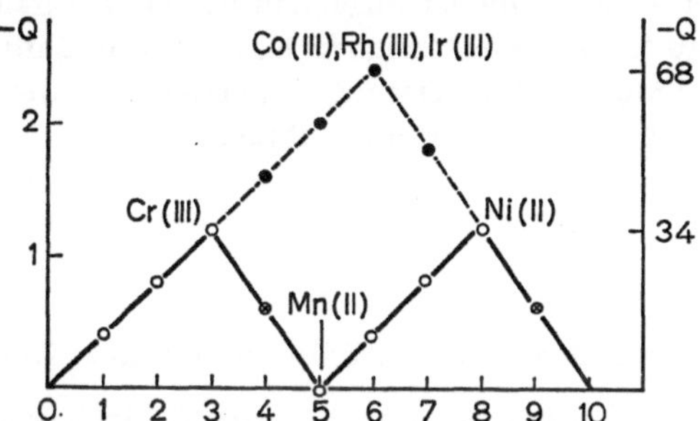

Abb. 12.4. Stabilisierung Q (Einheit Δ) für d^q-Systeme im Oktaederfeld
O maximaler Spin (high spin)
● minimaler Spin (low spin)
⊗ Systeme mit ausgesprochener Bevorzugung tetragonaler Umgebung gegenüber oktaedrischer.
Ausgezogene Linie: Spinverhältnisse nach magnetischen Daten für Aquokomplexe von Ti(III), V(III), Cr(III), Cr(II), Mn(II), Fe(II), Co(II), Ni(II), Cu(II).
Die Skala rechts gibt Q in kcal/Mol für $\Delta=10$ kK

gebaut wird. Von Mn(II) zu Ni(II) sinkt die Distanz, währenddem die Unterschale t_{2g} aufgefüllt wird. Hernach steigt sie erneut bis Zn(II), d.h. beim Einbau weiterer Elektronen in e_g-Orbitale.

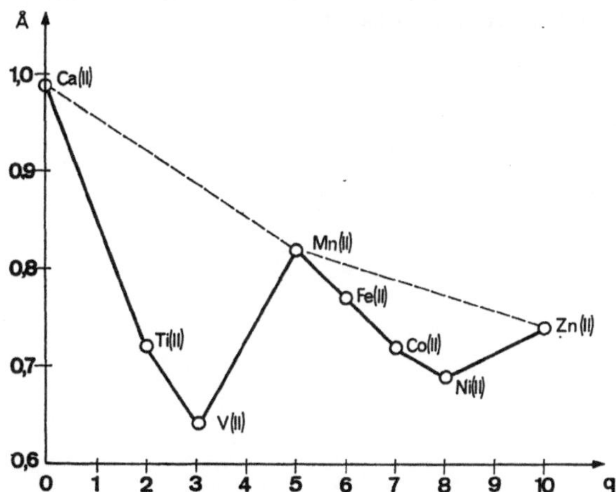

Abb. 12.5. Ionenradien von M(II) mit maximalem Spin aus kristallinen Oxiden

Stereochemische Konsequenzen von Ligandfeldeffekten können natürlich nur beurteilt werden, wenn für vorgegebene Koordinationszahlen alle denkbaren und sinnvollen Anordnungen auf die betreffenden Werte eines Stabilisierungsparameters analog Q untersucht würden. Wäre diese Stabilisierung von der Geometrie unabhängig, so würde die Anordnung durch Größe und Abstoßung der Liganden geregelt. Die eingenommene Anordnung einer Ligandhülle ist allgemein durch eine ganze Reihe von Faktoren bestimmt, von denen einige in Kapitel 2 erwähnt worden sind; die symmetrieabhängige Stabilisierung in partiell gefüllten d-Schalen ist für Ü-Komplexe ein wesentlicher unter ihnen.

Literatur

BALLHAUSEN, C.J.: Introduction to ligand field theory. New York: McGraw-Hill 1962.

COTTON, F.A.: Chemical applications of group theory. New York: Wiley-Interscience 1963.

GRIFFITH, J.S.: The theory of transition-metal ions. Cambridge: University Press 1961. — Systematische Darstellung der Theorie in rigoroser Durchführung vom Standpunkt des theoretischen Physikers aus.

JØRGENSEN, C.K.: loc. cit. Kapitel 9, Kapitel 2.

— Recent progress in ligand field theory. In: Structure and bonding 1, 3 (1966). New York: Springer.

ORGEL, L.E.: An introduction to transition metal chemistry: Ligand field theory. London: Methuen 1966.

OWEN, J.: Covalent bonding and magnetic properties of transition metal ions. Rep. progr. Phys. 29, 675 (1966).

SCHÄFFER, C.E., and C.K. JØRGENSEN: The angular overlap model, an attempt to revive the ligand field approaches. Mol. Phys. 9, 401 (1965).

SCHLÄFER, H.L., u. G. GLIEMANN: Einführung in die Ligandenfeldtheorie. Frankfurt a.M.: Akad. Verlagsgesellschaft 1967.

Sachverzeichnis

Kurzzeichen von Liganden

ac⁻	Acetat	60
cp⁻	Cyclopentadienid	131
den	2,2′-Diaminodiäthylamin	33, 61, 63, 64, 106
dip	α,α′-Dipyridyl	8
dpta⁵⁻	Diäthylentriaminpentaacetat	64
dtp⁻	Diäthyldithiophosphat	94
en	Äthylendiamin	5, 59, 60, 64
enta⁴⁻	Äthylendiamintetraacetat	34, 66, 67, 69
gly⁻	Glycinat	34, 66
mal²⁻	Malonat	60
mim²⁻	N-Methyliminodiacetat	79
nta³⁻	Nitrilotriacetat	34, 66
ox²⁻	Oxalat	34, 79
penten	N,N,N′,N′-Tetra(2-aminoäthyl)äthylendiamin	33, 61, 65. 64
pic⁻	α-Picolinat	79
pn	Propylendiamin	60
ptn	1,2,3-Triaminopropan	63, 64
tim²⁻	N(β-Methylmercaptoäthyl)iminodiacetat	79
tren	2,2′,2′′-Triaminotriäthylamin	33, 61, 63, 64
trien	N,N′-Di(2-aminoäthyl)äthylendiamin	33, 61, 63, 64

Herstellung: Konrad Triltsch, Graphischer Betrieb, Würzburg